KATHARINA VON DER LEYEN

CHARAKTER HUNDE

140 RASSEN UND IHRE EIGENSCHAFTEN

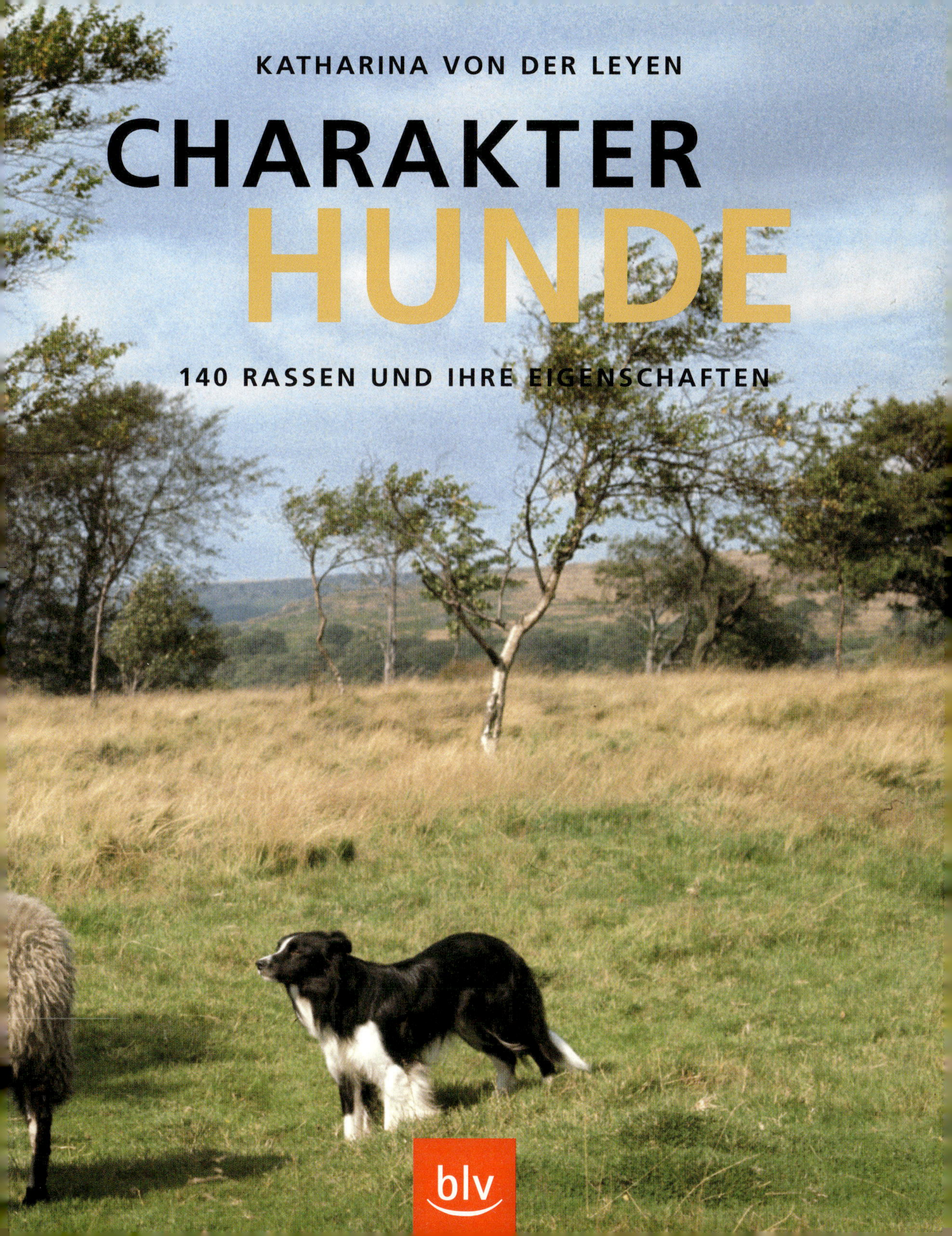

blv

»Für seinen Hund ist jeder Mann Napoleon.
Deshalb sind Hunde so beliebt.«

Aldous Huxley

Danksagung

Ich habe eine ganze Menge Hunde kennengelernt und mich in meinem bisherigen Leben wenigen anderen Dingen mit der gleichen Intensität und Konzentration gewidmet. Trotzdem hätte ich dieses Buch nicht schreiben können ohne die geduldige Hilfe von Tierärzten, Hundezüchtern, Zuchtwarten und Ausstellungsrichtern in den verschiedenen Ländern, die ich gar nicht alle aufführen kann, den Hundeführern, Trainern und Ausbildern, die sich immer wieder die erstaunlichsten Fragen gefallen lassen mußten. Besonders herzlich danke ich meinem Tierarzt Jan Groth, der mir unendliche Zeit, Bücher und Nerven zur Verfügung stellte; Frau Balzereit, Frau Reuter und Herrn Kleinwächter vom Hundeinternat Antonienwald Werner in Wagenfeld, die sich um mich mindestens so innig gekümmert haben, wie immer wieder um meine Hunde und denen noch kein Hundeproblem unlösbar, keine Frage zu dumm und kein Termin zu kurzfristig erschien, Frau Waltraut Elsner, durch die ich auf den Mops kam, Frau Schmidt vom Weimaranerclub, Margit J. Mayer, Herrn Josef Schaller vom Verein für Belgische Schäferhunde, Mr. Karl Miller aus Los Angeles, Anne Urbauer, die Hunde nicht mal besonders mag und mir trotzdem sprachlichen und seelischen Beistand gewährte, und meiner Großmutter, die die Hundesucht schon zum frühesten Zeitpunkt auf mich übertrug und damit an allem schuld ist.

Auf den Hund gekommen

Ein Jahr lang beobachtete ich jeden Morgen im Park eine Dame, die mit Fahrrad, Tennisschläger und gelbem Ball bewaffnet für die körperliche Ertüchtigung ihres Border Collies sorgte. Sie radelte, so schnell sie konnte, und an der Wiese angekommen schlug sie den Ball mit dem Racket so weit über das Feld, daß unsere Tennisstars ihre wahre Freude gehabt hätten. Der Hund ließ sie nicht aus den Augen, lauerte auf die Bälle, schnellte ihnen hinterher, kreiste sie ein, und ließ sich von nichts und keinem anderen Hund von seinem Ziel abbringen: Ebenjenen Ball so schnell wie möglich zu seiner Herrin zurückzubringen, auf daß sich das Spiel wiederhole.

Nach einer Stunde war die Vorhand der Dame erschöpft, sie schwang sich auf ihr Fahrrad und radelte, so schnell ihre Oberschenkelmuskeln es zuließen, hinter ihrem windeseiligen Hund wieder nach Hause.

Auf gerade diesen Hund gekommen, antwortete sie mir igrendwann auf meine Frage, sei sie durch den Film »Schweinchen Babe«. Aber wieviel Auslauf und Beschäftigung dieser Hund brauche – das habe ihr vorher keiner gesagt. Dies hier wäre ihr erster und sicherlich ihr letzter Border Collie.

Der Border Collie ist ein arbeitsbesessener Leistungshund mit unglaublicher Energie. Für die kann er nichts, im Gegenteil: Jahrhundertelang wurde sie dem Hütehund sorgfältig angezüchtet. Für seinen Filmruhm kann er auch nichts, und für die Folgen erst recht nicht: In Ermangelung eines Betätigungsfeldes muß der zum Familienhund degradierte Border Collie eben anfangen, Kinder, andere Tiere oder Tennisbälle zu hüten.

Der maßgeschneiderte Hund

Davon, daß man sich die richtige Hunderasse passend zum eigenen Leben aussucht, hängt der gesamte Verlauf der nächsten zwölf Jahre ab. Fast alle Probleme zwischen Herr und Hund beruhen schlicht darauf, daß die beiden einfach nicht zueinander passen. Die meisten Leute wählen ihren Hund dabei nach Äußerlichkeiten aus, ohne Rücksicht auf den ursprünglichen Verwendungszweck dieser Rasse: Und für den Rest des Hundelebens versucht der Herr dann verzweifelt, seinem vielzitierten besten Freund dessen natürliche Charaktereigenschaften abzugewöhnen. »Er gräbt mir alle Beete um!« jammert die Gartenfreundin. Natürlich tut er das – er ist ein Dackel, der dafür gezüchtet wurde, kleines Raubzeug aus unterirdischen Gängen auszugraben. Graben liegt in seinen Genen.

»Er ist mit anderen Hunden so scharf!« heult die Dame, die am liebsten mit anderen Damen und ihren Hunden spazieren geht. Natürlich ist er das – er ist ein Foxterrier, der dafür gezüchtet wurde, Füchse und Marder im Bau ohne zu zögern umzubringen. Schärfe liegt in seinen Genen.

»Er ist so arrogant meinen Freunden gegenüber!« beklagt sich der Gesellschaftsmensch. Natürlich ist er das – er ist ein Barsoi, der nicht als Begleithund gezüchtet wurde, sondern als harter, unabhängiger Wolfsjäger. Egozentrik liegt in seinen Genen.

Die meisten Rassen wurden aus einem bestimmten Grund entwickelt: Um Mensch und Hund das unpassende Zusammenleben zu erleichtern, wurde der Hund eben maßgeschneidert. Bei Arbeitshunden wurde hauptsächlich auf Instinkte und Eigenschaften geachtet, die ihre Arbeitsfähigkeit sichern sollten, bei den Begleithunderassen vor allem auf Umgänglichkeit, Kinderfreundlichkeit und Schönheit (Hunden ist es dabei übrigens vollkommen egal, wie wir aussehen, und das ist das Nette an ihnen). Es gibt für jeden Menschen den passenden Hund. Die Gartenfreundin könnte mit einem würdevollen Pekingesen vielleicht viel glücklicher werden, der gesellschaftliche Herr mit einem freundlichen Labrador – sie wußten es nur nicht besser.

Sie haben die besseren Karten für eine glückliche Mensch-Hund-Beziehung: Sie können sich genau den Hund aussuchen, der am besten zu ihrem Leben paßt. Natürlich kann man beinahe jedes Temperament und jede rassenspezifische Eigenart mit nachdrücklicher, konsequenter Erziehung modifizieren, aber es ist von

Der athletische, hochintelligente Australian Shepherd wurde »maßgeschneidert« als zuverlässiger Partner für hart arbeitende Cowboys.

Anfang an weniger frustrierend und viel einfacher, wenn man von vorneherein eine Rasse wählt, die wenigstens ansatzweise zu den eigenen Bedürfnissen und Lebensumständen paßt. Es gibt natürlich immer und zu allen Regeln Ausnahmen. Aber nur weil irgendjemand im Park erzählt, sein Afghane sei unglaublich menschenfreundlich und verspielt, sollte man sich keinen kaufen in der Hoffnung, man würde die gleiche Ausnahme erwischen. Ich kenne auch zwei Border Collies, die bei der Geburt eine Überdosis Valium bekommen haben müssen, so sanft und zurückhaltend sind sie, und einen Weimaraner, der soviel Jagdtrieb hat wie ein Toastbrot. Als Arbeitshunde jeweils völlig unbrauchbar, als Familienhunde wunderbar, aber allergrößter Zufall. Wer seinen Hund rein danach aussucht, welchen er am schönsten findet, dem kann gleichermaßen kaum geholfen werden: Hunderttausende dieser Accessoires landen jedes Jahr im Tierheim und werden schließlich als »unvermittelbar« eingeschläfert.

Sie wollen also einen Hund?

Das Dumme ist, daß der Hund eben kein Gebrauchsgegenstand ist, den man kauft und wieder für eine Weile vergessen kann. Hunde sind teuer, stinken, haaren, sind zeitraubend und bedeuten Arbeit. Mit dem Kaufpreis von tausend bis dreitausend Mark ist es noch lange nicht getan; dazu kommen Futter- und Tierarztkosten, Haftpflichversicherung, Kosten für Hundekörbe (wenigstens der erste wird meistens zerkaut), und Ausgaben für den Hundesalon bei den Rassen, die geschoren oder getrimmt werden wollen. Hunde kosten Zeit, Geduld und Nerven. Junge Hunde pieseln überall hin, fressen die Möbel an, räumen den Mülleimer aus und verteilen den Restinhalt von Thunfischdosen auf dem neuen Sofa, sie haben kein Taktgefühl, aber Blähungen, sie wälzen sich in entsetzlichen Sachen, beißen fremde Hunde und Jogger und bekommen Durchfall nur auf den teuersten Teppichen. Es ist hart, im strömenden Regen alle zwei Stunden darauf zu hoffen, daß der Welpe sich löst. Es ist noch härter, wenn er sich nur die Sehenswürdigkeiten anschaut und dann – endlich! – einen See in den warmen Flur macht. Es ist hart, ihn nicht zu erwürgen, wenn er aus den Lieblingsschuhen Sandalen gemacht hat, und es ist noch härter, streng und konsequent mit ihm zu sein, wenn er schief auf einer Hüfte vor einem sitzt und einen mit schräggehaltenem Kopf erstaunt betrachtet, hechelnd und völlig zufrieden mit sich selbst. Es ist hart, das Haus für Gäste sauberzumachen, und danach mitansehen zu müssen, wie er mit Matschpfoten durchs Haus rast, sich auf dem Teppich erbricht, mit seiner Rute einmal über den Sofatisch wedelt und dann seine losen Haare neben dem Sofa abschüttelt. Es ist hart, mitten in der Nacht einen Tierarzt zu finden. Es ist hart, bei der Erziehung nie zu vergessen, daß es ein Hund ist, mit dem wir es zu tun haben, der ein völlig anderes Gesichtsfeld und Verständnis von den Dingen hat, wie wir. Es ist hart, sich in seine Lage zu versetzen: Wir erwarten filmreife, märchenhafte Dinge von unserem besten Freund, wir messen ihm menschliche Werte bei, die er nicht hat, und bestrafen ihn dann dafür, daß er unsere Erwartungen nicht erfüllt. Manchmal ist es sogar hart, ihn hinter den Ohren zu kraulen, wenn er den ganzen Tag darauf gewartet hat, daß man endlich nach Hause kommt.

Mitnichten eine Sofarolle, sondern harter Jagdgebrauchshund – der Dackel.

Wer sich also einen Hund wünscht, muß willens und fähig sein, das Vergnügen **und** die Verantwortung zu übernehmen – die volle Verantwortung für das Leben einer lebendigen Kreatur. Hunde sind, im Gegensatz zu Kindern, niemals unabhängig. Für einen Hund ist sein Herr sein Leben lang das ganze Universum, verantwortlich für Futter, Wasser, Liebe, medizinische Versorgung und schlechtes Wetter. Er wird, anders als ein Kind, nicht mit der Zeit langsam unabhängiger, bis man ihn irgendwann gehen läßt. Bei Hunden ist das Gehenlassen manchmal sehr plötzlich, jedenfalls immer endgültig.

Wie man den passenden Hund findet

Sie sind also nicht davon abzubringen, mit einem Hund leben zu wollen: Es ist an der Zeit, nach dem Richtigen zu suchen. So schwer ist das nicht. Grund für dieses Buch ist ja, die Qual aus der Wahl zu nehmen und in Art eines alphapetisch geordneten Katalogs knappe Antworten auf die Fragen zu liefern, die Sie sich stellen müssen. Die angegebenen »häufigen Krankheiten«

bedeuten eine **Anfälligkeit** der jeweiligen Rasse und nicht, daß jeder Hund dieser Rasse auch daran erkrankt – und natürlich können auch Hunde einer Rasse erkranken, bei denen nichts vermerkt ist. Die Preise sind **Circa-Preise**, damit man in etwa ahnt, was auf einen zukommt, und die sich entsprechend verändern, sobald man unsere Landesgrenzen überschreitet.

Machen Sie sich eine Liste, was für Sie das Wichtigste an Ihrem Hund ist. Versuchen Sie, keine Vorurteile gegen Rassen und Größen zu haben. Sie würden niemals daran denken, sich die Rasse XY überhaupt nur anzusehen? Wieso nicht? Weil Ihnen irgendein Freund erzählt hat, das sei nun wirklich die dämlichste Rasse der Welt, und er müsse es wissen, seine Tante hätte mal einen gehabt? Wenn Sie sich zu schnell über bestimmte Rassen aufgrund einer einzigen Erfahrung eine Meinung bilden, müssen Sie zwangsläufig hunderte von anderen Rassen und Erfahrungen ignorieren, und damit entgehen Ihnen schlicht zu viele. Sie finden, nur ein großer Hund sei ein richtiger Hund? Bei Hunden wie Menschen ist es allerdings oft so, daß gerade die kleinsten die größte Persönlichkeit haben. Versuchen Sie, wirklich offen zu sein, auch wenn Sie die Liste der kompatiblen Rassen aufgrund Ihrer Fragen und der Antworten in diesem Buch immer mehr verkürzen müssen. Wenn man Sie als Person oder Ihre Familie einerseits und 140 Rassen andererseits hat, führt der Weg zum Erfolg nur über Eliminierung. Was sind also die Punkte, die Sie bedenken sollten?

Sind Sie Anfänger in Hundedingen, oder haben Sie Hundeerfahrung? Die meisten Hunde eignen sich glücklicherweise als Anfängerhunde, aber eben nicht alle. Für manche Rassen braucht man wirklich Erfahrung.

Wie wichtig ist es, daß der Hund ein guter Kinderhund ist? Wenn Sie scharenweise Nachbarskinder in der Umgebung haben, ist es wichtig, wenn Sie eigene haben, sowieso. Wenn Kinder in ihrem Leben praktisch nicht vorkommen, kein Problem.

Wollen Sie einen kleinen, mittleren oder großen Hund? Kleine Hunde brauchen wenig Auslauf, müssen nicht ausgesprochen gut erzogen werden (obwohl es nie schadet), die Nachbarn fürchten sich meistens nicht, es läßt sich leicht hinter ihnen saubermachen und mit ihnen verreisen. Mittelgroße Hunde brauchen wenigstens einen richtigen Spaziergang am Tag und müssen gut erzogen werden, die Nachbarn fürchten sich meistens nicht und man kann sie fast überallhin mitnehmen. Große Hunde brauchen einen Garten und lange Spaziergänge. Sie müssen sehr gut erzogen werden, und trotzdem fürchten sich die Nachbarn oft oder

Aus diesem nachdenklichen Hundekind wird einmal ein muskelbepackter Mastino Napoletano.

Hausbesitzer erlauben sie nicht. Es ist schwierig, mit einem großen Hund zu verreisen, außerdem wachsen die Kosten mit der Größe mit und es macht einigermaßen viel Arbeit, hinter ihnen sauberzumachen. Riesige Hunde müssen ebenfalls sehr gut erzogen werden, brauchen einen Garten und lange Spaziergänge, die Nachbarn und Hausbesitzer fürchten sich meistens, ebenso wie Einbrecher. Es ist sehr schwierig, mit ihnen zu verreisen, sie machen ziemlich viel Dreck und sind teuer im Unterhalt. Übrigens: Die Größenangaben im Text geben stets die Schulterhöhe an.

Wie oft sind Sie bereit staubzusaugen, welche Sorte Fell möchten Sie? Lange Haare machen viel Arbeit, kurze Haare normalerweise praktisch keine (es gibt aber Hunde, die trotz mittlerer Haarlänge haaren wie Angorapullover).

Wieviel Zeit haben Sie für Spaziergänge und wie sportlich sind Sie? Fast alle Rassen lieben lange Spaziergänge und viel Bewegung, aber es gibt solche, die auch mit einer halben Stunde völlig zufrieden sind. Rassen mit besonders kurzen Nasen oder sehr dickem Fell können bei viel Bewegung bei heißem Wetter Atemprobleme oder Herzschläge bekommen.

Wieviel Aufwand darf die Erziehung machen? Einige Rassen sind von ganz alleine mehr oder weniger manierlich, bei anderen bedeutet ihre Erziehung eine Lebensaufgabe, und manche Hunde nutzen Unerfahrenheit am anderen Ende der Leine mehr aus, als andere.

Soll der Hund freundlich sein gegenüber Fremden, soll er wachsam sein und bellen, soll er sich durch arrogante Zurückhaltung auszeichnen? Meistens ist es nützlich, wenn der Hund wenigstens anschlägt, wenn Fremde kommen. Wenn Sie allerdings ein »offenes Haus« haben, in dem permanent Besuch und Kinder ein- und ausgehen, werden Sie mit einem Hund wahnsinnig, der Wachsamkeit für eine der größten Tugenden hält.

Auf diese Fragen – und viele mehr – geben die Texte im Buch Antwort. Die für angehende Hundehalter besonders wichtige Aspekte »Fellpflege«, »Benötigter Auslauf« und »Für Stadtwohnungen geeignet« werden zudem in einem Punktesystem erfaßt und grafisch umgesetzt. Es wurden jeweils bis 10 Punkte vergeben, wobei 1 (oder kein) Punkt bedeutet, daß wenig Fellpflege und Auslauf nötig sind (oder die Rasse für Stadtwohnungen ungeeignet ist). Die Zahl der vergebenen Punkte wird jeweils durch die Größe der dunkleren Farbfläche dargestellt.

Wo man den passenden Hund findet

Es gibt verschiedene Möglichkeiten, an einen Rassehund zu kommen: durch gute Züchter, schlechte Züchter, Kleinanzeigen, Tierheime oder Bekannte. Allein in Deutschland werden jährlich etwa 550 000 Welpen produziert, um die Tierliebe zu befriedigen, 60 % davon sind Rassehunde. Nur etwa 120 000 Rassehundwelpen kommen dabei aus kontrollierten Zuchten des VDHs,

Ein Hund ist ein Geschenk fürs Leben, nicht nur für die Welpensaison.

Und danach aufs helle Sofa!

des Verbands Deutschen Hundewesens. Aber Hunde sind ein Geschäft: Die ungeheuere Nachfrage wird längst von geschäftstüchtigen Händlern oder sogenannten »wilden« Züchtern gedeckt, die an keine oder nur erfundene Verbände gebunden sind und sich wenig oder gar nicht um Zuchtbestimmungen kümmern. Außerdem gibt es genügend Zuchtfabriken in Tschechien, Polen oder Ungarn, in denen mit geringstem Aufwand in winzigen Boxen ohne Pause junge Hunde produziert werden und dann lastwagenweise ins Land geschleppt werden.

Dagegen ist ein guter Züchter an Fortbestand und Verbesserung der Rasse interessiert, mit der er sich beschäftigt, er züchtet mit seinen Hündinnen nicht mehr als einmal im Jahr, er läßt seine Welpen und seine Hündinnen vom Verein kontrollieren und sorgt dafür, daß seine erwachsenen Hunde gesund, fröhlich und medizinisch untersucht sind, um Erbkrankheiten zu vermeiden. Ein guter Züchter gibt sich besondere Mühe mit der trächtigen Hündin und den neugeborenen Welpen. Ein guter Züchter will das bestmögliche Zuhause für seine mühevoll aufgezogenen Welpen finden und fragt den möglichen neuen Besitzer viele neugierige Fragen über sein Leben und seine Möglichkeiten, sich um den neuen jungen Hund ausreichend zu kümmern. Ein guter Züchter schwatzt einem seine Welpen nicht auf, und er verscheuert seine Welpen auch nicht, weil noch einer aus dem Wurf übrig ist oder er übermorgen in Urlaub fährt – das tun schlechte Züchter. Die tragen leider kein Schild um den Hals, das sie als solche identifizieren würde, also muß man Sherlock-Holmes-Arbeit leisten, um sie herauszufinden.

Schlechte Züchter zeigen einem oft die erwachsenen Hunde nicht, oder »die Mutter der Welpen ist gerade auf einem Spaziergang«. Schlechte Züchter züchten vier, fünf oder zwanzig Rassen auf einmal, die alle in sauberen, ordentlichen Zwingern leben, aber mit den Menschen außer zu Futterzeiten wenig in Berührung kommen. Ein schlechter Züchter macht sich keine Gedanken darüber, welcher seiner Welpen vom Wesen am besten zu dem werdenden Besitzer passen würde, weil er seine Welpen gar nicht so gut kennt, und weil es ihm egal ist – Hauptsache, die Leute entscheiden sich bald. Schlechte Züchter springen auf den Waggon der Modehundrassen auf, sobald man wenigstens 1500 Mark mit den jungen Hunden verdienen kann. Vielleicht sind seine Welpen billiger als die von sorgfältigen Züchtern, die eben viel Geld und Mühe in die Aufzucht ihrer Welpen stecken. Aber diese Ersparnis zahlt sich meist nicht aus: Bei Hunden von schlechter Qualität stapeln sich häufig die Tierarztrechungen in unglaublichen Höhen, oder der winzige Hund, der viel zu früh von seiner Mutter weggenommen und viel zu spät wirklich mit Menschen zu tun hatte, wird zum Angstbeißer, und dann muß das Tier eben ins Tierheim, denn schließlich hat man ja eine Verantwortung seinen Kindern gegenüber und alles hat seine Grenzen.

Eine richtige Entscheidung

Nehmen Sie sich Zeit. Zeit, sich für eine Rasse zu entscheiden, die wirklich zu Ihnen paßt, Zeit, einen Züchter zu finden, der ihnen mitsamt seinen Hunden gefällt, und Zeit, einen wesensfesten, gutgelaunten Hund auszusuchen.

Ihren Lebensgefährten haben Sie sich auch lange angesehen, bevor Sie ein endgültiges »Ja« gewispert haben, und ein Hundleben dauert zehn, zwölf, fünfzehn Jahre – länger, als die meisten Ehen. Warum sollten Sie diese Entscheidung also überstürzen? Menschen und Hunde haben seit über zwanzigtausend Jahren miteinander zu tun, und das wird sich im nächsten halben Jahr nicht ändern.

Das Verhältnis zwischen Hund und Mensch ist die älteste, nachhaltigste und vielleicht komplexeste Verbindung zwischen zwei Spezies in der Weltgeschichte, und das ist kein Wunder: Wenn es Hunde nicht gäbe, müßten wir sie erfinden. Sie sind fröhlich, mutig und treu, sie demonstrieren »alle Tugenden des Menschen, aber ohne ein einziges seiner Laster«, wie Lord Byron sagte. Wissenschaftliche Studien haben erwiesen, daß die Anwesenheit von Hunden Streß abbauen und zu hohen Blutdruck senken kann; Herzpatienten leben länger, wenn sie einen Hund im Haus haben – von dem rosigen Teint der meisten Hundebesitzer, weil sie soviel an der frischen Luft sind, ganz zu schweigen. Hunde waren immer bedingungslose Komplizen bei allen menschlichen Unternehmungen, von Krieg bis Frisbeespielen. Ihr Humor macht einen hilflos, ihre Sensibilität ist entwaffnend, ihr Enthusiasmus unbezahlbar (von einer Handvoll Popcorn über Miracoli bis hin zu rohen Karottenstücken hat keiner meiner Hunde je etwas anderes als überschwengliche Begeisterung demonstriert anläßlich meiner Menü-Planung. Kein Mann ist so leicht zufriedenzustellen, das steht fest). Sie verdienen sich ihren Unterhalt als Retter in der Not und als Detektive, als Sprachrohr für Taubstumme und Augen für Blinde. Sie sind Sozialpartner für Einsame oder der Gesprächspartner, der nicht widerspricht: Man kann völlig idiotische Dinge sagen, und der Hund wird immer höflich mit dem Schwanz wedeln und so tun, als sei er an der Konversation interessiert. Sie zwingen uns, Gummistiefel zu kaufen und mitten in Mailand einen Baum zu finden, sie bringen uns dazu, Kaninchenbauten mit ganz anderen Augen zu betrachten und Jogger erst recht.

Vielleicht ist das überhaupt ihr größter Beitrag zu unserem Leben: Hunde machen unsere Umgebung einfach menschlicher.

AFFENPINSCHER

Größe	25 cm
Gewicht	bis 4 kg
Fell	hart, dicht, üppig
Farbe	blaugrau, schwarz-loh, schwarzgrau, rot
Preis	€ 950 – 1000

Fellpflege

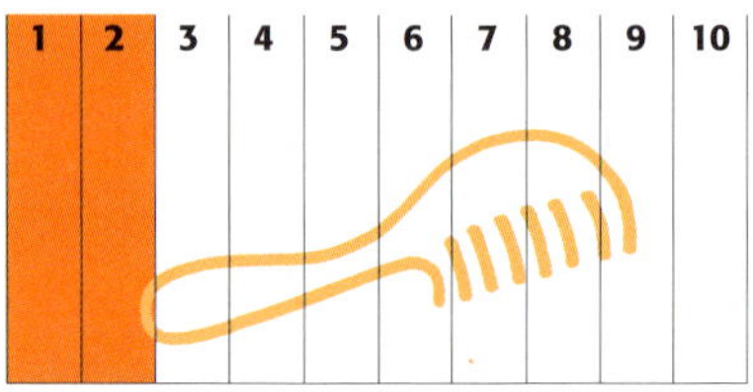

Benötigter Auslauf

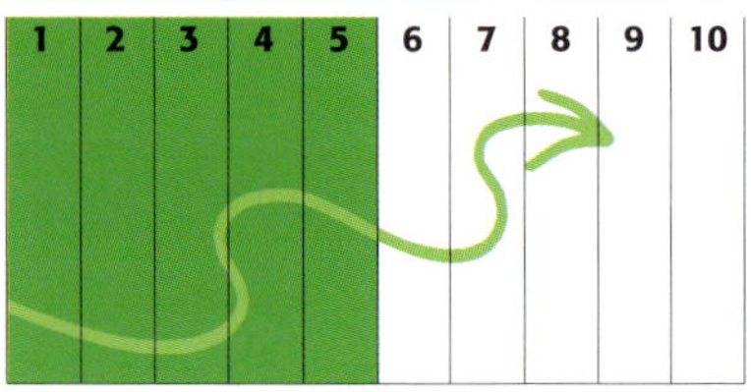

Für Stadtwohnung geeignet

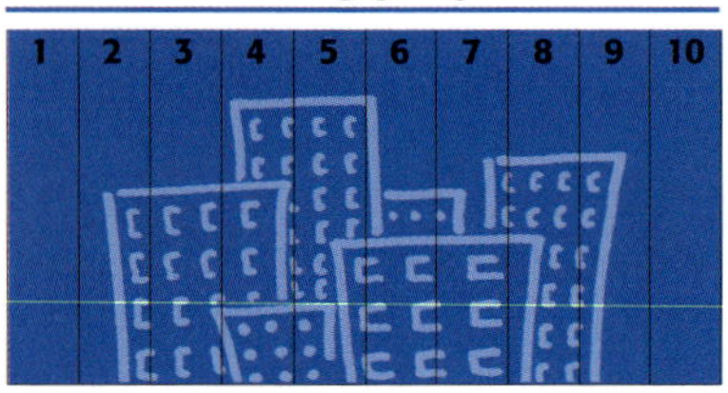

Häufige Krankheiten

keine

Für Anfänger geeignet

DER AFFENPINSCHER hüllt seine Herkunft in nebulöses Dunkel. Wenigstens scheint es ihn bereits seit dem 16. Jahrhundert in Deutschland oder wenigstens Europa gegeben zu haben, als Rattenfänger und schließlich als Schoßhund. Der Affenpinscher ist ein fabelhafter kleiner Wohnungshund, obwohl er ein Krachmacher und ein Angeber ist. Wenn man ihm die Chance läßt, nutzt er jede Schwäche aus und übernimmt sofort den gesamten Haushalt, und dann Gnade seinem Herrn. Der Affenpinscher nimmt sich selber ungeheuer ernst und erwartet das auch von seinem Umfeld. Er ist liebevoll und sehr anhänglich, dabei allerdings sehr hart und wird erbarmungslos alles und jeden angreifen, der ihn ernsthaft reizt. Er kann sehr launisch werden, wenn es nicht nach seiner Pfeife geht. Bevor zwischen ihm und seinem Herrn ein Gleichgewicht zustande gekommen ist, kann er einige Nerven kosten, lohnt sich aber allemal. Er sollte nicht verwöhnt werden, weil er dann leicht zum vollkommenen Tyrannen werden kann, außerdem reagiert dieser hochintelligente Hund sehr gut auf konsequente, feste Erziehung. Trotz seiner geringen Größe hat der Affenpinscher eine gewaltige Persönlichkeit, und die sollte man auch achten.

Größe	63–68 cm
Gewicht	22–27 kg
Fell	lang, seidig
Farbe	alle Farben zulässig; einfarbig, schwarz-lohfarben und Dominofarben (Sattel und Gesicht dunkel mit heller Befederung an Läufen und Haarschopf)
Preis	€ 1000 – 1500

Fellpflege

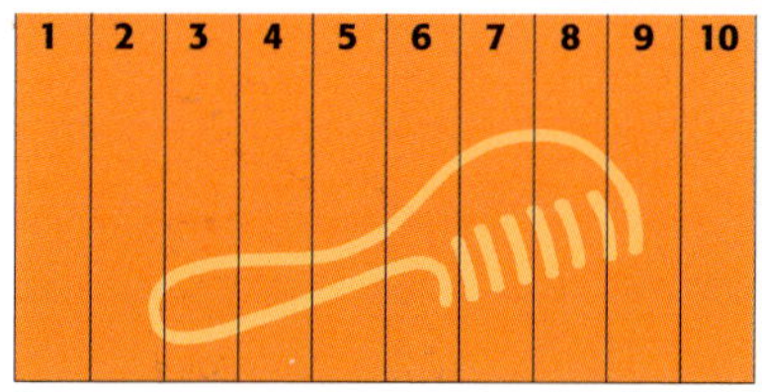

Benötigter Auslauf

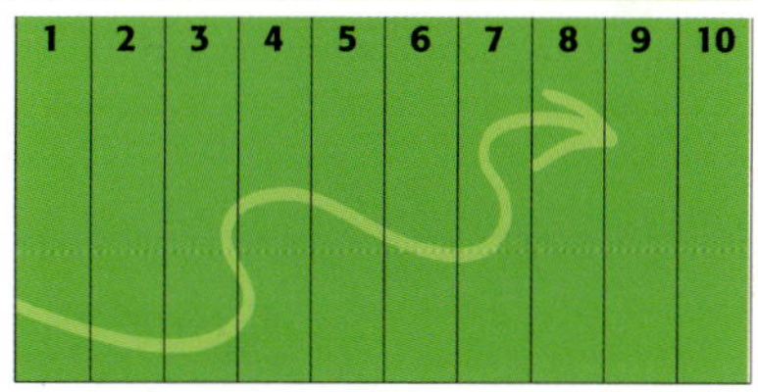

Für Stadtwohnung geeignet

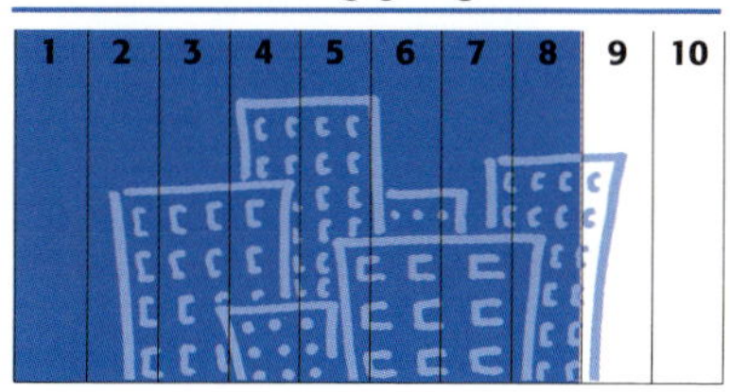

Häufige Krankheiten

Hüftgelenksdysplasie, Grauer Star

Für Fortgeschrittene

DER AFGHANE ist kein Hund für jemanden, der von seinem Hund Gehorsam erwartet: Der Afghane ist ein Aristokrat, von königlicher Ausstrahlung und arrogantem Gebaren. Er wurde vor über 6000 Jahren dafür gezüchtet, in der afghanischen Wüste Gazellen, Hasen und Leoparden zu verfolgen und zur Strecke zu bringe, während die Jäger zu Pferde folgten – das bedeutet also, er braucht ausgesprochen viel Bewegung. Er hat ein hervorragendes Auge und ist ausgesprochen selbständig, und hierin liegt auch seine Problematik: Einen Hund mit diesen Eigenschaften zu erziehen, bedarf beinahe eines Zauberers, weshalb sich professionelle Erziehungshilfe empfiehlt, denn man muß sehr sensibel und geduldig mit dieser Rasse umgehen. Fühlt sich ein Afghane ungerecht behandelt, widersetzt er sich einfach vollständig und bricht sozusagen den Kontakt zur Außenwelt einfach ab. Der Afghane ist im Grunde seines Herzens dabei ein Clown, braucht sehr viel Ansprache und ist ständig darauf bedacht, es seinem Herrn recht zu machen – daß ihm dabei sein Jagdtrieb immer wieder in die Quere kommt, ist nicht seine Schuld. Sein prachtvolles Fell bedarf viel Pflege, um nicht eine völlig verfilzte Matte zu werden. Wer sich einen Afghanen anschaffen möchte, sollte sich bewußt sein, daß dieser Hund bei aller Schönheit kein Accessoire, sondern immer noch ein harter, zielstrebiger Jagdhund ist.

AIREDALE TERRIER

Größe	58–61 cm
Gewicht	ca. 20 kg
Fell	drahtig, hart, dicht
Farbe	schwarz-grizzle, mit leuchtenden lohfarbenen Abzeichen
Preis	ca. € 750

Fellpflege

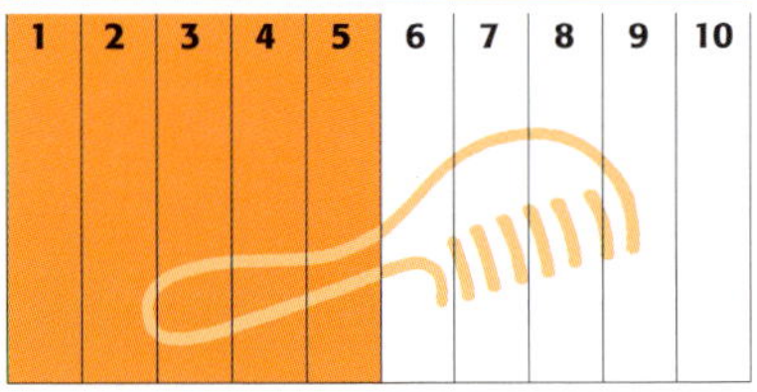

Benötigter Auslauf

Für Stadtwohnung geeignet

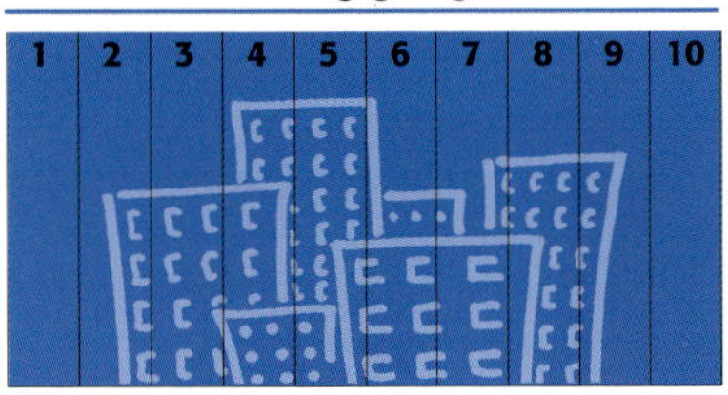

DER AIREDALE TERRIER ist, wie die meisten Terrier, ein englischer Hund – und das ist auch seine Art: Er ist immer ein Herr, würdevoll, geduldig, intelligent, verläßlich und anhänglich. Von allen Terriern der Vernünftigste, wurde er nicht als Erdhund gezüchtet, sondern für die Bären- und Wolfsjagd. Der Airedale ist lebhaft, läßt sich aber – bei genügend Auslauf – auch gut in der Stadt halten. Er hat einen gut entwickelten Schutzinstinkt, ohne ein Kläffer zu sein. Er ist eigentlich ein Allzweckhund, der alles mitmacht, eignet sich zum Blinden-, Polizei-, Drogen-, Schutz- und Jagdhund, wird aber – sicherlich zu unrecht – heutzutage hauptsächlich als Begleithund gehalten. Er liebt wilde Spiele mit Kindern und braucht viel Zuwendung von seinem Herrn. Airedale-Besitzer erinnern an religiöse Fanatiker: Sie sind missionarisch getrieben, wenn es um diese – für sie einzige und wahre Hunderasse geht. Das geht bereits seit einer ganzen Weile so, denn der Airedale Terrier ist seit vielen Jahren ein sehr populärer Hund, wobei er sich von seinem Boom in den siebziger Jahren wieder erholen konnte. Wenn man ihm nur eine halbe Chance bietet, wird er sich unter allen Umständen als loyaler, edler Freund erweisen – es ist nicht allein seine Größe, die ihn zum »König der Terrier« macht.

Häufige Krankheiten

gelegentlich Hüftgelenksdysplasie

Für Fortgeschrittene

Größe	64–71 cm
Gewicht	30–40 kg
Fell	dick, doppelt, stockhaarig
Farbe	rot, gestromt, jede Farbe auf weißem Grund, oft mit schwarzer Maske
Preis	€ 1300

DER AKITA ist der japanische Nationalhund, der im Typ stark an die nordischen Hunde erinnert. Die Rasse ist etwa 300 Jahre alt und wurde ursprünglich als Kampfhund, Jagd- und Wachhund eingesetzt. Heutzutage wird er fast ausschließlich als Familien- und Begleithund geschätzt, besonders in England und den USA. Das scheint ihm häufig nicht zu genügen. Im Grunde seines Herzens ruhig, gefügig und würdevoll, können manche Akitas sehr aggressiv gegenüber anderen Hunden sein. Als vormaliger Arbeitshund braucht der Akita viel Auslauf und eine solide, gerechte Erziehung zum unbedingten Gehorsam, wenn er Teil der Familie sein soll. Seiner ehemaligen Jagdkarriere und seiner Furchtlosigkeit halber muß der Akita absolut kontrollierbar sein. Liebhaber der Rasse betonen immer wieder seine hohe Intelligenz und sein Bedürfnis, es seinem Herrn recht zu machen. Ungerechtigkeiten merkt sich der Akita wie ein Elefant, weshalb er kein nebensächliches Haustier ist und schwierig im Umgang mit Kindern sein kann. Der Akita sollte unbedingt von einem reputablen Züchter erworben werden. Wird er als Welpe nachlässig aufgezogen oder schlecht sozialisiert, läuft man Gefahr, einen ausgesprochen dominanten, aggressiven Akita zu erwerben.

Fellpflege

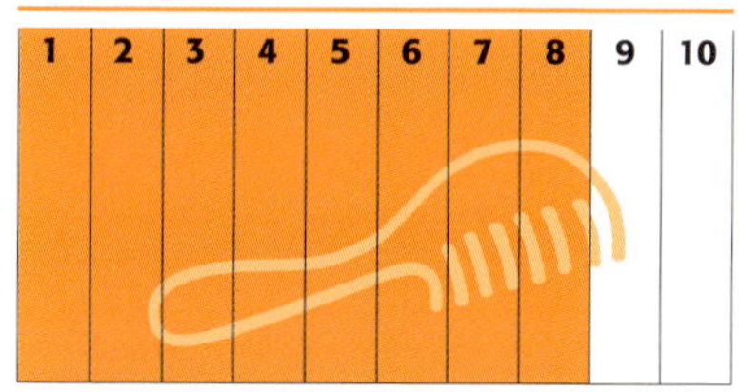

Benötigter Auslauf

Für Stadtwohnung geeignet

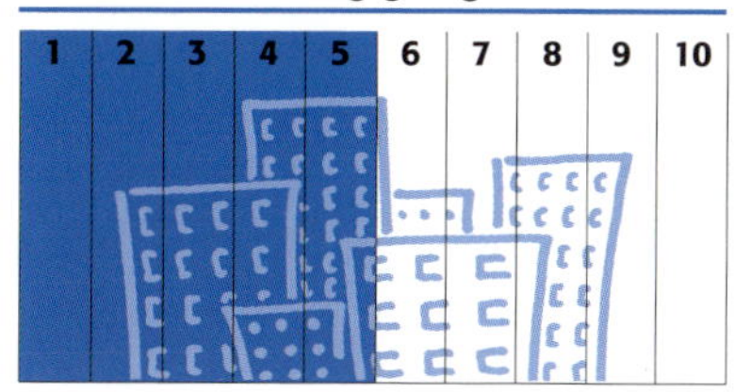

Häufige Krankheiten

Hüftgelenksdysplasie, Patellaluxation, Schilddrüsenprobleme, Augenerkrankungen, Neigung zu Ekzemen

Für Fortgeschrittene

ALASKAN MALAMUTE

Größe	Rüde 64 cm, Hündin 59 cm
Gewicht	Rüde ca. 38,5 kg, Hündin 34 kg
Fell	mittlelanges, dickes Stockhaar mit dichter weicher Unterwolle
Farbe	alle Farben zulässig; normalerweise hellgrau bis schwarz mit weißem Bauch und weißen Abzeichen an Gesicht, Pfoten und Läufen
Preis	€ 800 – 1000

Fellpflege

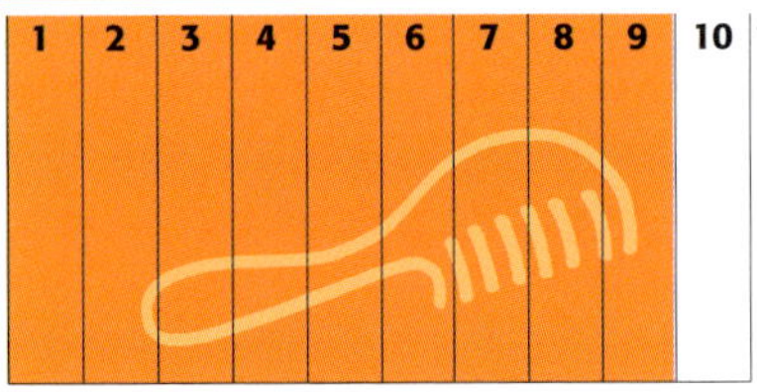

Benötigter Auslauf

Für Stadtwohnung geeignet

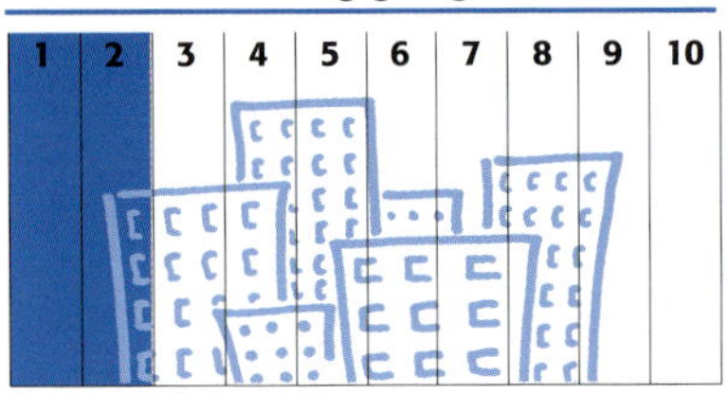

Häufige Krankheiten

Hüfgleenksdysplasie, Zinkmangel, Schilddrüsenprobleme, Achondrodysplasie

Für Fortgeschrittene

DER ALASKAN MALAMUTE wurde vor Jahrhunderten von einem Nomaden-Eskimostamm, den Mahlemuten gezüchtet, die weniger einen schnellen, als einen sehr starken Zughund für Lastschlitten brauchten: Der Alaskan Malamute ist eine Art Schlepplaster unter den Hunden. Weil er so ungeheuer loyal und anhänglich ist, eignet er sich wunderbar zum Haus- und Familienhund – am besten von allen nordischen Schlittenhundrassen. Er ist intelligent, kompakt, zuverlässig und von großer Ausdauer, normalerweise freundlich zu Fremden, sollte aber in der Nähe von Katzen und kleinerem Getier beaufsichtigt werden. Der Malamute verträgt Hitze nicht sehr gut, braucht ausgesprochen viel Bewegung und gehört daher in ein Haus mit Garten oder aufs Land – er ist immerhin ein Arbeitshund. Der Malamute ist unabhängig, sehr stark und kann sehr dominant werden und muß daher früh, konsequent und mit fester Hand erzogen werden. Er riecht kaum, allerdings gibt es da ein anderes Problem: Seine sehr dichte Unterwolle geht ihm im Frühjahr und Sommer aus. Solange man ihn nicht professionell trimmen läßt, kann man damit jede Hausfrau in den Wahnsinn treiben. Der Malamute gehört zu Menschen, die aktiv und unternehmungslustig sind und sich explizit einen sehr großen, starken Hund wünschen. Wenn gut erzogen, ist der Malamute ein fast idealer, eindrucksvoller Begleiter.

AMERIKANISCHER COCKER SPANIEL

Größe	Rüde etwa 40 cm, Hündin etwa 37 cm
Gewicht	11–13 kg
Fell	Fell: lang, seidig, wellig, üppig
Farbe	schwarz, schwarz mit Abzeichen, creme, schimmel, schwarz-weiß, orange-weiß, lohfarben, dreifarbig (schwarz-loh-weiß) u.a.
Preis	€ 900 – 1000

DER AMERIKANISCHE COCKER SPANIEL stammt wie alle Spaniel von den spanischen Stöberhunden ab, aus denen auch Setter und die modernen größeren Spaniel gezüchtet wurden, und ist dabei der kleinste der Feld-Jagdhunde. Über die Jahre wurde allerdings seine angenehme Erscheinung viel wichtiger als sein Jagdtalent, er wurde mehr und mehr für den Ausstellungsring gezüchtet, während seine Intelligenz ignoriert wurde. Die Züchter dieser Rasse übertrafen sich gegenseitig im Produzieren von glamourös befederten Champions, ganz Amerika wollte diesen Hund, und damit verschwand der Amerikanische Cocker Spaniel endgültig aus Wald und Wiese – ein klassisches Beispiel des Modehunds. Trotzdem hat in einigen guten Züchtungen der wunderbare Charakter des Cocker Spaniels trotz Schöneit überlebt: Ein ausgeglichener, freundlicher, liebevoller Hund von großem Charme, der sich gut mit Kindern versteht und es seinem Herrn immer recht machen möchte. Sein wichtigstes Merkmal ist sein schweres, üppiges Fell, das sorgfältig gepflegt werden muß. Der Amerikanische Cocker Spaniel ist ein fabelhafter Futterverwerter, weshalb man sehr auf seine Rationen achten muß – egal, wie schön seine Augen gerade unterhalb der Tischkante sind.

Fellpflege

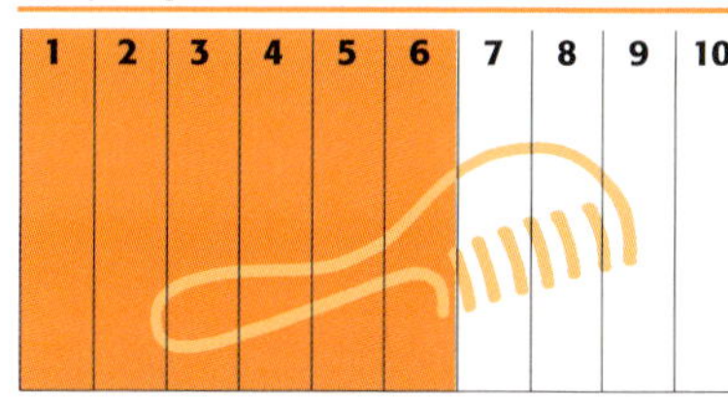

Benötigter Auslauf

Für Stadtwohnung geeignet

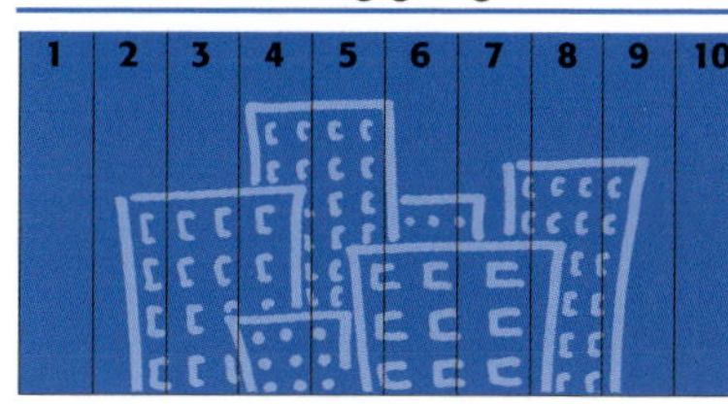

Häufige Krankheiten

Hüfgelenksdyslasie, Patellaluxation, Epilepsie, Mandelentzündung, Retinaatrophie, Allergien, Herzkrankheiten

Für Anfänger geeignet

AMERICAN STAFFORDSHIRE TERRIER

Größe	40–46 cm
Gewicht	17–20 kg
Fell	hart, glatt, glänzend
Farbe	jede Farbe zulässig, Weißanteil von über 80% unerwünscht
Preis	Zucht und Import in Deutschland verboten

Fellpflege

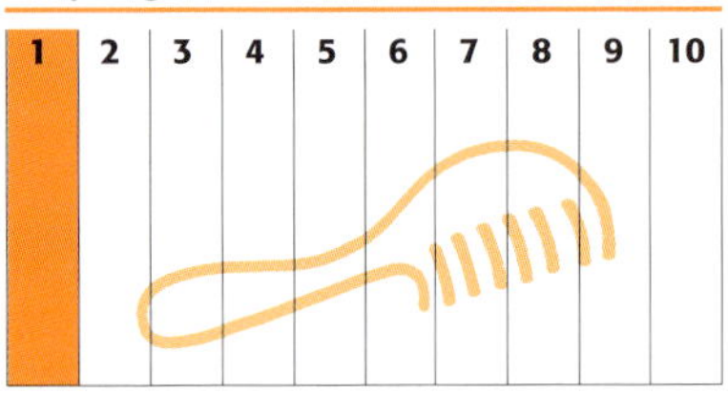

Benötigter Auslauf

Für Stadtwohnung geeignet

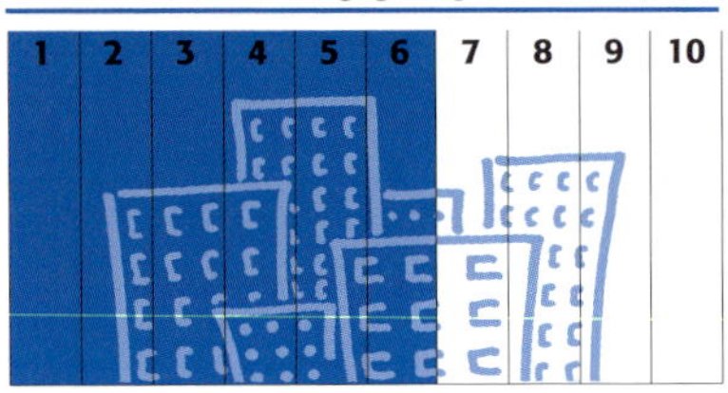

Häufige Krankheiten

Hüftgelenksdysplasie

Für Fortgeschrittene

DER AMERICAN STAFFORDSHIRE TERRIER gehört zu den Kampfhunderassen, die in weiten Teilen Deutschlands und Europas unter die Kampfhundeverordnung fallen. Das bedeutet, daß ihre Haltung, Zucht und Kreuzung mit anderen Rassen expressis verbis verboten ist. Selbst wenn sie in ganz speziellen, bundesstaatlich erlaubten Fällen gehalten werden dürfen, sind sie immer mit Maulkorb und Leine zu führen.

Seine Herkunftsgeschichte ist tatsächlich ein blutrünstiger Alptraum: Der Amstaff wurde und wird für grauenvolle Hundekämpfe verwendet, und daher stammt auch sein schlechtes Image. Dabei ist er – sorgfältig gezüchtet – besser als sein Ruf, gewöhnlich ruhig und freundlich, anhänglich, leicht erziehbar, verspielt und absolut furchtlos. Der American Staffordshire kann aggressiv gegenüber Katzen und anderen Hunden sein – und wie bei fast allen Terrierrassen geht es ihm bei einer Rauferei um das endgültige Beseitigen aller Streitereien: Niemals darf man diesem Hund die Entscheidung überlassen, ob er sich nun auf eine Beißerei einläßt oder nicht. Obwohl eigenwillig, läßt er sich bei konsequenter, freundlicher und früher Erziehung leicht führen. Wer diesen Hund allerdings schlägt, setzt eine Zeitbombe in Bewegung. Auch sollte man ihn niemals zum Schutzhund ausbilden – sein natürlicher Schutzinstinkt ist absolut ausreichend. Wer einen Amstaff besitzt, muß viel Zeit und Mühe darauf verwenden, seinen Hund zu erziehen, weil jeder wohlerzogene American Staffordshire Terrier dazu beitragen kann, die Kampfhund-Hysterie abzubauen.

Größe	48–58 cm
Gewicht	22–25 kg
Fell	kurz, dicht, glänzend
Farbe	schwarz mit gelb-rötlichen Schattierungen und weißen, symmetrischen Abzeichen
Preis	€ 700 – 950

DER APPENZELLER SENNENHUND, eine alte Schweizer Bauernhunderasse, wurde als hervorragender Viehtreibhund von ungeheurer Wachsamkeit und als Zughund verwendet, der kleine Käse- und Milchkarren von den Bergtälern in die Städte zu bringen hatte. Er ist ausgesprochen extrovertiert und immer beschäftigt: Faulheit kennt der Appenzeller Sennenhund nicht; wenn er keine Herden zu hüten bekommt, bewacht er mit großer Verve und absoluter Furchtlosigkeit Haus, Hof und Kinderwägen. Er ist ein sympathischer Krachmacher, mißtrauisch gegenüber Fremden, aber hingebungsvoll gegenüber seiner Familie und will am liebsten draußen sein, wo er eben »Sachen machen« und sich um wichtige Dinge kümmern kann, und eignet sich somit nicht als Wohnungshund.

Fellpflege

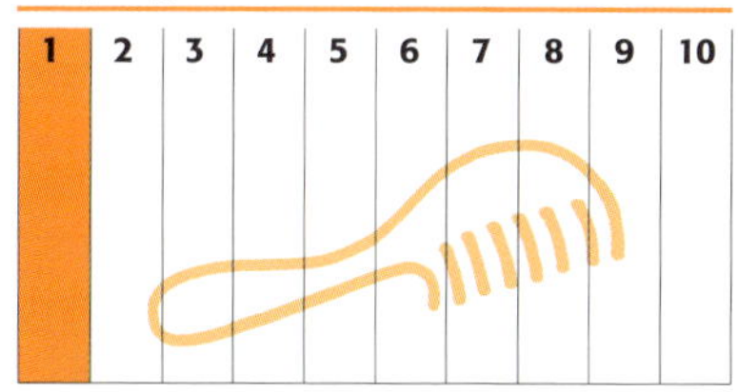

Benötigter Auslauf

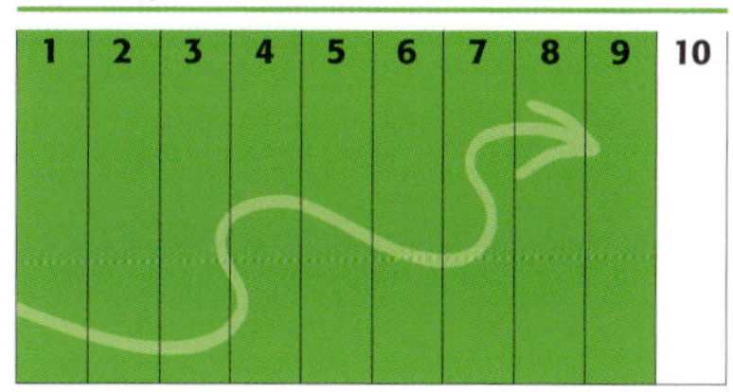

Für Stadtwohnung ungeeignet

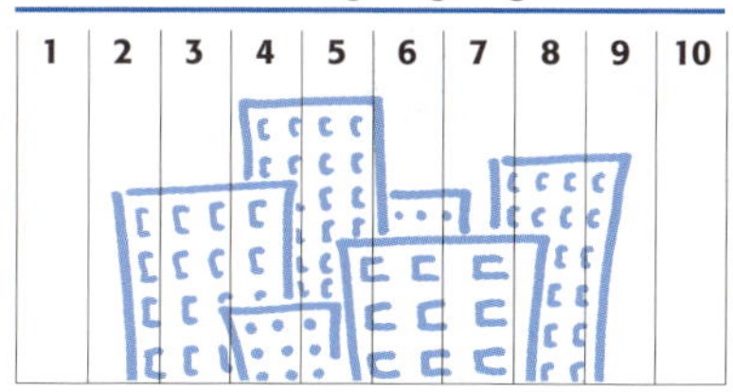

Häufige Krankheiten

keine

Für Anfänger geeignet

AUSTRALIAN CATTLE DOG

Größe	43–48 cm
Gewicht	16–22 kg
Fell	kurz, hart
Farbe	blau oder rot gestromt mit vielen weißen Haaren darin; einzelne vollfarbige Flecken von Tiefschwarz bis Reinweiß und jeder Farbe dazwischen
Preis	€ 850

Fellpflege

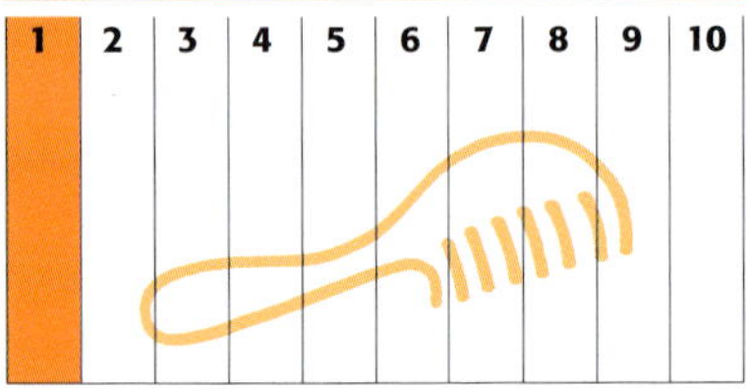

Benötigter Auslauf

Für Stadtwohnung ungeeignet

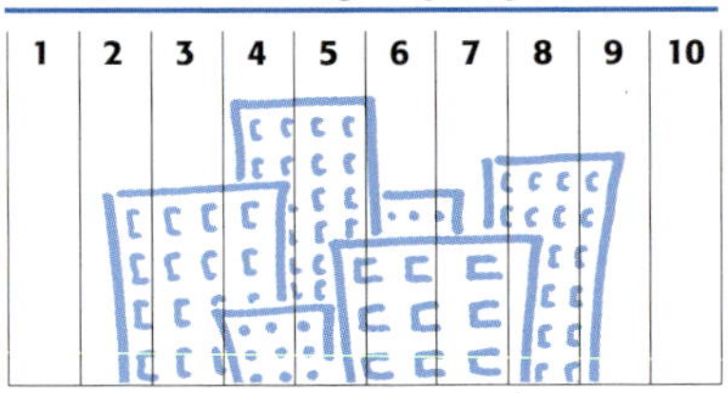

Häufige Krankheiten

keine

Für Fortgeschrittene

DER AUSTRALIAN CATTLE DOG wurde Mitte des 18. Jahrhunderts in Australien aus Collie, Dingo, Bullterrier und Dalmatiner als harter Kuhhund gezüchtet. Es war für die damals wenigen Australier lebenswichtig, Kuhherden irgendwie von einem Ende des Kontinents zum anderen zu bewegen. Während die Amerikaner Cowboys hervorbrachten, entwickelten die Australier diesen Hund als Meisterprodukt genetischer Maßarbeit: Er ist vielleicht nicht unbedingt eine Schönheit, aber erfüllt seine Funktion vollkommen. Der Australian Cattle Dog ist kompakt, robust und von nicht endender Energie. Er kann aus dem Stand die unglaublichsten Sprünge und Drehungen vollführen – körperliche Attribute, die notwendig sind, um störrische Rinder zu treiben. Die Kraft dieser Hunde und ihre Unempfindlichkeit sind legendär, weshalb man sie gut beobachten muß: Ein kranker Cattle Dog macht noch tagelang weiter, bevor man ihm irgendetwas anmerkt. Er ist ein ziemlich ungeeigneter Familienhund: Obwohl sehr leicht erziehbar, sind seine unglaubliche Aktivität, Arbeitswut und sein Pflichtbewußtsein eigentlich nur zu befriedigen, wenn man ihn täglich Kuhherden durch die Landschaft treiben läßt. Dafür ist er immer bereit und willig und nimmt diese Aufgaben auch ungeheuer ernst. Der Australian Cattle Dog ist taff, loyal, elastisch und possesiv und kein guter »Erster Hund«. Er ist ein richtiger Hund und benötigt viel mehr als Futter und Streicheleinheiten – dieser Hund braucht Management.

AUSTRALIAN SHEPHERD

Größe	Rüde 45–58 cm, Hündin 43–53 cm
Gewicht	13–22 kg
Fell	üppig, mittellang
Farbe	blue-merle, schwarz, rot-merle, rot; mit oder ohne weiße oder lohfarbenen Abzeichen
Preis	€ 850 – 950

DER AUSTRALIAN SHEPHERD ist, entgegen seinem Namen, ein durch und durch amerikanischer Hund. Wahrscheinlich kam er wie der Mustang mit den Spaniern nach Amerika, die um die Jahrhundertwende dort den Wollmarkt dominierten und australische Schafe importierten. Es stellte sich schnell heraus, daß der »Hund mit den Geisteraugen«, wie ihn die Indianer wegen seiner oft mehrfarbigen Augen nannten, ein hochintelligenter, absolut verläßlicher Hüte- und gleichzeitig loyaler Familienhund war, der seine Schützlinge mit seinem Leben verteidigte. Daran hat sich bis heute nichts geändert. Er wird noch immer von den amerikanischen Cowboys als Viehtreibhund verwendet – was man auf keinen Fall vergessen sollten, wenn man sich für den Australian Shepherd als Familienhund entscheidet: Ein gelangweilter Aussie ist eine Katastrophe, weil er nervös und unruhig wird, über jeden Zaun klettert, jede Tür öffnet und alles zerkaut. Wer ihm aber genügend Auslauf, Unterhaltung und Abenteuer bietet, bekommt einen fabelhaften Kumpel in allen Lebenslagen, leicht erziehbar, neugierig, ausdauernd und sportlich – was ihn zu einem wunderbaren Kinderhund macht. Er ist verschmust und liebevoll mit denen, die er kennt, während ihn seine Zurückhaltung Fremden gegenüber zu einem guten Wächter macht.

Fellpflege

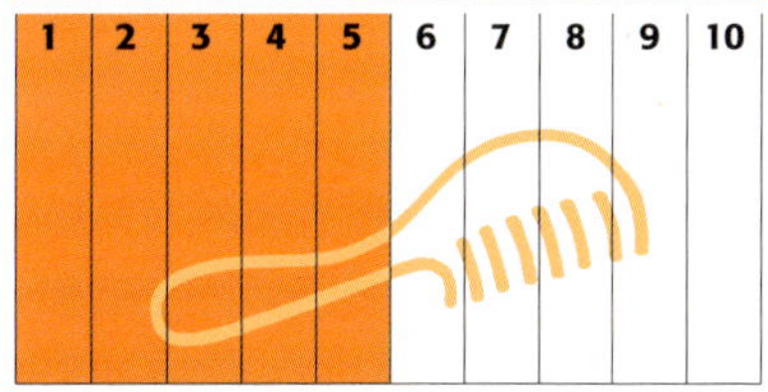

Benötigter Auslauf

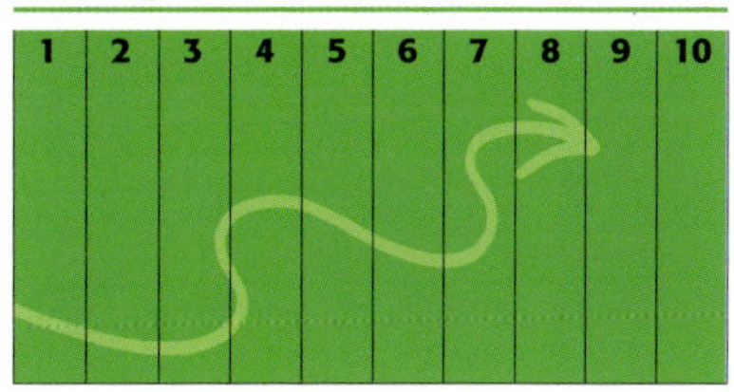

Für Stadtwohnung geeignet

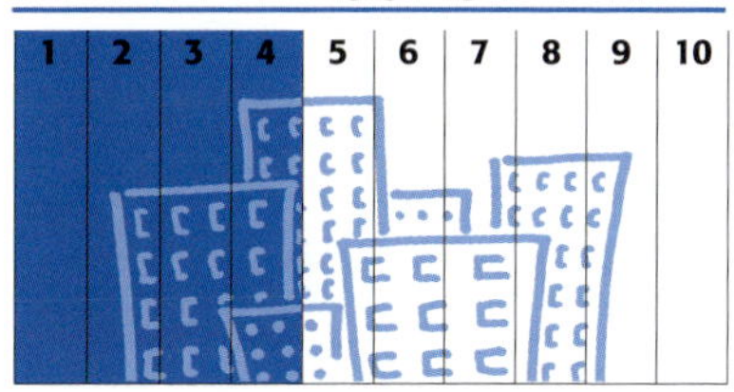

Häufige Krankheiten

Hüftgelenksdysplasie, Taubheit bei merle-farbenen Hunden

Nur für Fortgeschrittene

AUSTRALIAN TERRIER

Größe	25 cm
Gewicht	ca. 6 kg
Fell	hart, gerade, wetterfest, weiche Unterwolle
Farbe	blau-lohfarben, einfarbig rot (Welpen sind bei Geburt schwarz)
Preis	€ 700

Fellpflege

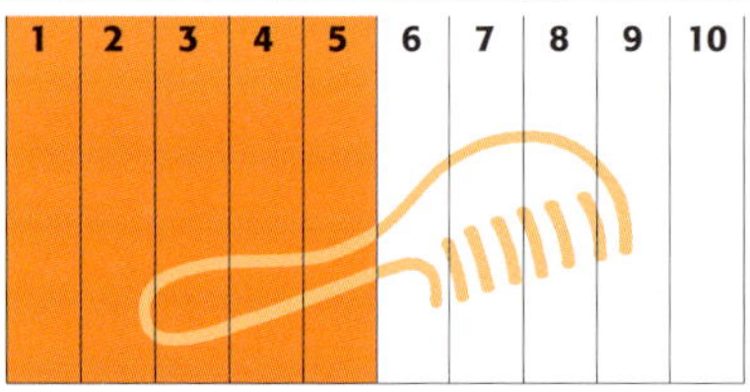

Benötigter Auslauf

Für Stadtwohnung geeignet

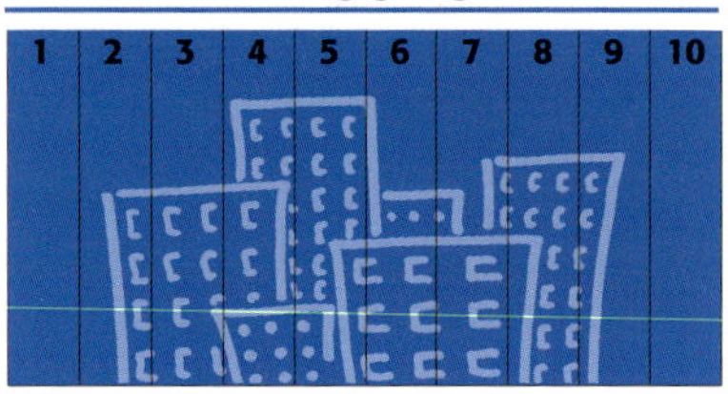

Häufige Krankheiten

keine

Für Anfänger geeignet

DER AUSTRALIAN TERRIER ist einer der stillsten, gehorsamsten und bescheidensten der Terriergruppe, entbehrt dabei aber nicht der Härte, dem Schneid und der Intelligenz seiner Vettern. Er ist ein mutiger, robuster und fröhlicher kleiner Hund, der wahrscheinlich aus Cairn, Yorkshire und Dandie Dinmont Terriern gezüchtet wurde. Das erste Mal wurde er 1880 in Melbourne auf einer Hundeshow ausgestellt.

Der Australian Terrier ist ein fast perfekter Wohnungshund. Er paßt sich jeder Situation wunderbar an, loyal, charmant und gutgelaunt, wachsam, ohne ein Kläffer zu sein, niemals streitsüchtig, wie viele andere Terrier, zurückhaltend mit Fremden und freundlich mit anderen Tieren. Obwohl er ein aktiver Hund ist, ist er niemals hyperaktiv, braucht er keine besonders langen Spaziergänge, auch wenn er sie gerne mitmacht. Er lernt schnell, läßt sich leicht erziehen und macht sich auf einem Landgut ebenso gut wie in einer Stadtwohnung. Nachdem der Modeboom an diesen Hunden bisher glücklicherweise vorübergegangen ist, kann man mit seiner Anschaffung eigentlich nichts falsch machen.

Größe	65–82 cm
Gewicht	35–48 kg
Fell	lang, gewellt, doppelt, sehr dick
Farbe	weiß, gold, fahlrot, schwarz gewolkt, grau, gestromt
Preis	€ 950 – 1500

DER BARSOI ist ein wahrer Aristokrat unter den Hunden. In Rußland für die Wolfsjagd gezüchtet, ist er heute vor allem ein wunderschöner Hund, dessen Bewegungen in ihrer Ästhetik von keiner anderen Rasse übertroffen werden: Im freien Galopp scheint dieser Hund zu fließen. Er ist im Haus absolut ruhig, im Freien allerdings entfaltet er sich zu einem kraftvollen, hetzfreudigen Raubtier mit tödlicher Zielstrebigkeit, wenn er erst ein Opfer hat: Auf keinen Fall sollte man das vergessen, wenn andere Hunde in der Nähe sind. Ein kämpfender Barsoi ist entsetzlich, nicht nur wegen seiner Größe und seiner Kraft, sondern auch wegen seiner unglaublichen Schnelligkeit.

Tatsächlich interessiert sich der Barsoi normalerweise gar nicht für andere Hunde – oder andere Menschen, außer seiner Familie: Er ist, ohne ihn vermenschlichen zu wollen, wirklich arrogant zu nennen. Der Barsoi ist ein Ein-Mann-Hund, akzeptiert den Rest der Familie, und betrachtet den Rest der Welt höchstens mit einem Seitenblick.

Fellpflege

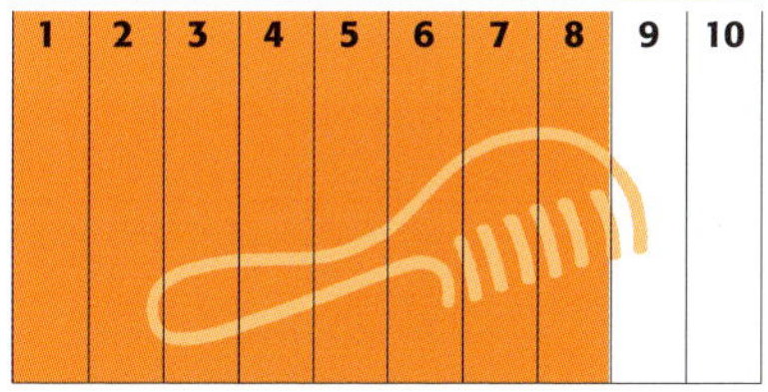

Benötigter Auslauf

Für Stadtwohnung geeignet

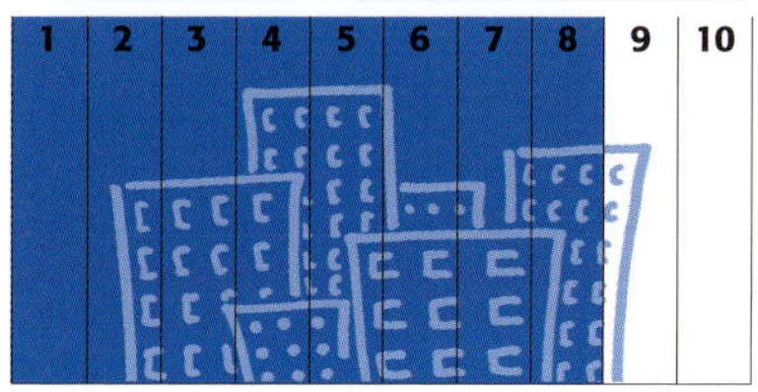

Häufige Krankheiten

Fangzahn-Engstand

Für Fortgeschrittene

BASENJI

Größe	40–42,5 cm
Gewicht	9–11 kg
Fell	kurz, seidig
Farbe	rot mit weiß, dreifarbig, schwarz-weiß, tigergestromt
Preis	€ 1000

DER BASENJI ist eine der ältesten Hunderassen und wurde schon vor 4000 Jahren auf ägyptischen Gräbern dargestellt als Lieblingshund der Pharaonen. Heute findet man ihn in Zaire und im Sudan, wo er als Jagdhund fungiert. Das auffälligste Merkmal an diesem Hund ist die Tatsache, daß er nicht bellt. Er macht stattdessen Laute, die unmöglich zu beschreiben sind, aber an Kichern oder Gejodel erinnern, fröhliche Laute, die normalerweise für besondere Gelegenheiten oder Freunde bewahrt werden. Der Basenji hat eine hervorragende Nase und ist sehr zielstrebig, hat einen wunderbaren Sinn für Humor und katzenartige Grazie. Er ist ausgesprochen aktiv und braucht sehr viel Bewegung und hat dabei einen sehr hübschen Gang mit hoher Aktion – wenn gutgelaunt, springt und hüpft er und sieht aus wie ein kleines, glänzendes Reh. Er ist praktisch geruchsfrei und ausgesprochen sauber – Traum jeder Hausfrau –, und muß unbedingt Teil der Familie sein. Wenn der Basenji zu viel allein gelassen oder nicht ausreichend beschäftigt wird, kann er zerstörerisch werden oder klettert über Zäune (und manchmal auf Bäume). Wer einen Basenji besitzt, muß diesem klugen Hund immer einen Schritt voraus sein. Obwohl einigermaßen eigensinnig, reagiert der Basenji gut auf konsequente Erziehung.

Fellpflege

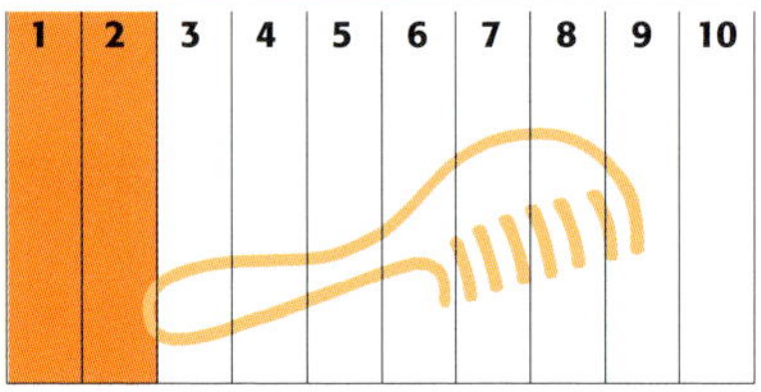

Benötigter Auslauf

Für Stadtwohnung geeignet

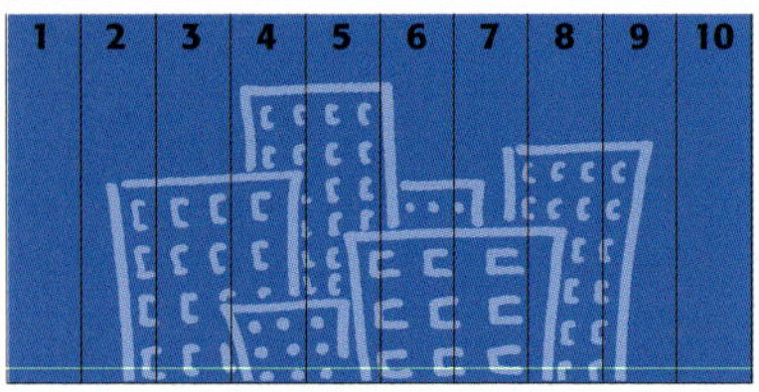

Häufige Krankheiten

Hernie, Nierenprobleme

Für Fortgeschrittene

BASSETT HOUND

Größe	ca. 39 cm
Gewicht	18–23 kg
Fell	glatt, kurz, dicht
Farbe	Grundfarbe weiß, mit braunen, schwarzen oder sandfarbenen Flecken; alle anerkannten Houndfarben
Preis	€ 800 – 950

DER BASSETT ist wohl eine der friedlichsten aller Hunderassen. Manche Bassetts sind würdevoll, manche sind Clowns, aber eigentlich alle sind freundlich und zuverlässig. Er betet seinen Herrn an, ist besonders kinderfreundlich und von stoischer Geduld, wenn es darum geht, Verkleidungen oder Transporte in Puppenwägen zu ertragen. Seine Familie ist ihm wichtiger, als irgendetwas auf der Welt, weshalb er immer in gemeinsame Unternehmungen eingeschlossen werden sollte und besonders anpassungsfähig für das Leben in Stadt oder Wohnung ist. Er braucht allerdings sehr viel Auslauf, auch wenn er den Eindruck macht, soviel Bewegung gar nicht zu wollen: Ein fetter Bassett bekommt große gesundheitliche Probleme.

Der Basset stammt direkt vom Bluthund ab, und von diesem Urvater aller Spürhunde soll er auch seine fabelhafte Nase geerbt haben. Eine geduldige Grunderziehung ist deshalb sehr wichtig, damit der Bassett auch kommt, wenn er eine interessante Spur hat. Der Bassett kann stur und dickköpfig sein, beweist aber meistens einen sehr guten Sinn für Humor, während er nicht gehorcht, und ist selten ein wirkliches Problem. Er ist ein Hund von viel Substanz – körperlich wie seelisch – und verdient es, respektvoll behandelt zu werden.

Fellpflege

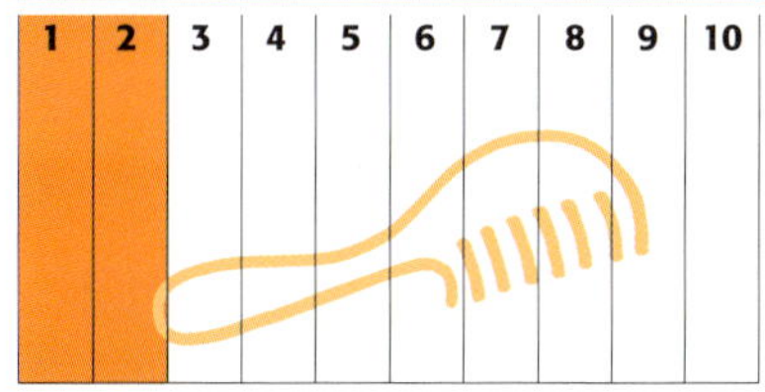

Benötigter Auslauf

Für Stadtwohnung geeignet

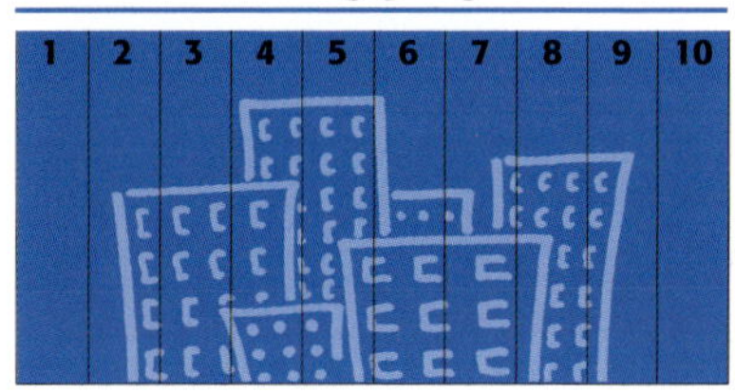

Häufige Krankheiten

Wirbelsäulenprobleme, Ohrenentzündungen, Augenlid-Abnormalitäten

Für Anfänger geeignet

BAYERISCHER GEBIRGSSCHWEISSHUND

Größe	Rüde 50 cm, Hündin 45 cm
Gewicht	ca. 30 kg
Fell	dicht, kurz, mäßig rauh
Farbe	jede Schattierung von Rot, dunkelrot auch mit schwarzen Haarspitzen
Preis	€ 500

Fellpflege

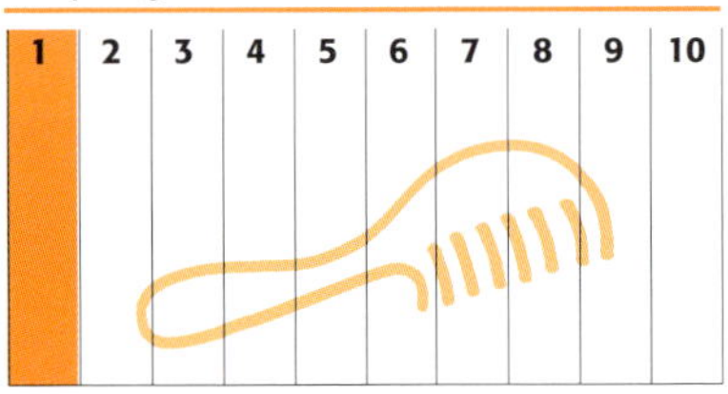

Benötigter Auslauf

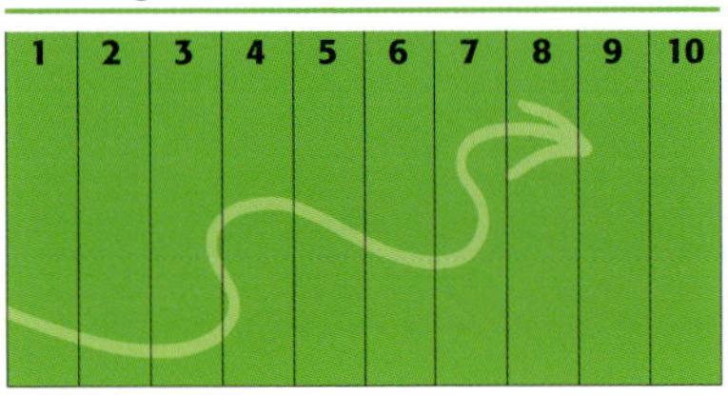

Für Stadtwohnung ungeeignet

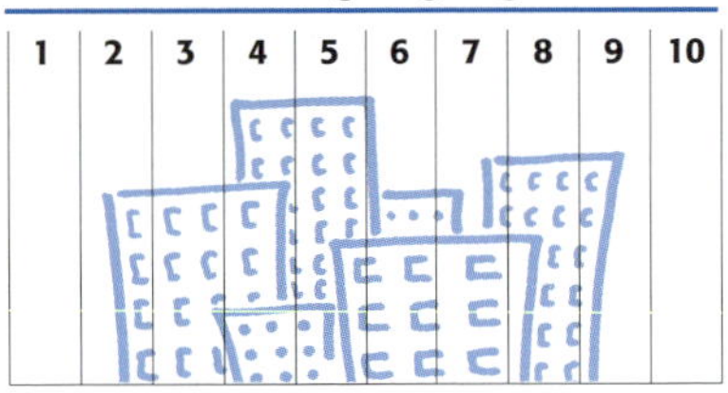

Häufige Krankheiten

keine

Für Fortgeschrittene

DER BAYERISCHE GEBIRGSSCHWEISSHUND entstand Mitte des 19. Jahrhunderts aus Kreuzungen zwishen alten Bayerischen Bracken und Hannoverschen Schweißhunden. Er wird ausschließlich von Jägern geführt und ist als reiner Familien- oder Begleithund nicht geeignet: Er ist ein widerstandsfähiger, instinktsicherer Jagdhund, der normalerweise an der Suchleine arbeitet – wenn er erst eine Schweißspur hat, nimmt er nämlich keine Rücksicht mehr darauf, ob ihm sein jagdlicher Begleiter auch über Stock und Stein folgen kann, und nicht nur das: Der bayerische Gebirgsschweißhund ist ein gewandter Kletterer.

Größe	33–40 cm
Gewicht	12–15 kg
Fell	kurz, glatt, sehr dicht, nicht zu fein
Farbe	jede anerkannte Houndfarbe (orange, weiß, schwarz, lohfarben, tricolor; jeweils mit weißen Abzeichen)
Preis	€ 900 – 1000

DER BEAGLE ist eine der ältesten Laufhundrassen und läßt sich bis ins 14. Jahrhundert zurückverfolgen. Er wurde hauptsächlich auf Kaninchen und Hasen eingesetzt, teilweise in großen Meuten, teilweise bei der Jagd zu Fuß. Er hat eine hervorragende Nase, und das ist auch so ziemlich sein einziges Problem als Familien- und Haushund: Hat er eine interessante Spur (Kaninchen, Ratte, Nachbars Einkaufsweg) senkt er selbige Nase auf den Boden – und ward nicht mehr gesehen. Kein Wetter kann ihn erschüttern, keine Entfernung ihn abhalten: Was Ausdauer und Mut betrifft, ist dieser kleine Hund nicht zu schlagen. Er hat kein Problem mit Fremden, die er allerdings mit schönem »Standlaut« ankündigt. Der Beagle ist ruhig, treu und freundlich. Weil es ihm vollkommen an jeglicher aggressiven Veranlagung fehlt, sind Beagle und Kinder sozusagen eine natürliche Verbindung. Er ist liebevoll, fröhlich, verspielt und paßt sich jeder Situation an; gleichzeitig ist er übrigens leicht beleidigt und nachtragend. Das schwierigste Kunststück dieser Rasse ist es zu kommen, wenn er gerufen wird, gerade, *weil* dieser Hund nach wie vor einen sehr ausgeprägten Jagdinstinkt hat. Im übrigen ist er unglaublich verfressen und muß daher streng kontrolliert werden, was die Futtermengen, den Komposthaufen im Garten und die Mülleimer der Umgebung betrifft.

Fellpflege

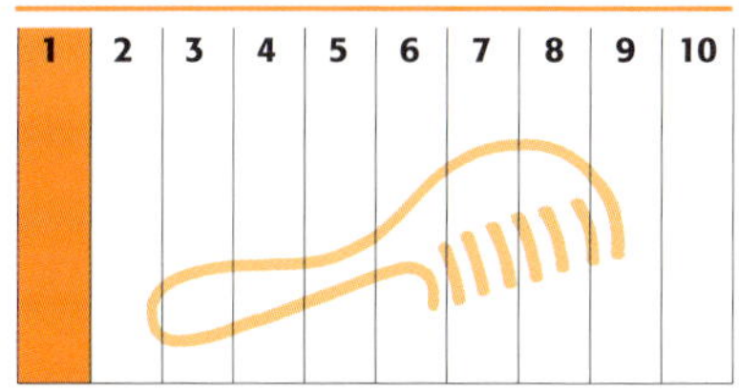

Benötigter Auslauf

Für Stadtwohnung geeignet

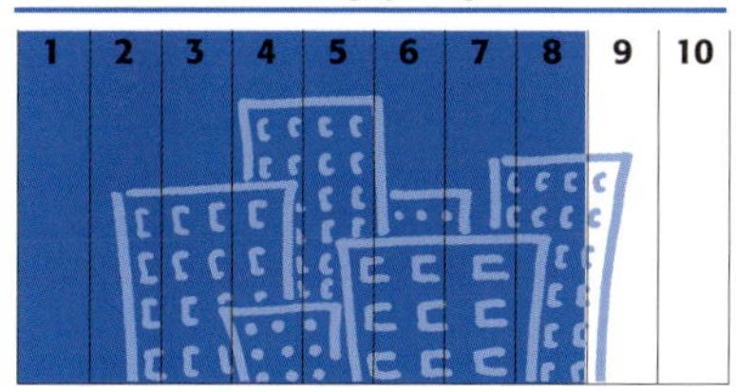

Häufige Krankheiten

Herzkrankheiten, Epilepsie

Für Anfänger geeignet

BEARDED COLLIE

Größe	50–56 cm
Gewicht	ca. 30 kg
Fell	lang, doppelt, mit weicher Unterwolle und flachem, harten, zottigen Deckhaar
Farbe	blau, rehbraun, alle Grautöne, schwarz oder falb; Weiß nur als Blesse, an Rutenspitze, Oberkopf, Brust, um den Hals, an den Läufen und Pfoten
Preis	€ 800 – 1000

Fellpflege

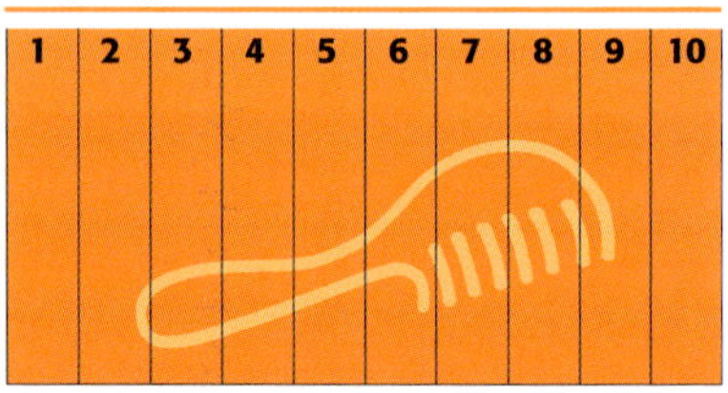

Benötigter Auslauf

Für Stadtwohnung geeignet

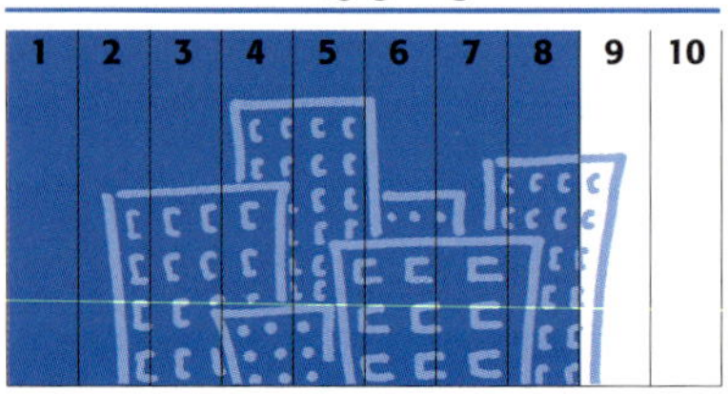

Häufige Krankheiten

Hüftgelenksdysplasie

Für Anfänger geeignet

DER BEARDED COLLIE war einmal ein schneller weniger und geschickter Hüte- und Viehtreibhund der schottischen Schäfer im 17. Jahrhundert. Seither ist einige Zeit vergangen, und mittlerweile hat der Bearded als schicker Ausstellungshund internationale Großstädte erobert. Bei aller Schönheit und Popularität ist der Bearded Collie immer noch hochintelligent. Er ist lebhaft, verspielt und leicht zu handhaben, anpassungsfähig und einfach immer gutgelaunt. Er hat einen kolossalen Sinn für Humor, der sich vor allem darin äußert, daß er die ausgefallensten Einfälle hat, um nicht gehorchen zu müssen. Er braucht viel Bewegung und Beschäftigung, um sich nicht zu langweilen: Wenn mit dem Bearded nicht genug gespielt wird, fängt er an, Löcher zu graben, zu jaulen, Zäune zu überspringen oder Gegenstände zu zerkauen. Am besten paßt er zu jemandem, der gerne joggt oder fahrradfährt. Seinen Hütetrieb hat er trotz Ausstellungskarriere nicht abgelegt, weshalb er immer versuchen wird, seine Familie wie eine Herde Schafe zusammenzuhalten. Der Bearded Collie muß konsequent, fair und spielerisch erzogen werden, mit einer harten Hand allerdings wird dieser sensible Hund nicht fertig. Er hat ein pflegeaufwendiges, aber wetterfestes Fell, weshalb der Beardie auch bei Wind und Sturm nach draußen möchte – in jedem Fall mehr, als seinem Herrn lieb sein mag.

Größe	38–40 cm
Gewicht	8–10 kg
Fell	dick, dicht und wattig
Farbe	blau, sandfarben, blau-lohfarben, sand-lohfarben und leber-lohfarben
Preis	€ 800

Fellpflege

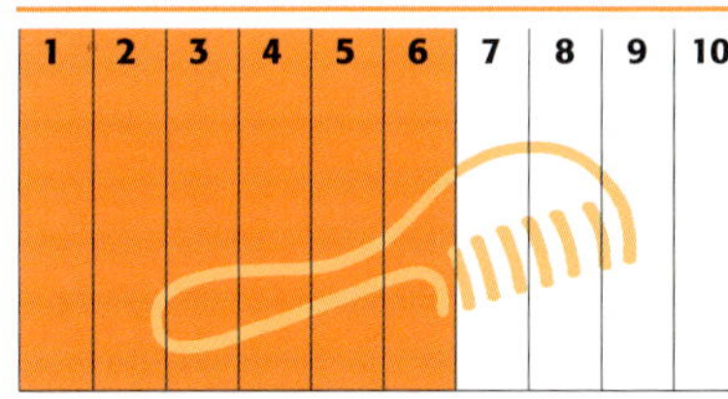

Benötigter Auslauf

Für Stadtwohnung geeignet

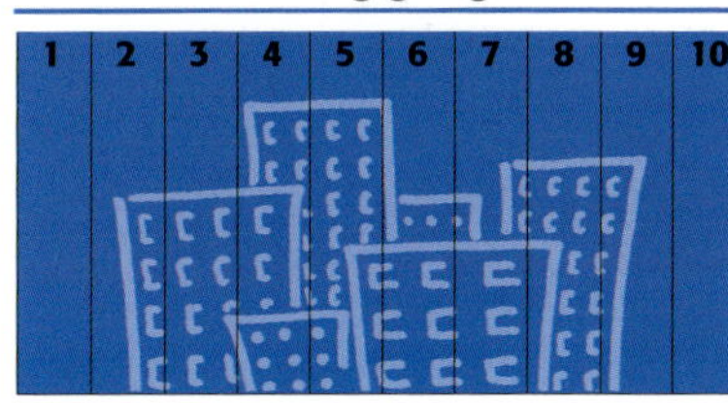

Häufige Krankheiten

Kupfertoxicose, Schilddrüsenerkrankungen

Für Anfänger geeignet

DER BEDLINGTON TERRIER sieht aus wie ein Schaf, aber das nur, um Unwissende zu täuschen. Er wurde in England dafür gezüchtet, kleines Raubzeug zu jagen und zu erledigen und bekämpft noch immer erbarmungslos alles, was sich mit ihm anlegt – eine Tatsache, derer sich jeder werdende Bedlington-Besitzer klar sein sollte. In seinem Äußeren gleicht der Bedlington Terrier keinem anderen Terrier: Seine elegante Linie und den federnden Gang hat er zweifellos vom Whippet geerbt – und damit auch große Schnelligkeit. Im Haus angenehm und ruhig, braucht er viel Auslauf, paßt sich dann aber seiner Familie sehr gut an und ist auch viel weniger launisch als die meisten Terrier. Er kann eifersüchtig gegenüber Kindern und anderen Tieren sein und macht sich daher am besten bei einem älteren Paar ohne Enkelkinder, das gern radfährt und wandert und einen anhänglichen, ergebenen Freund und guten Wächter im Haus sucht. Der Bedlington bellt viel und kann Fremden gegenüber sehr reserviert sein. Manche seiner Rasse sind schüchtern oder nervös, weshalb er von Welpenbeinen an gut sozialisiert werden und vielen verschiedenen Geräuschen ausgesetzt werden muß. Sein Fell sollte von professioneller Hand gepflegt werden. Wirklich einzigartig in seiner Erscheinung und voller Feuer, Eigenwillen und Ergebenheit, ist der Bedlington ein interessanter Hund für den passenden Haushalt.

BELGISCHER SCHÄFERHUND

Tervueren

Größe	Rüde ca. 62 cm, Hündin 58 cm
Gewicht	Rüde 27–32 kg, 22,5–25 kg
Fell	lang, glatt, doppelt
Farbe	mahagonifarben bis beige und grau mit schwarzer Maske und schwarzen Grannenhaaren
Preis	€ 800

Fellpflege

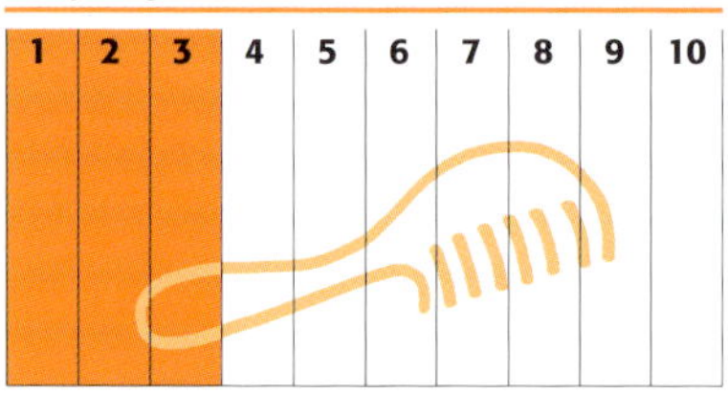

Benötigter Auslauf

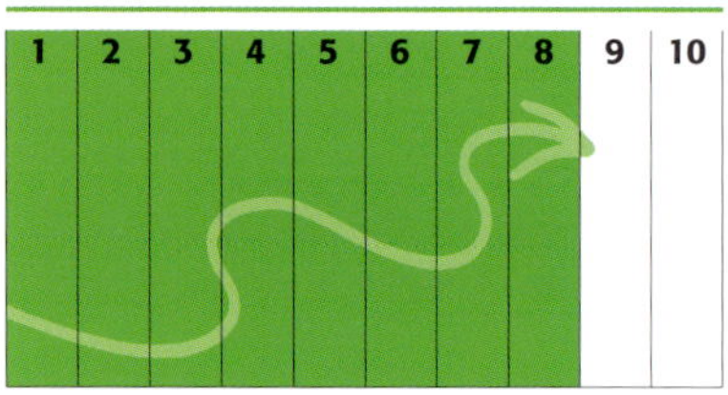

Für Stadtwohnung geeignet

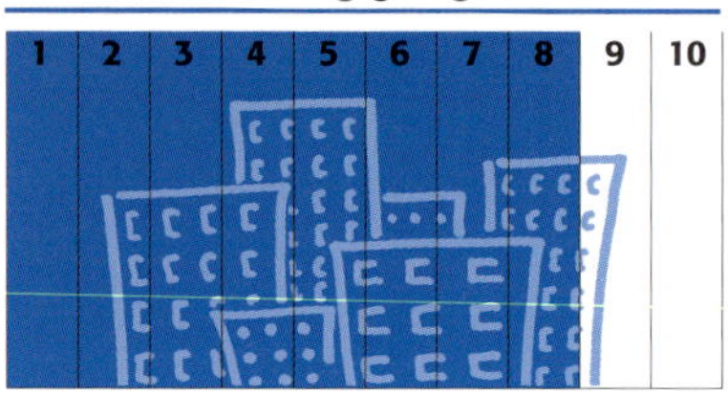

Häufige Krankheiten

keine

Für Anfänger geeignet

DER BELGISCHE SCHÄFERHUND ist ein Witzbold. Er ist ein Schlitzohr, spielt bis zum Umfallen und bis ins hohe Alter, und wem das nicht paßt, der muß sich einen anderen Schäferhund suchen – die Belgier sind in dieser Beziehung alle gleich. Sie sind sowieso eigentlich der gleiche Hund in verschiedenen Anzügen: Allesamt fröhlich, agil, intelligent, folgsam und robust. Der Malinois ist vergleichsweise etwas schärfer, nachdem ihn die Hundesportler in den letzten Jahren entdeckt hatten. Allgemein ist der Belgische Schäferhund von Natur aus wachsam und beschützerisch, liebt Aufgaben und ist ein hervorragender Agility- oder Rettungshund. Er läßt sich hundertprozentig auf seine Menschen ein und braucht ihre Nähe, ist sehr sensibel und ganz ungeeignet für Despoten oder Choleriker: Er verträgt Brüllerei nur schlecht und hat außerdem ein Gedächtnis wie ein Elefant – ungute Erfahrungen vergißt er nicht. Kinder findet der Belgische Schäferhund ganz unwiderstehlich; manche Halter behaupten, er sei das beste Kindermädchen, das sie je hatten. Er hat eine lange Teenager-Phase und darf nicht zu früh ernsthaft ausgebildet werden, obwohl er sich sehr anbietet. Der Belgier ist so abhängig vom Menschen, daß er sich jeder Situation anpaßt: Man könnte mit ihm auch in einer Telefonzelle wohnen, solange man ihm genügend Möglichkeit gäbe, sich abzureagieren.

Groenendael

Größe	Rüde ca. 62 cm, Hündin 58 cm
Gewicht	Rüde 27–32 kg, 22,5–25 kg
Fell	lang, glatt, doppelt
Farbe	schwarz, etwas weiß gestattet
Preis	€ 800

Malinois

Größe	Rüde ca. 62 cm, Hündin 58 cm
Gewicht	Rüde 27–32 kg, 22,5–25 kg
Fell	Kurz, dicht, doppelt
Farbe	rot bis rehbraun, mit schwarzer Maske
Preis	€ 800

Laekenois

Größe	Rüde ca. 62 cm, Hündin 58 cm
Gewicht	Rüde 27–32 kg, 22,5–25 kg
Fell	rauhhaarig, zerzaust, ca. 6 cm lang
Farbe	falb, mit Spuren von Ruß an Fang und Rute; etwas Weiß wird toleriert
Preis	€ 800

BERGER DES PYRÉNÉES

Größe	Rüde 40–50 cm, Hündin 38–50 cm
Gewicht	ca. 14–18 kg
Fell	lang und rauh, sehr dicht, leicht gewellt, wie Zwischending aus Ziegenhaar und Schafswolle
Farbe	alle Grau- oder Falbschattierungen, mit oder ohne Stromung oder Tigerung, einfarbig oder mit kleinen weißen Marierungen
Preis	€ 800

Fellpflege

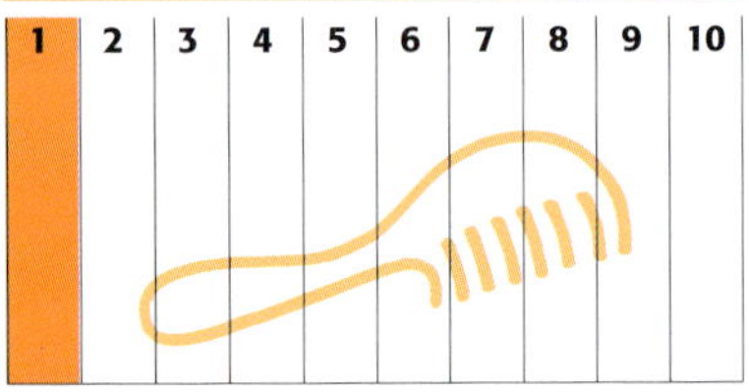

Benötigter Auslauf

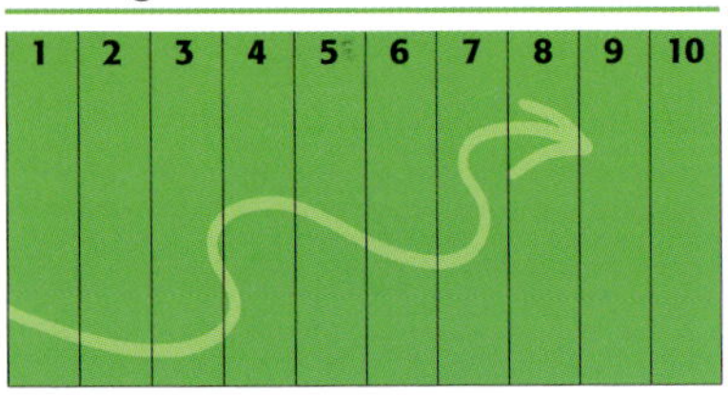

Für Stadtwohnung geeignet

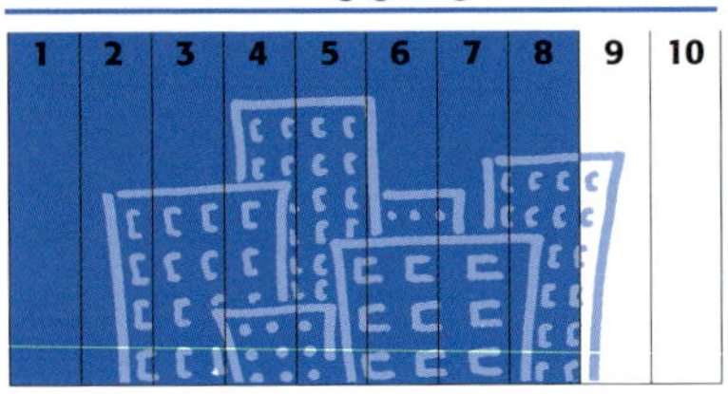

Häufige Krankheiten

keine

Für Anfänger geeignet

DER BERGER DES PYRÉNÉES gild als der älteste französische Schäferhund, der aus dem Pyrenäengebirge stammt. Seine ursprüngliche Aufgabe war es, die Herden zu hüten und zusammenzuhalten, während Molosserartige Kollegen als Herdenschutzhunde fungierten. Der Berger ist ausgesprochen selbstbewußt und energiegeladen, mutig, lebhaft und hochintelligent: Als Familienhund ist er also nur zu gebrauchen, wenn er wirklich etwas zu tun bekommt, andernfalls wird er zur hyperaktiven Nervensäge. Der Berger ist außerordentlich beweglich und reagiert auf jedes Geräusch, weshalb er dazu neigt, ein Kläffer zu sein, was sich aber bei früher, konsequenter Erziehung in den Griff bekommen läßt. Er ist sehr widerstandsfähig und pflegeleicht, und ganz unkompliziert – solange man ihm genügend Bewegung verschafft und etwas zu tun gibt.

Größe	Rüde 64–70 cm, Hündin 58–66 cm
Gewicht	Rüde 36–48 kg, Hündin 34–41 kg
Fell	lang, üppig, glänzend
Farbe	tiefschwarz mit sattem braunroten Brand an den Wangen, über den Augen, an allen vier Läufen und an der Brust; weiße Abzeichen symmetrisch angeordnet, Brustmarkierung: Rutenspitze, Blesse, vier weiße Zehen
Preis	€ 900

Fellpflege

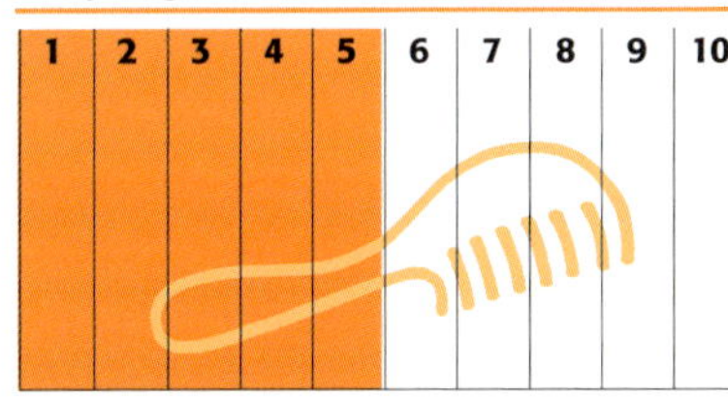

Benötigter Auslauf

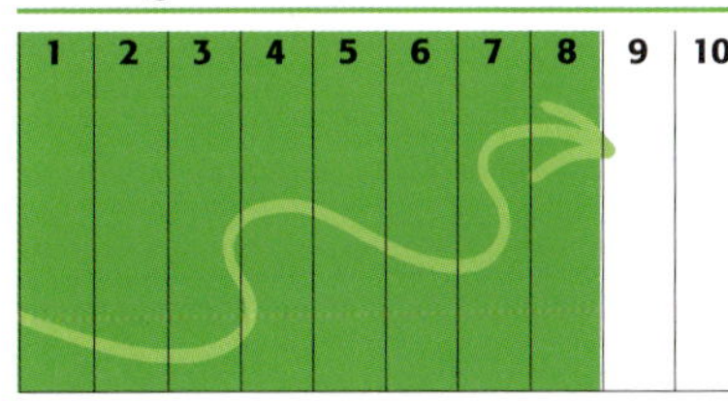

Für Stadtwohnung geeignet

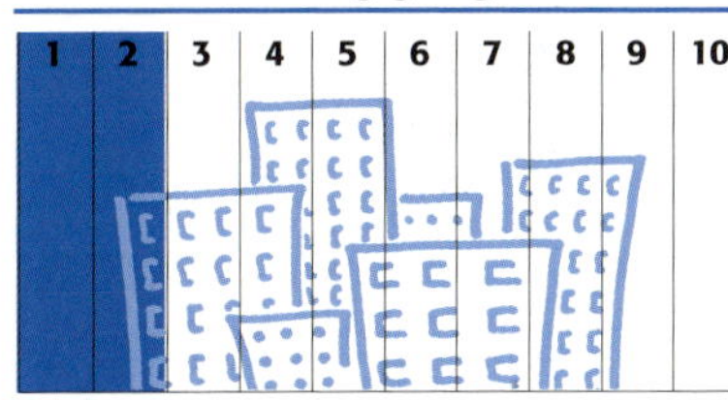

Häufige Krankheiten

Hüftgelenksdysplasie, manchmal Magenumdrehung

Für Anfänger geeignet

DER BERNER SENNENHUND war der Arbeitshund der Schweizer Bauern – als Wagenhund, der Milchkannen zum Markt zog, und als Wachhund, der den Hof schützte. Im Laufe des 19. Jahrhunderts beinahe ausgestorben, ist der Berner Sennenhund seit seinem Einsatz in den siebziger Jahren als Photomodell für ein Trockenfutter fast so modisch wie der Westie. Er ist in der Tat ein angenehmer Begleithund, schön, sanft, freundlich und liebevoll. Wenn er überhaupt einen Fehler hat, dann ist es seine Neigung, ein Ein-Mann-Hund zu sein. Der Berner Sennenhund braucht sehr viel Bewegung und verträgt Hitze nicht besonders gut, weshalb er nur bedingt zur Haltung in der Stadt geeignet ist – obwohl man ihn gerade in Großstadtparks, passend zum Geländewagen, besonders häufig zu sehen bekommt: Dabei braucht der Berner Platz und am besten einen Garten, den er bewachen und in den er ausweichen kann, wenn ihm im Haus zu warm wird. Die Erziehung zum Gehorsam sollte früh beginnen und lange andauern – der Berner gehören zu den Hunderassen, die einfach zu groß und massig sind, als daß man Ungehorsam tolerieren könnte. Von Natur aus wachsam und einigermaßen scharf, sollte er niemals zum Schutzhund ausgebildet werden – seine Größe und seine tiefe Stimme beeindrucken Eindringlinge sowieso. Es ist wichtig, den Berner von einem Züchter zu kaufen, der die Rasse länger züchtet, als der Boom andauert – möglichst seit 15, 20 Jahren.

BERNHARDINER

Größe	Rüde mindestens 70 cm, Hündin mindestens 65 cm
Gewicht	50–55 kg
Fell	langhaariger Schlag: mittellang, glatt oder leicht gewellt; kurzhaariger Schlag: sehr dicht, enganliegendes Stockhaar, leicht behoste Hinterkeulen
Farbe	weiß mit roten Platten, dunkle Markierungen am Kopf
Preis	€ 750 – 850

Fellpflege

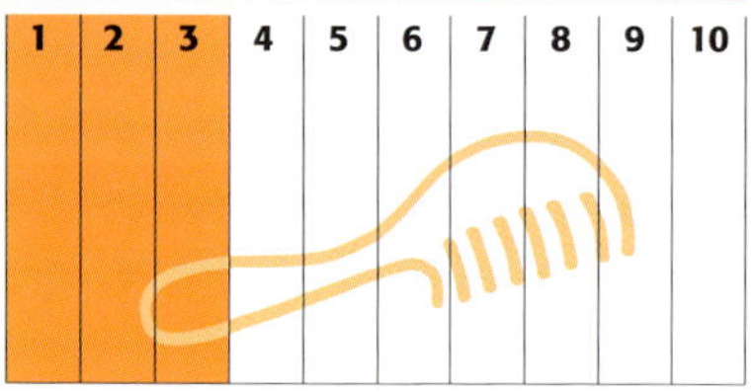

Benötigter Auslauf

Für Stadtwohnung ungeeignet

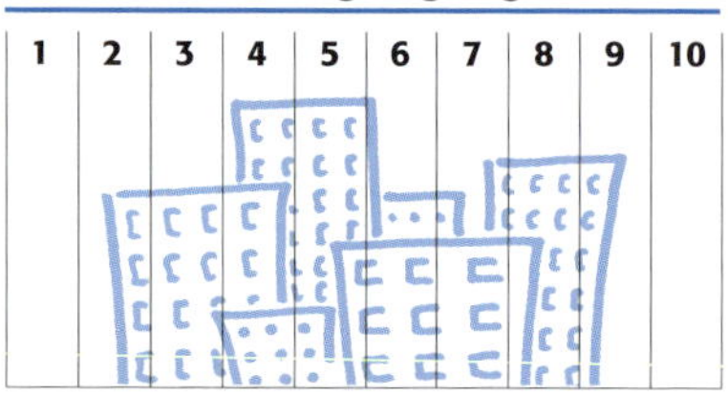

Häufige Krankheiten

Hüftgelenksdysplasie, Herzprobleme, Entropium, Tumore, Allergien

Für Fortgeschrittene

DER BERNHARDINER ist wohl der bekannteste Hund überhaupt, der einem schon in Schulbüchern als sagenhafter Lawinenhund mit Whiskyfaß um den Hals begegnet. Die Mönche des Schweizer St.-Bernhard-Hospiz züchteten den Bernhardiner eigens, um verirrte Reisende aufzuspüren. Der erste Bericht über Menschenrettung aus einer Lawine durch diese Hunde stammt von 1786 – die Berghunde waren übrigens kurzhaarig, weil sich im langhaarigen Fell der Schnee klumpig festsetzt. Im 19. Jahrhundert wurde der Bernhardiner nach England exportiert, wo schließlich seine steile Karriere begann: Von geldmacherischen Züchtern schamlos benutzt, wurden Bernhardiner immer teurer, größer und so schwer, daß viele von ihnen Schwierigkeiten bekamen, einen normalen Spaziergang zu absolvieren – an Rettungsdienste war längst nicht mehr zu denken. Der Bernhardiner ist eigentlich ein folgsamer, gutmütiger und sehr treuer Hund, intelligent und mutig. Manche sind offener, andere sehr introvertiert. Er braucht engen menschlichen Kontakt, tägliche Bewegung und kann nicht einfach im Zwinger oder im Garten geparkt werden. Der Bernhardiner möchte es seinem Herrn gerne recht machen und reagiert deshalb gut auf Erziehung, solange man ihn respektvoll und geduldig behandelt. Man sollte einen Bernhardiner unbedingt von einem reputablen Züchter kaufen, anderenfalls könnte man leicht mit einem dominanten, aggressiven oder furchtsamen Bernhardiner enden, was bei dieser gigantischen Rasse dramatische Konsequenzen haben kann.

BICHON FRISÉ

Größe	24–29 cm
Gewicht	3–6 kg
Fell	zarte, dichte Unterwolle und gröberes, leicht gekräuseltes Deckhaar
Farbe	reinweiß
Preis	€ 1000

DER BICHON FRISÉ ist ein kleiner französischer Begleithund, dessen Ursprünge nebulös sind. Wahrscheinlich geht er auf Zwergspaniel, Pudel, oder Malteser zurück. Wie dem auch sei, der Bichon Frisé ist ein wundervoller kleiner Begleithund – und wenn er als solcher nicht taugt, taugt er zu gar nichts. Er ist fröhlich, verspielt, liebevoll und lebhaft. Es ist ganz leicht, mit einem Bichon Frisé zu leben; er kläfft wenig, ist immer heiter, will immer dabei sein, teilhaben und gibt sich große Mühe zu gefallen. Er braucht wenig Auslauf, dafür aber umso mehr Fellpflege: Der Bichon kann aussehen wie eine Bilderbuch-Puderquaste, oder wie eine verfilzte, verknotete Fellmatte – das liegt ganz allein am Besitzer. Er ist sensibel und leicht zu erziehen, mit dem groben Spiel von Kleinkindern allerdings meistens überfordert: Sonst paßt er sich jeder Lebenssituation und allen Umständen ohne weiteres an.

Fellpflege

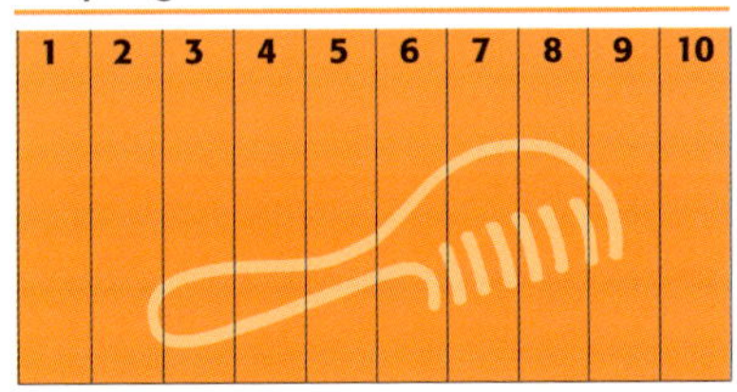

Benötigter Auslauf

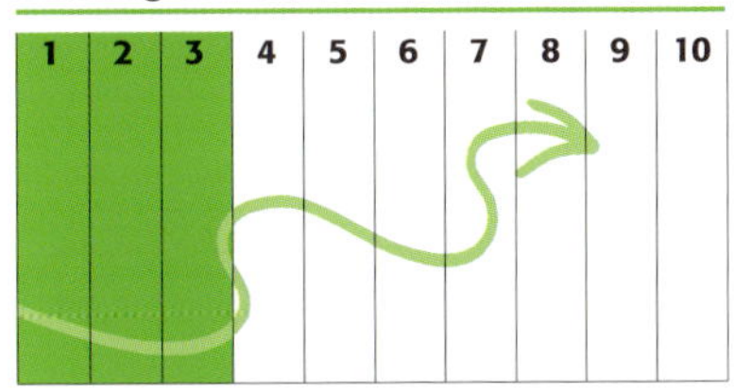

Für Stadtwohnung geeignet

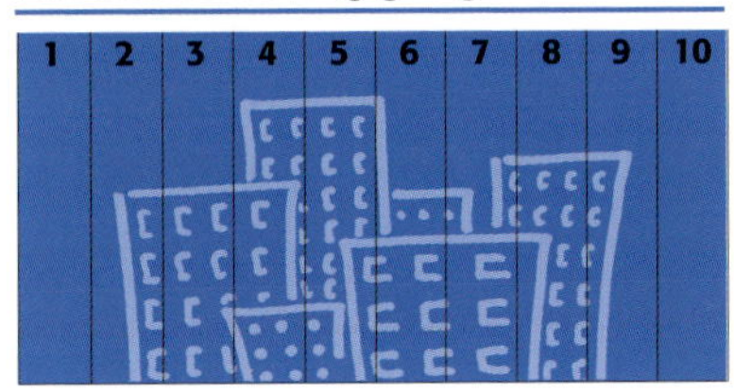

Häufige Krankheiten

keine

Für Anfänger geeignet

BLOODHOUND

Größe	58–68 cm
Gewicht	40–48 kg
Fell	kurz und hart
Farbe	schwarz-lohfarben, leuchtend rot und leberfarben mit lohfarbenen Abzeichen; kleine weiße Abzeichen auf Brust oder Pfoten werden toleriert
Preis	€ 1500

DER BLOODHOUND, Bluthund oder St. Hubertushund ist sozusagen der Großvater aller Spurenhunde – Beagle, Bassets oder Bracken beispielsweise haben alle Bluthund-Blut in ihren Adern. Es gab ihn schon lange vor Christi Geburt, aber sein Name kommt nicht etwa daher, daß er so blutrünstig ist, sondern daß ihn gewöhnlich Leute von »blauem Blut« hielten – er war also von »Blut«. Er wurde nie zum Angriff auf Menschen eingesetzt; tatsächlich ist er so gutmütig, daß es völlig sinnlos ist, ihn zum Wach- oder Schutzhund ausbilden zu wollen. Stattdessen ist er ein wunderbarer Familien- und Begleithund, der berühmt dafür ist, vermißte Personen aufzuspüren: Bloodhounds jagen keine Menschen, sondern folgen Spuren, dafür sind sie da. Wenn er seine »Beute« gefunden hat, wackelt er selig mit dem Schwanz und ist ganz außer sich vor Glück. Der ganze Bloodhound ist ein liebevoller, sanfter und freundlicher Familienhund. Er ist nicht besonders geeignet für Unterordnunsarbeit, weil er in seiner Berufsabteilung seinem Besitzer sagen soll, wo es langgeht, nicht umgekehrt. Seine ungeheure Kraft und sein Eigensinn verlangen also nach einem starken, konsequenten Herrn. Allerdings ist diese liebenswürdige Rasse gleichzeitig sehr sensibel und darf niemals grob behandelt oder geschlagen werden. Er sabbert ungeheuer, braucht viel Auslauf und hat eine wunderbare Stimme. Der Bluthund ist nicht einfach ein Haushund, sondern ein sehr spezieller Hund für Leute, die ihn wirklich wertschätzen.

Fellpflege

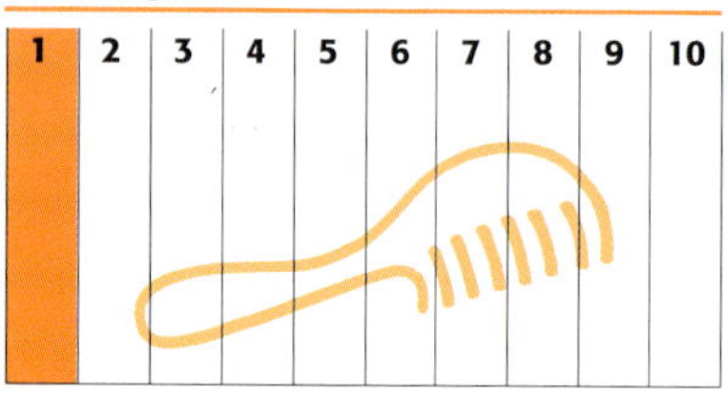

Benötigter Auslauf

Für Stadtwohnung geeignet

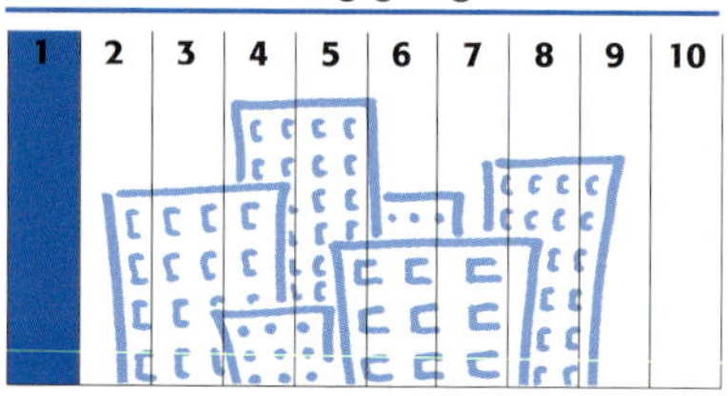

Häufige Krankheiten

Hüftgelenksdysplasie, Magenumdrehung, Entropium

Für Fortgeschrittene

Größe	56–58 cm
Gewicht	30 kg
Fell	dicht, weich, langhaarig
Farbe	jede Schattierung von Grau oder Blau mit weißen Markierungen
Preis	€ 1500

DER BOBTAIL – oder »Old English Sheepdog« – ist ein gutmütiger, loyaler, liebenswürdiger und friedlicher Hund. Er ist fröhlich und enthusiastisch, ohne wild zu sein, liebt Kinder und gehorcht eigentlich gut. Er ist gleichzeitig stur und sensibel, weshalb er die Umstände, unter denen er aufgezogen wurde, vollkommen reflektiert: Ein Bobtail, der zu wenig Auslauf hat, zuviel alleine gelassen und bei der Erziehung herumgezerrt wird, entwickelt sich zu einem unkontrollierbaren, zerstörerischen Wüstling. Ursprünglich als Hütehund gezüchtet, machte er nebenbei auch Karriere als Wach- und Modehund. Sein Problem ist nämlich, daß die Welpen hinreißende Wollknäuel sind, denen nur schwer zu widerstehen ist: Die ungeheuere Popularität, die der Bobtail daraufhin durchmachte, hat sich, wie bei allen Modehunden, bitter gerächt. Zweifelhafte Züchter begannen, sich am Bobtail-Boom zu bereichern und züchteten ohne Rücksicht auf das wundervolle, ausgeglichene Wesen des Bobtails drauflos. Die Folge waren jämmerliche, schüchterne oder aggressive Vertreter ihrer Rasse, die, dem niedlichen Baby-Stadium entwachsen, zur Adoption freigegeben wurden. Man sollte sich vom Teddy-Aussehen des Bobtails nicht täuschen lassen: Er ist ein Arbeitshund, der genügend Platz und Bewegung braucht und geduldig erzogen werden muß. Wer sich ausgiebig und rechtzeitig mit der Rasse beschäftigt, bekommt allerdings einen loyalen, unerschütterlichen Begleiter in allen Lebenslagen.

Fellpflege

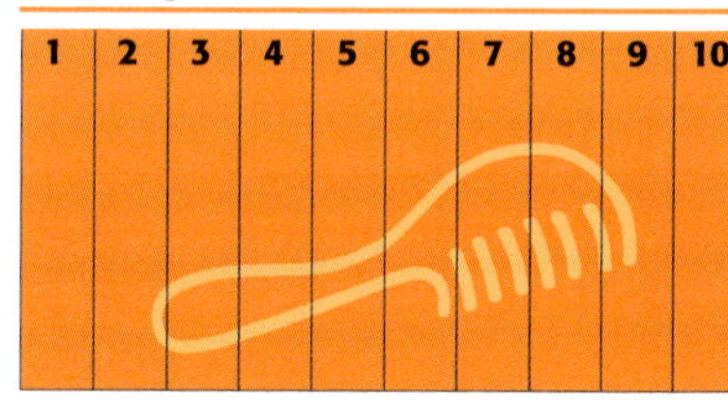

Benötigter Auslauf

Für Stadtwohnung geeignet

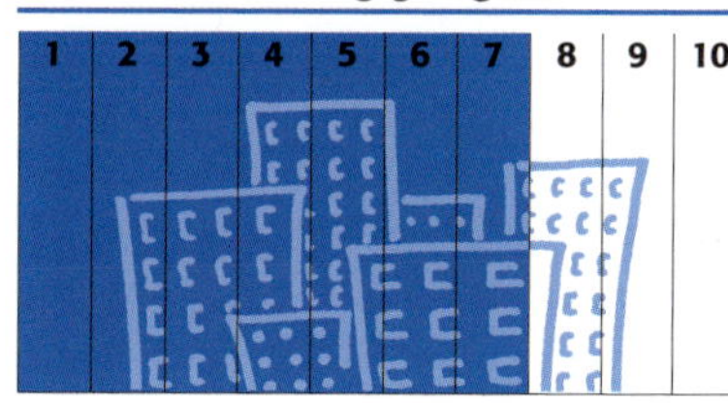

Häufige Krankheiten

Hütgelenksdysplasie, Hautprobleme

Für Fortgeschrittene

BORDEAUX DOGGE

Größe	60–68 cm
Gewicht	50–65 kg
Fell	fein, kurz, weich
Farbe	mahagonirot in allen Schattierungen
Preis	€ 1500 – 2000

Fellpflege

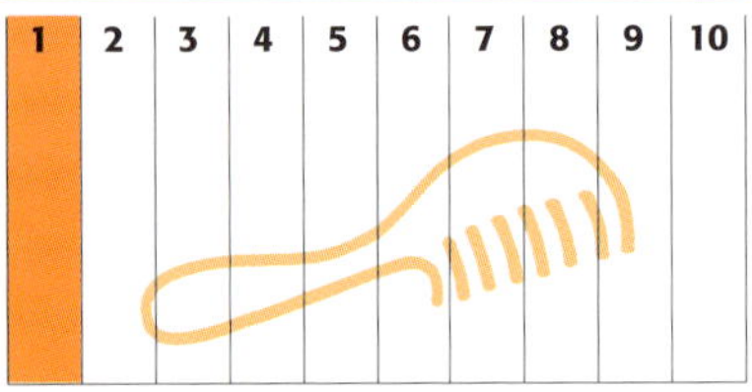

Benötigter Auslauf

Für Stadtwohnung geeignet

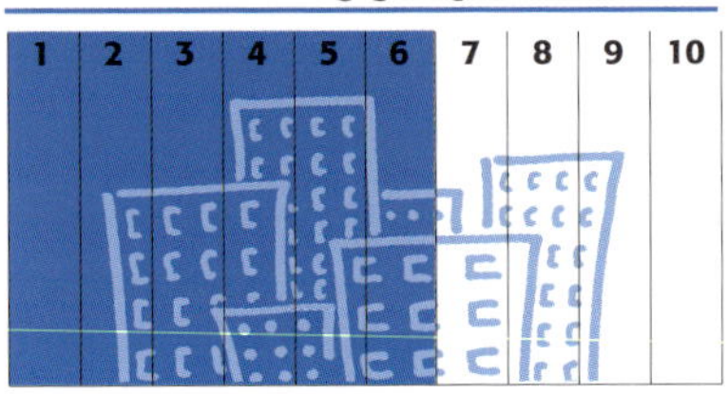

Häufige Krankheiten

Hüftgelenksdysplasie, Ektropium

Für Anfänger geeignet

DIE BORDEAUX DOGGE gehört zu den Hunderassen, die in einigen Bundesländern Deutschlands und Europas auf der Kampfhundeliste stehen: Laut Verordnung wird „die Eigenschaft als Kampfhund" vermutet, was ihre Haltungsmöglichkeiten einschränkt oder zu einem Verbot führen kann. Der Hundehalter muß „ein berechtigtes Interesse an der Haltung" nachweisen, wobei die Bordeaux Dogge in speziellen Fällen sogar „wie andere Hunde gehalten werden" darf, d.h. ohne Maulkorb und Leine geführt werden darf. Die Bordeaux Dogge gilt als eine der ältesten Rassen der Welt. Das auffälligste an ihr ist der schwere, ausdrucksvolle Kopf. Sie war der Hund der Krieger, Ritter und Eroberer und wurde als Jagdhund gegen Jaguare und Bären eingesetzt, als Kampf- und Wachhund und als Herdenhund für Rinderherden. Trotz Ihres unglaublich starken Kiefers und bedrohlichen Aussehens ist die moderne Bordeaux Dogge ein gutmütiger, freundlicher Familienhund, der sich wunderbar mit Kindern versteht und viel Liebe und Zuwendung möchte. Sie ist zurückhaltend mit Fremden, weshalb sie trotz Ihres ruhigen, liebevollen Wesens ein guter Wachhund ist. Die Bordeaux Dogge kann gegenüber anderen Hunden aggressiv sein, weshalb eine feste, freundliche Erziehung von absoluter Notwendigkeit ist. Wenn dieser starke, massige Hund erst einmal eine Richtung eingeschlagen hat, wird es schwer, ihn wieder davon abzubringen. Trotz ihrer Massigkeit ist die Bordeaux Dogge erstaunlich athletisch und schnell und braucht regelmäßige Spaziergänge und Bewegung.

BORDER COLLIE

Größe	Rüde 48–53 cm, Hündin 45–51 cm
Gewicht	13–22 kg
Fell	wasserfest, doppelt, von mäßiger Länge; der englische Standard gestattet auch kurzhaarige Hunde
Farbe	normalerweise schwarz-weiß; es gibt ihn aber in einer Vielfalt von Farben, wobei Weiß nie überwiegen darf
Preis	€ 750 – 1000

Fellpflege

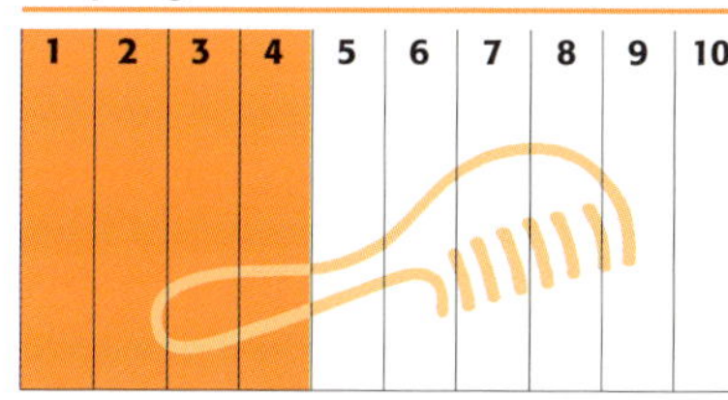

Benötigter Auslauf

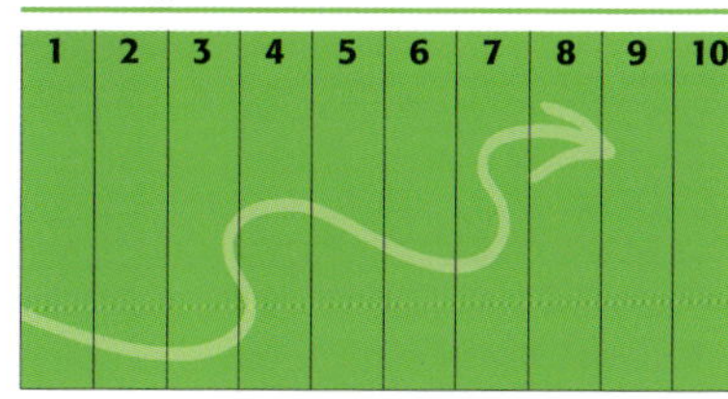

Für Stadtwohnung ungeeignet

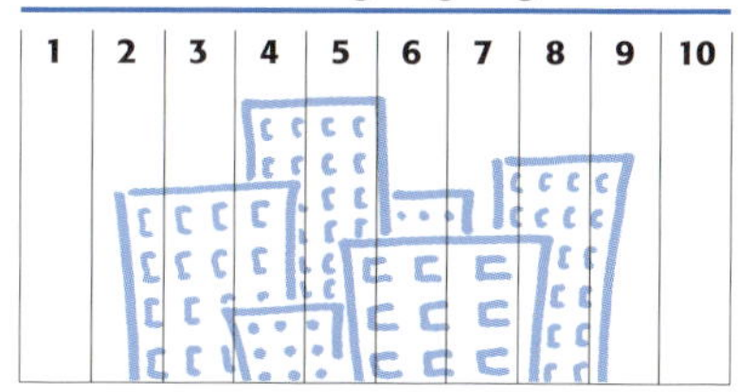

Häufige Krankheiten

Retinaatrophie, Hüftgelenksdysplasie, Epilepsie

Für Fortgeschrittene

DER BORDER COLLIE ist ein wunderhübscher, hervorragender Hirtenhund von ungeheurer Kraft, Ausdauer und Schnelligkeit. Er ist hochintelligent, hat ein unglaublich gutes Auge und ist äußerst aktiv. Wenn nicht gefordert, ist er eine zusammengedrückte Feder aus reiner Energie, die sofort losschnellt, wenn sich die Gelegenheit ergibt. Der Border Collie soll ausgeglichen, liebenswert und leicht zu kontrollieren sein. Das ist er allerdings nur, wenn er einen sportlichen Herrn hat, der ihn auf dem Land hält, wo er unendlichen Auslauf und vor allem ausgesprochen viel Beschäftigung bietet. Wenn er zuviel eingesperrt wird, ist der Border destruktiv und bellt stundenlang. Zulange im Garten allein gelassen, kommt er über jeden Zaun, durch jedes Tor; manche Borders lernen sogar, Drehverschlüsse zu öffnen. Er ist ein hervorragender Agility-Hund, der es seinem Herrn immer recht machen will und meistens schlauer ist, als alle anderen Hunde und daher auch Aufgaben besser und schneller löst.

Ausreichend beschäftigt, ist der Border Collie ein wunderbarer Familienhund, der seine Familie beschützt. Er gehört allerdings wirklich nur in die Hand eines Herrn, der es ernst meint mit diesen Hunden und ihnen den Auslauf, die Aufmerksamkeit, Aktivität und Unterordnung bietet, die diese Hunde auch verdient haben.

BORDER TERRIER

Größe	ca. 33 cm
Gewicht	6–7 kg
Fell	hart, dicht, mit enganliegender, dichter Unterwolle
Farbe	rot, weizenfarben, grau, lohfarben, blau
Preis	€ 800

Fellpflege

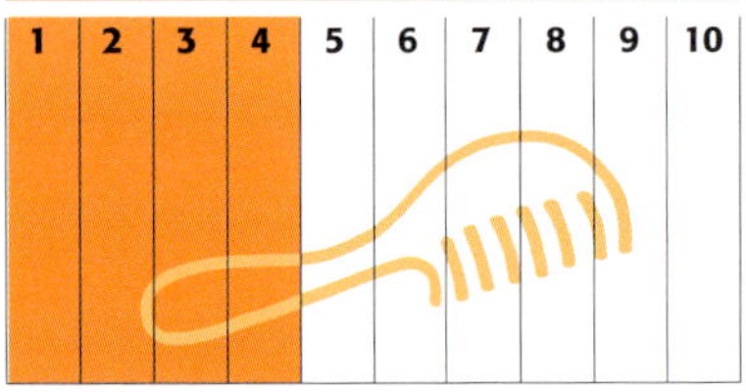

Benötigter Auslauf

Für Stadtwohnung geeignet

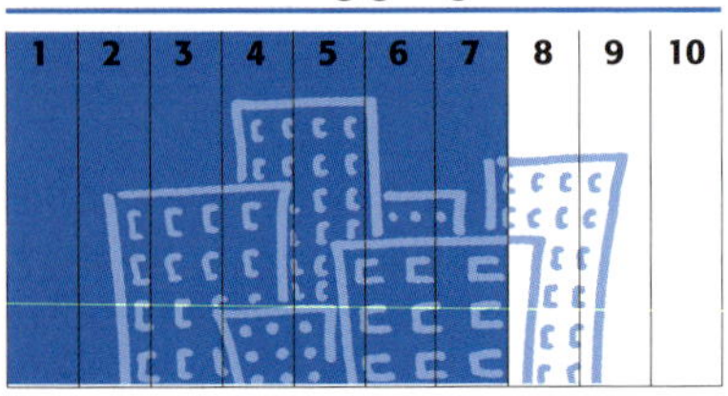

Häufige Krankheiten

keine

Für Anfänger geeignet

DER BORDER TERRIER ist etwas ruhiger, gehorsamer und milder als die meisten Terrier, aber immer noch sehr hart und zäh. Er stammt von der Grenze (engl. »border«) zwischen England und Schottland und wurde dafür genutzt, Füchse und alles andere Raubzeug zu vertreiben oder umzubringen, das die Lämmer reißen könnte. Der Border ist ausgesprochen aufmerksam und aktiv, kann jede Witterung aushalten und stundenlang auf Ausritten den Pferden folgen. Gleichzeitig ist der Border Terrier so anpassungsfähig, daß er sich jedem Zuhause anpaßt, solange er genügend Gesellschaft und lange Spaziergänge bekommt. Er ist anhänglich und hochintelligent und läßt sich daher gut erziehen. Man darf dabei nicht vergessen, daß er ein echter Terrier ist: Blinden Gehorsam kann man von ihm nicht erwarten. Der Border ist eigenwillig, hat einen ausgeprägten Jagdtrieb und ist sehr aktiv – ein schlecht erzogener Border Terrier kann zum Höllenhund für die gesamte Umgebung werden. Gleichzeitig will er aber gefallen und ist sehr sensibel: Fängt man mit seiner Erziehung früh genug an, dürfte man keine Schwierigkeiten haben. Wenn von klein auf an sie gewöhnt, hat der Border keine Probleme mit Kindern oder anderen Hunden.

Größe	36–38 cm
Gewicht	6,5–11,3 kg
Fell	kurz, glatt und glänzend
Farbe	schwarzgestromt mit weißen Abzeichen
Preis	€ 1200

DER BOSTON TERRIER ist durch und durch Amerikaner und entstand Mitte des 19.Jahrhunderts aus Pit Bull, Bullterrier, Boxer und Englischer Bulldogge. Der moderne Boston hat allerdings wenig Ähnlichkeit mit seinen kampflustigen Ahnen: Stattdessen ist er ein freundlicher, lebhafter Begleithund mit großem Charme, der in Wohnung und Showring viel besser aufgehoben ist als im Kampfring. Die Zuchtbeschreibung legt fest, daß der Kopf des Boston Terriers »einen hohen Grad von Intelligenz« zeigen soll. Tatsächlich geht diese Beschreibung über das Äußere hinaus: Der Boston ist sehr schlau und lernt mit Begeisterung jedes neue Kunststück. Er ist außerdem ein kleines Kraftpaket von großer Aktivität: Eine Kombination, aus der sich entweder ein hinreißender Begleiter oder eine Katastrophe ergeben kann – nur wenige Leute können mit einem Hund etwas anfangen, der schlauer ist als sie selbst. Frühe Sozialisierung, Erziehung und regelmäßige Bewegung sind notwendig, um dem Boston Terrier gute Manieren beizubringen. Dann ist er ein wunderbarer Kinder- und Erwachsenenhund, sauber und riecht kaum nach Hund, haart nicht und ist, obwohl wachsam, kein Kläffer.

Fellpflege

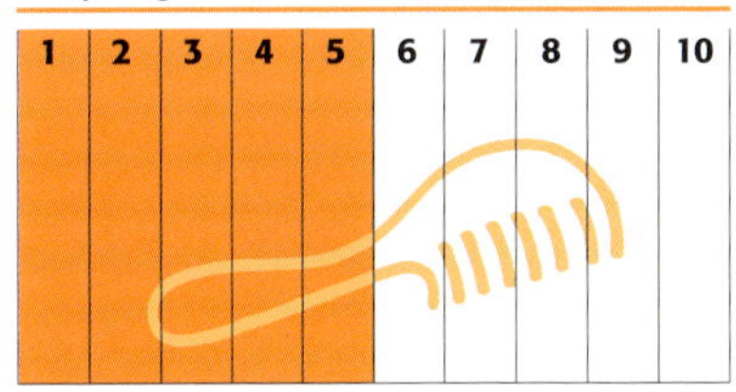

Benötigter Auslauf

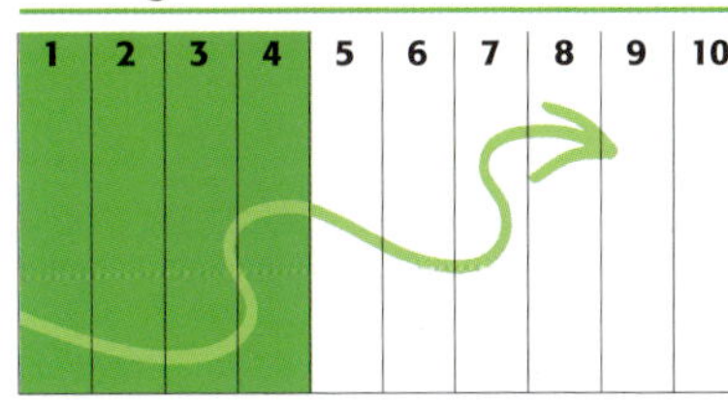

Für Stadtwohnung geeignet

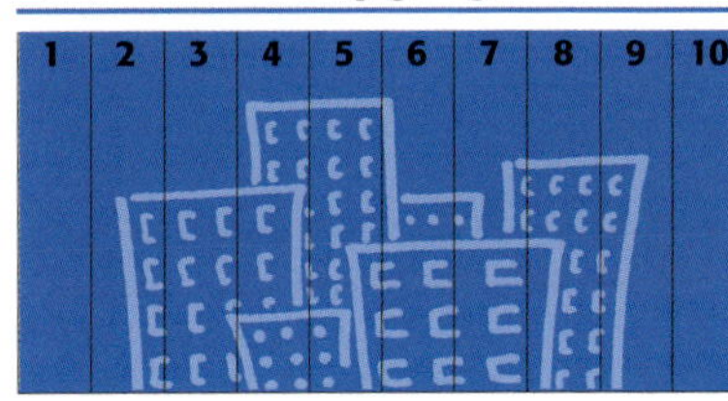

Häufige Krankheiten

Neigt zur Kurzatmigkeit, Allergien

Für Anfänger geeignet

BOUVIER DES FLANDRES

Größe	Rüde 70 cm, Hündin 67 cm
Gewicht	34–43 kg
Fell	zottig
Farbe	schwarz oder grau, falb, Pfeffer und Salz, gestromt
Preis	€ 800 – 1500

Fellpflege

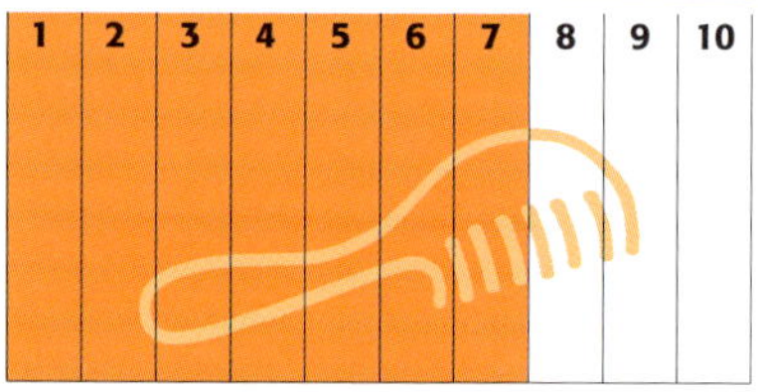

Benötigter Auslauf

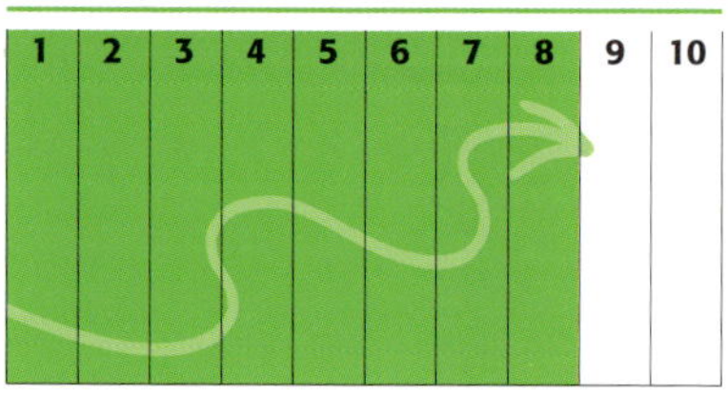

Für Stadtwohnung geeignet

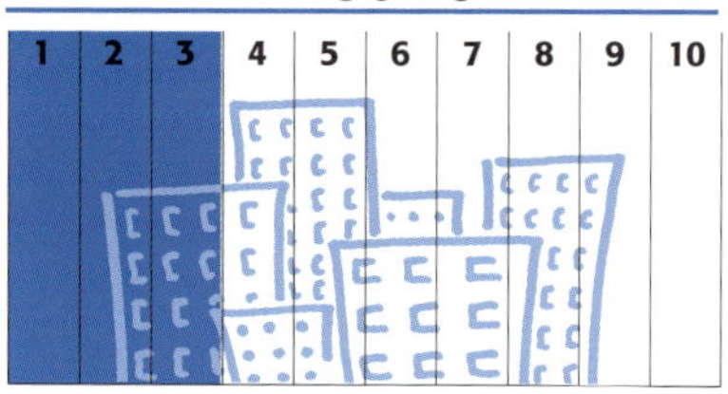

Häufige Krankheiten

Magendrehung, Hüftgelenksdysplasie

Für Fortgeschrittene

DER BOUVIER DES FLANDRES war einmal ein Viehtreibhund aus Belgien. Er ist anscheinend der Meinung, daß wer arbeitet, nicht rostet, und braucht genügend Platz und Bewegung, weshalb er sich am besten für das Landleben eignet. Der Bouvier liebt menschliche Gesellschaft – wer nicht permanent einen gewaltigen Fußwärmer unter sich haben möchte, sollte sich eine andere Rasse aussuchen – und ist dabei mehr Familienhund als »Ein-Mann-Hund«. Er ist ein guter Kinderhund und ausgesprochen wachsam, dabei aber kein Kläffer: Ein Bouvier bellt nur, wenn er wirklich etwas zu sagen hat. Er sieht aus wie ein großer Bär, ist dabei aber sehr agil und athletisch, mutig, beschützend, zurückhaltend mit Fremden, während er seine Familie anbetet. Weil er sehr territorial ist, muß der Bouvier absolut kontrollierbar und also sehr gut erzogen sein – streng, aber immer positiv: Herumzerren und -schreien funktioniert überhaupt nicht. Bouviers sind sehr sensibel. Wenn man sie ungerecht bestraft, nehmen sie es lange übel.

Bouvier-Besitzer brauchen einige besondere Qualitäten: Sie müssen geduldig und konsequent sein. Sauberkeitsfanatiker sollten sich ebenfalls eine andere Hundesorte aussuchen: Bouviers sind groß und haarig, mit ebensolchen Pfoten, auf denen sie geschickt den Unrat aus der gesamten Nachbarschaft ins Haus tragen. Diejenigen, die sich der Herausforderung und dem Zeitaufwand stellen, ihren Hund auszubilden, zu sozialieren und sich zum Freund zu machen, bekommen einen unwiderstehlich loyalen Begleiter und furchtlosen Beschützer der Familie.

Größe	53–63 cm
Gewicht	Rüde 30–32 kg, Hündin 24–25 kg
Fell	kurz, flach, dicht, glänzend
Farbe	rot, gelb oder gestromt, mit oder ohne weiße Abzeichen
Preis	€ 750 – 900

DER BOXER wurde zuerst um 1850 in München aus Kreuzungen verschiedener mollosserartiger Hunde wie Bullenbeißer und englischen Bulldoggen gezüchtet. Ursprünglich wurde er beim Kampf mit Stieren und Bären eingesetzt, heutzutage allerdings ist er ein wunderbarer Menschenhund: Sogar sein früher wenig vertrauenserweckender Gesichtsausdruck ist milder geworden. Der moderne Boxer ist ein Gentleman, ein idealer Familienhund, liebevoll, aufgeweckt und gutgelaunt, der alles mitmacht und sich die größte Mühe gibt, seinem Herrn zu gefallen. Er ist ein fabelhafter Kinderhund, der sich geduldig Gummibärchen in die Nase stecken oder sich von Kleinkindern als Lauflernhilfe gebrauchen läßt. Der Boxer wird als »ehrlicher« Hund bezeichnet, weil man seiner Mimik seine Emotionen sehr genau ablesen kann. Der Boxer ist von Natur aus vorsichtig mit Fremden, aber niemals hinterlistig oder kompliziert. Er braucht sehr viel Auslauf, um seine Energie lsozuwerden, läßt sich dann aber auch gut in der Stadt halten. Er ist ein Krafprotz und von ungeheurer Aktivität und großer Neugier, weshalb er unbedingt von Welpenalter an ruhige, konsequente Erziehung zum Gehorsam braucht: Der Boxer übernimmt sonst gerne die Herrschaft über Sofa, Bett und Küchentisch.

Fellpflege

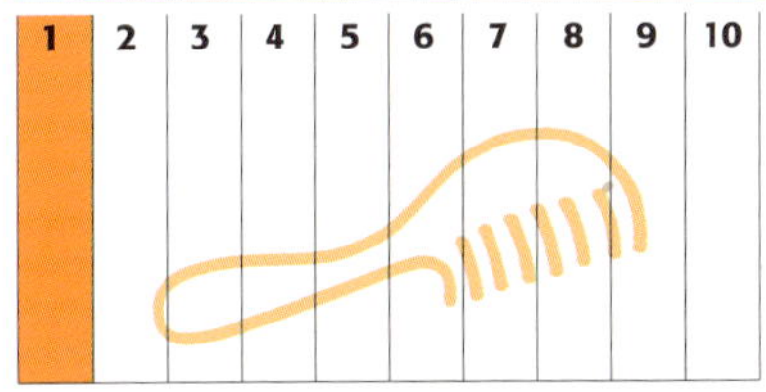

Benötigter Auslauf

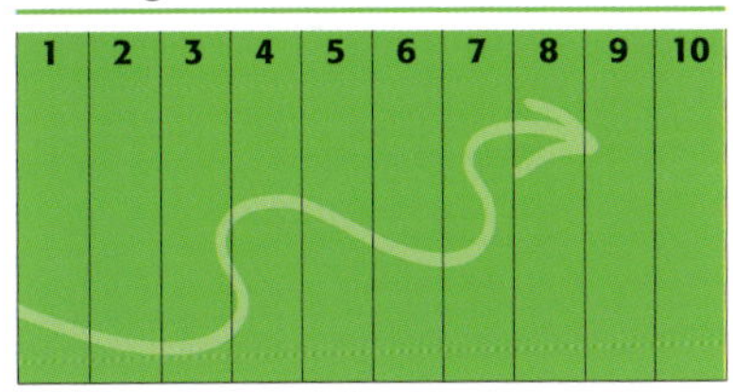

Für Stadtwohnung geeignet

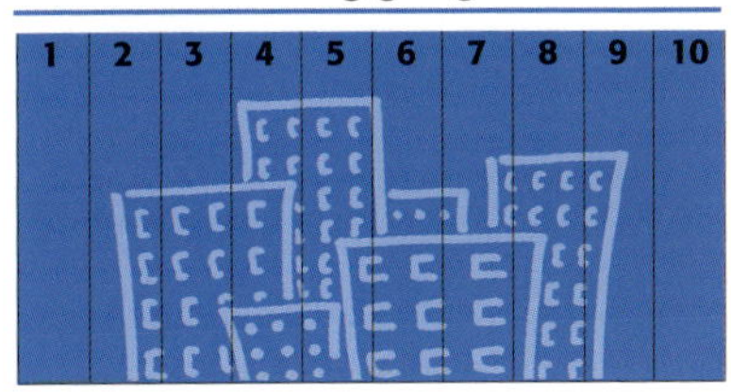

Häufige Krankheiten

Hüftgelenksdysplasie, Tumore, Herzkrankheiten, progressive Axonopathie, Spondylose

Für Anfänger geeignet

BRIARD

Größe	Rüde 62–68 cm, Hündin 56–64 cm
Gewicht	ca. 30 kg
Fell	lang, zottig, leicht gewellt, mit dichter Unterwolle
Farbe	falb, schwarz, grau
Preis	€ 950

Fellpflege

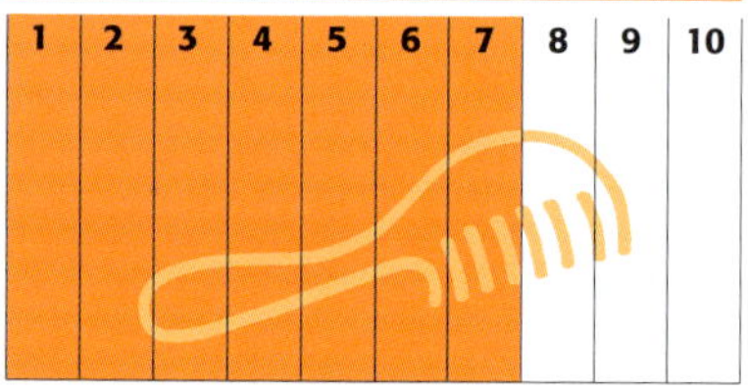

Benötigter Auslauf

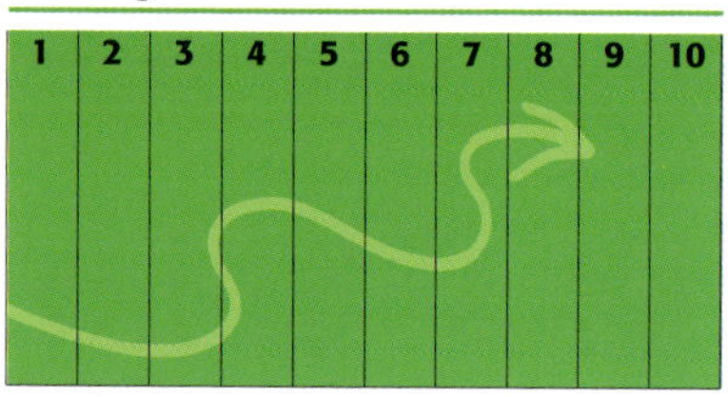

Für Stadtwohnung geeignet

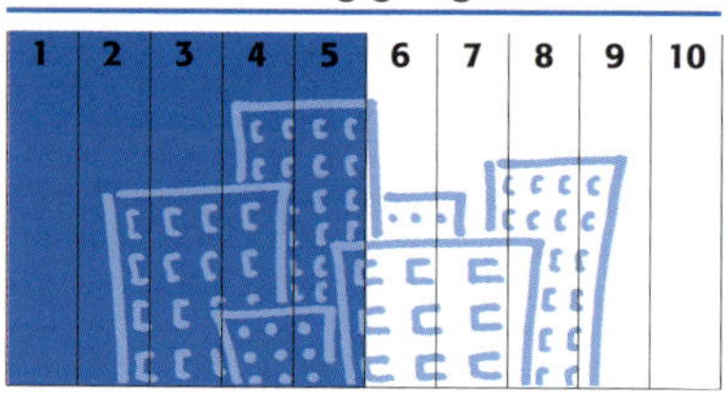

Häufige Krankheiten

Hüftgelenksdysplasie, zentrale progressive Retinaatrophie

Für Fortgeschrittene

DER BRIARD ist wahrscheinlich der älteste französische Hütehund, dessen Job es war, Schafherden gegen Diebe und wilde Hunde zu verteidigen. Der Briard hat ein ausgesprochen feines Gehör, weshalb er im 1. Weltkrieg als Patrouillenhund genutzt wurde. Es gibt unendliche Heldengeschichten über ihn, und tatsächlich ist er besonders mutig, loyal, folgsam und großherzig. Er ist ganz bestimmt kein Hund für Sauberkeitsfanatiker – sein Fell muß gut gepflegt werden, weil es leicht verfilzt, – und auch nicht für Leute, die in der Erziehung auf schnelle Erfolge hoffen: Der Briard lernt langsam, aber was er einmal weiß, beherrscht er fürs ganze Leben. Er ist ein guter Athlet, ein wendiger und energiegeladener Hund, der seinen Kopf benutzt, und braucht einen Besitzer, der genauso klug ist, wie er selbst. Er ist sehr wachsam und mißtrauisch gegenüber Fremden, die er lange mit Zurückhaltung beobachtet, auch wenn er sie schon eine Weile kennt. Der Briard braucht viel Auslauf, am besten ein- oder zwei Stunden am Fahrrad, wenn er erst mal älter als ein Jahr ist. Menschen, die ihm gegenüber keine Führungsqualitäten bewiesen haben, gehorcht er nur ungern, obwohl er insgesamt ein sehr manierlicher, angenehmer Hund ist, der selten streunt, sondern lieber in der Umgebung seines Herrn bleibt, um ihn verteidigen zu können, wenn es darauf ankommt.

Größe	61–68,5 cm
Gewicht	40–50 kg
Fell	kurz, hart, glatt
Farbe	rot, rehbraun, gestromt
Preis	€ 1000

DER BULLMASTIFF ist, wie der Name schon sagt, eine Kreuzung aus Mastiff und Bulldog, der Ende letzten Jahrhunderts zur Unterstützung englischer Wildhüter gegen Wilderer gezüchtet wurde: Der Job des Hundes war es, Wilddiebe aufzuspüren, umzuwerfen und festzuhalten, ohne zu beißen, bis der Wildhüter den Mann festnahm. Der heutige Bullmastiff, obwohl nicht gerade ein Hund, den man offen zum Kampf auffordern sollte, ist normalerweise ein Gentleman. Er ist kein furchterregendes Biest, wie ehemals vielleicht von Wilderern empfunden. Er sabbert, ist meistens milde und gut zu handhaben, allerdings auch sehr ernst: Ist sein Schutztrieb erst einmal geweckt, läßt er sich nur schwer wieder davon abbringen. Er gehört in ländliche Umgebung, könnte aber auch in der Stadt gehalten werden, wenn er genügend Auslauf bekommt. Obwohl er sehr starrköpfig und unglaublich stark ist, reagiert er gut auf frühe, konsequente und ausdauernde Erziehung. Der Bullmastiff ist absolut furchtlos und sollte niemals zum Schutzhund ausgebildet werden, noch sollte man die geringste Aggression Menschen gegenüber tolerieren: Bei derartig großen, starken Rassen kann das katastrophale Folgen haben. Sein Anblick allein wird einen Einbrecher verschrecken. Der Bullmastiff ist eine der Rassen, bei denen laut Kampfhundeverordnung in Deutschland „die Eigenschaft als Kampfhund" vermutet wird und deren Haltung einer Sondergenehmigung bedarf. In besonderen Fällen darf der Bullmastiff ohne Leine und Maulkorb geführt werden.

Fellpflege

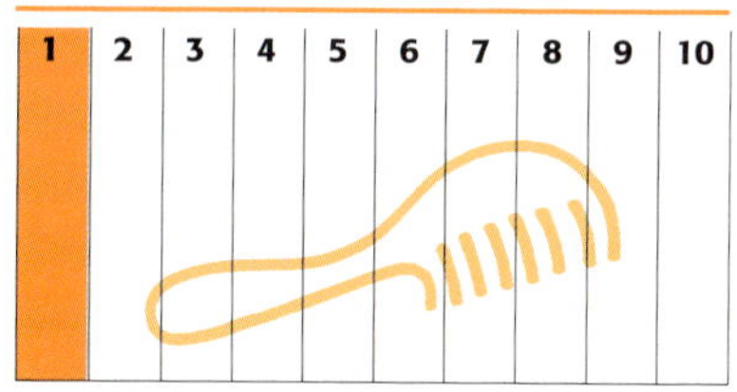

Benötigter Auslauf

Für Stadtwohnung geeignet

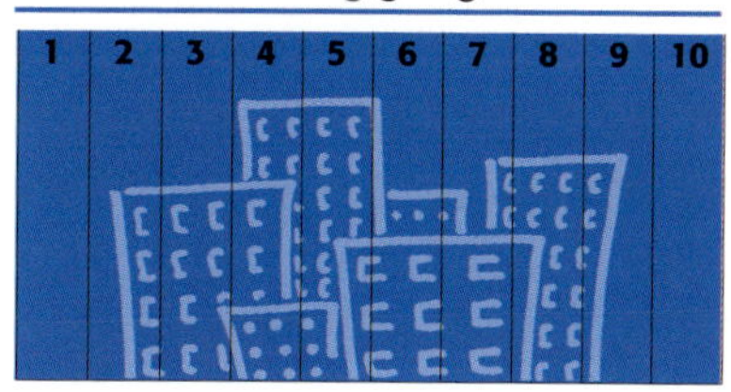

Häufige Krankheiten

Hüftgelenksdysplasie, Tumore, Augenlidabnormalitäten, Magenumdrehungen, Dermatitis, Neigung zu Ekzemen

Für Fortgeschrittene

BULLTERRIER

Größe	Schulterhöhe nicht festgelegt
Gewicht	25–32 kg
Fell	hart, kurz, dünn, glänzend
Farbe	reinweiß, weiß mit Abzeichen, falb, rot, gestromt, dreifarbig, jeweils weiße Abzeichen möglich
Preis	Zucht und Import in Deutschland verboten

Fellpflege

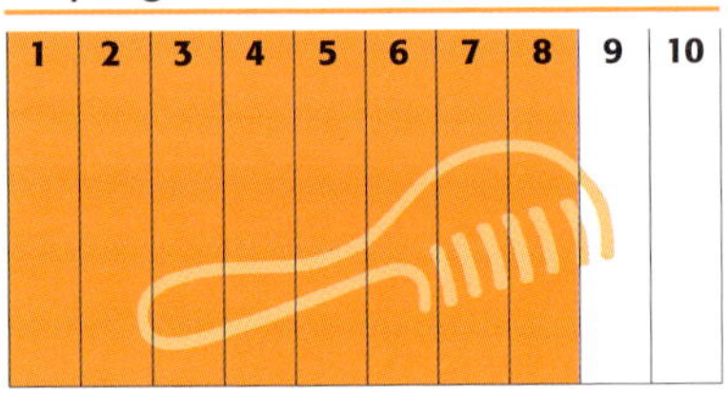

Benötigter Auslauf

Für Stadtwohnung geeignet

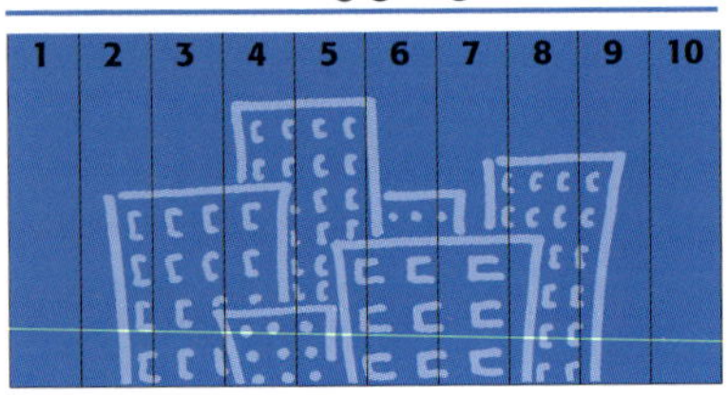

Häufige Krankheiten

Herzerkrankungen, Nierenprobleme, bei weißen Hunden manchmal Taubheit

Für Fortgeschrittene

DER BULLTERRIER war einmal ein gefürchteter Kampfhund und ist dies seit 1992 in Bayern, und seit 2000 in weiten Teilen Deutschlands und Europas erneut. In diesen Ländern steht er auf der Kampfhundeliste, was bedeutet, daß seine Haltung grundsätzlich untersagt ist, kann aber in Sonderfällen ausdrücklich und staatlich erlaubt werden. Der Bullterrier wurde um 1830 aus Englischer Bulldogge und dem alten englischen Terrier gezüchtet, um so eine leichtere, wendige »Kampfmaschine« zu erhalten. Mittlerweile ist dieser Hund sehr umgänglich und hat dazu einen wirklich umwerfenden Humor. Er ist loyal, anhänglich und liebevoll. Er langweilt sich leicht und kann deshalb nicht einfach gekauft und ignoriert werden. Der Bullterrier hat einen sehr starken Willen und ist ein unglaublicher Kraftprotz, weshalb er keine gute Wahl ist für jemanden, der selber von schwacher Natur ist oder noch nie einen Hund hatte. Gleichzeitig ist er verspielt und albern und läßt sich gut in der Stadt halten, solange man ihn Teil der Familie sein läßt und ihm genügend Auslauf und Abenteuer bietet – am besten eine Familie, die wilde Spiele, Wettläufe und Frisbee-Marathons liebt. Der Bullterrier hat das Potential zu einem erstklassigen Begleithund, in den falschen Händen kann er allerdings zur erstklassigen Katastrophe werden. Er ist übrigens sehr kälte- und feuchtigkeitsempfindlich und liebt es warm und gemütlich. Kann ein Halter in Ländern mit Kampfhundeverordnung ein „berechtigtes Interesse an der Haltung" nachweisen, kann der Bullterrier nach weiterer spezieller Erlaubnis „gehalten werden wie andere Hunde auch", d.h. ohne Maulkorb und Leine.

Größe	30 cm
Gewicht	6 kg
Fell	hart und wasserabweisend mit dichter Unterwolle; muß regelmäßig getrimmt werden
Farbe	rot, sandfarben, hellgrau oder auch fast schwarz, gestromt; Weiß ist absolute Fehlfarbe
Preis	€ 800 – 1000

DER CAIRN TERRIER ist einer der schottischen Arbeitsterrier, hart, furchtlos und unabhängig. Er ist nicht der richtige Hund für jemanden, der hohe Ansprüche an Gehorsam stellt: Seit Jahrhunderten wurde er dafür gezüchtet, Raubzeug zu jagen und seine eigenen Entscheidungen zu treffen – die Beute umbringen oder aus dem Bau herausschleppen, war stets die Frage. Aber wer akzeptiert, daß er einen denkfreudigen Hund hat, wird mit seinem Cairn viel Spaß haben. Er ist der ideale Hund für Menschen mit ausgeprägtem Sinn für Humor: Wenn ein Cairn ein bestimmtes Kunststück am Dienstag ausgeführt hat, macht er es ganz sicher nicht nochmal am Freitag. Aber nächste Woche dafür auf Anhieb.

Der Cairn Terrier liebt Spannung und Abenteuer und ist deshalb ungeeignet für Menschen, die mit ihrem Hund nur mal um den Block schlendern wollen. Er ist hochintelligent und kann deshalb nicht einfach sich selbst im Garten überlassen werden. Cairns erwarten sehr viel Aufmerksamkeit und Unterhaltung und zahlen es ihrem Besitzer hundertfach zurück. Ein guterzogener Cairn Terrier ist beinahe eine eigenständige kleine Person, der schon weiß, was man von ihm will, bevor man ihn überhaupt dazu aufgefordert hat: In Amerika werden sie sogar von der Air Force als Drogenhunde eingesetzt – immerhin kommen sie an Stellen heran, für die Schäferhunde zu groß sind. Der Cairn Terrier traut sich alles zu und macht alles, was ihm einfällt – einfach, weil ihm niemand gesagt hat, daß es irgendetwas gibt, was er nicht kann.

Fellpflege

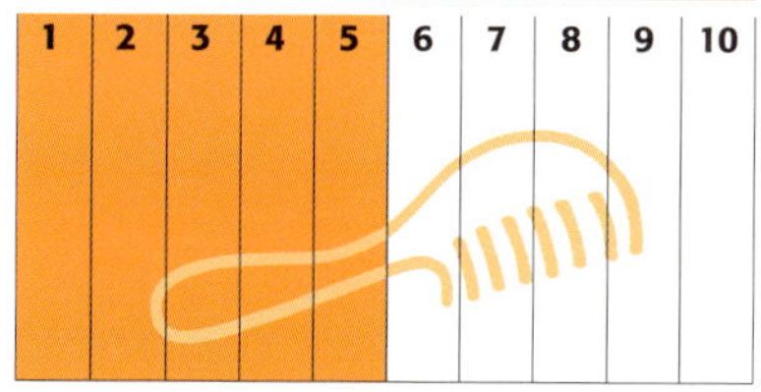

Benötigter Auslauf

Für Stadtwohnung geeignet

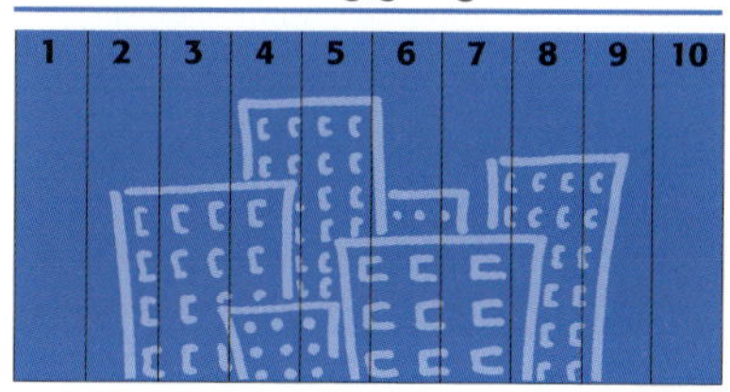

Häufige Krankheiten

Patellaluxation

Für Anfänger geeignet

CARDIGAN WELSH CORGI

Größe	30 cm
Gewicht	12,7 – 13,6 kg
Fell	kurz, dicht, wetterfest
Farbe	rot, braun, schwarz, dreifarbig, blue-merle
Preis	€ 800

Fellpflege

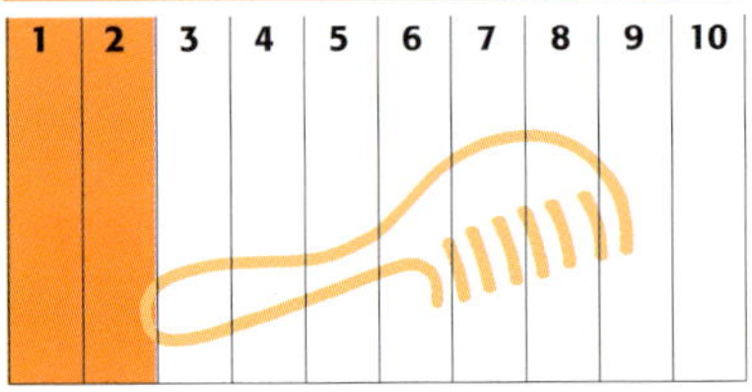

Benötigter Auslauf

Für Stadtwohnung geeignet

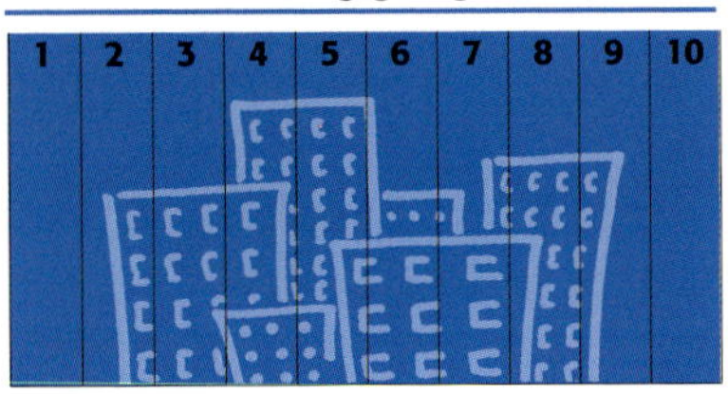

Häufige Krankheiten

keine

Für Anfänger geeignet

DER CARDIGAN WELSH CORGI ist eine sehr alte Rasse. Angeblich kam er zusammen mit den Kelten nach Wales im Jahre 1200 und soll die gleichen Urahnen haben wie der Teckel. Er war das Mädchen für alles – Hütehund für Kleinvieh, Wachhund, Vetreiber der Rinder des Nachbarn, Rattenfänger und allgemeiner Raubzeugvernichter. Dieser kleine Hund hat genug Persönlichkeit und Feuer, um alle möglichen Aufgaben zu erledigen und ist klug genug, um sich wirklich alles beibringen zu lassen. Der Cardigan Welsh Corgi ist – im Gegensatz zum Pembroke – »der Corgi mit der Rute« und ein stahlharter kleiner Hund, der andere Tiere zur Verzweiflung bringen kann. Er ist absolut furchtlos und schnell in seinen Bewegungen, trotz seiner kurzen Beine. Da er ziemlich wachsam und territorial ist, kann es zu unliebsamen Konfrontationen kommen. Der Cardigan muß daher früh und konsequent erzogen werden. Er hat eine sehr hohe Lebenserwartung, muß immer wieder an seine gute Erziehung erinnert werden, hat aber das natürliche Bedürfnis, seinem Herrn zu gefallen und will sich allem anpassen, was um ihn herum passiert. Er ist zurückhaltend Fremden gegenüber und manchmal vielleicht ein bißchen zu mißtrauisch, weshalb ihm klar gemacht werden muß, daß Wachsamkeit gut ist, Bellen aber genügt. Der Cardigan neigt dazu, ein Ein-Mann-Hund zu sein, aber der Mann, der diese Freundschaft gewonnen hat, erlebt eine Loyalität, die sich nicht übertreffen läßt. Die Liebe eines Cardigan Welsh Corgi ist ein ganz besonderes Privileg.

CAVALIER KING CHARLES SPANIEL

Größe	25–34 cm
Gewicht	4,4–8,8 kg
Fell	weich, seidig, lang, reich befranst
Farbe	schwarz mit lohfarbenen Abzeichen (black-and-tan), kastanienbraun (ruby), tricolor (Prince Charles) und weiß mit kastanienbraunen oder gelbroten Platten (Blenheim)
Preis	€ 750 – 1500

Fellpflege

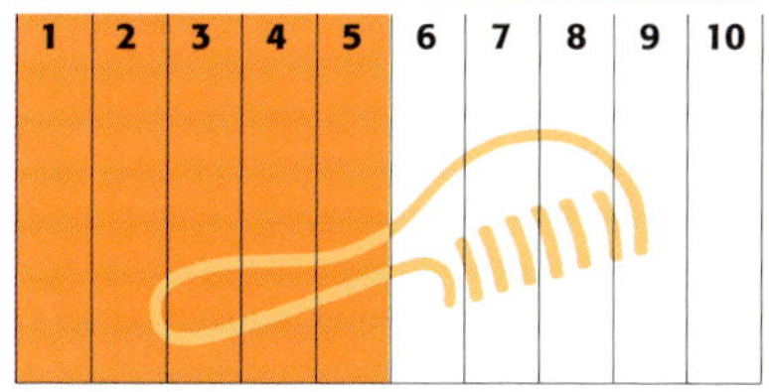

Benötigter Auslauf

Für Stadtwohnung geeignet

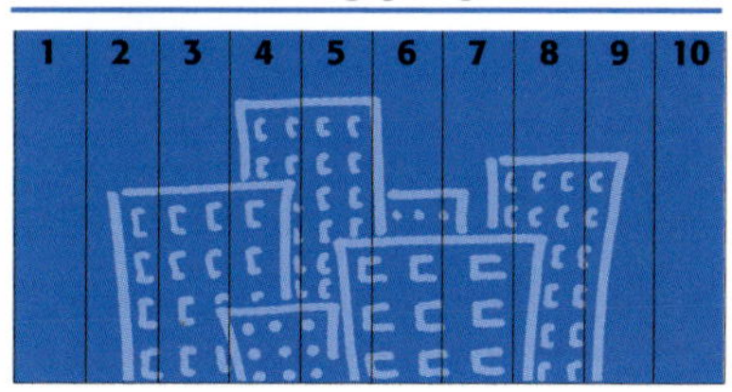

Häufige Krankheiten

Herzkrankheiten, Hüftgelenksdysplasie, Augenerkrankungen wie Star oder Retinaatrophie

Für Anfänger geeignet

DER CAVALIER KING CHARLES SPANIEL war immer ein Hund der englischen Aristokratie, wo er seit dem 16. Jahrhundert gezüchtet wurde. King Charles II. hielt sich eine ganze Rotte dieser niedlichen kleinen Spaniels und verbrachte angeblich viel mehr Zeit damit, mit seinen Hunden zu spielen, als sich um die Staatsangelegenheiten zu kümmern.

Eng verwandt mit dem King Charles Spaniel, taucht der Cavalier King Charles immer wieder auf Damenporträts von Rubens, Rembrandt oder Gainsborough auf. Er ist denn auch eine vollkommene Kombination von geborenem Schoßhund, handlich und an Salongeschehen ehrlich interessiert, und sportlichem Aktionsgeist, liebt Spaziergänge und hat eine ausgezeichnete Nase, weshalb er teilweise eine für einen Luxushund erstaunliche Jagdbegeisterung an den Tag legt.

Der Cavalier King Charles Spaniel ist ein idealer Familienhund, leicht zu amüsieren und zu erziehen, fröhlich, höflich und verspielt, liebevoll und freundlich und auch für Kinder leicht zu handhaben. Er findet einfach alle Leute wundervoll und gibt diesen Enthusiasmus auch gerne lautstark kund.

CHESAPEAKE BAY RETRIEVER

Größe	Rüde 58–66 cm, Hündin 53–61 cm
Gewicht	Rüde 30–38 kg, Hündin 25–32 kg
Fell	grob, hart, talgig, mit kurzer, weicher Unterwolle, wellig
Farbe	»deadgrass« die Farbe von totem Gras – jede Schattierung von Braun bis Herbstlaubfarben
Preis	€ 1000

Fellpflege

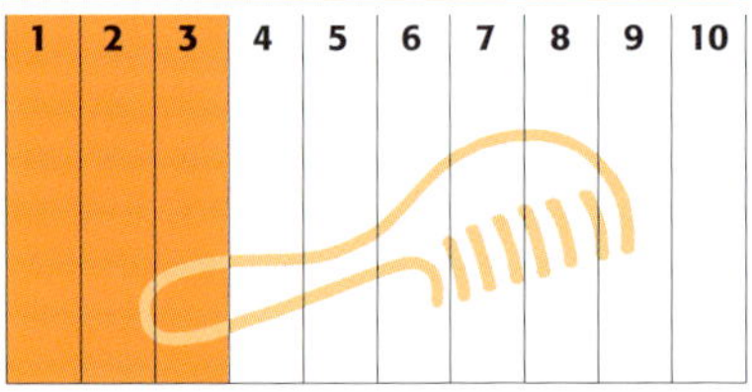

Benötigter Auslauf

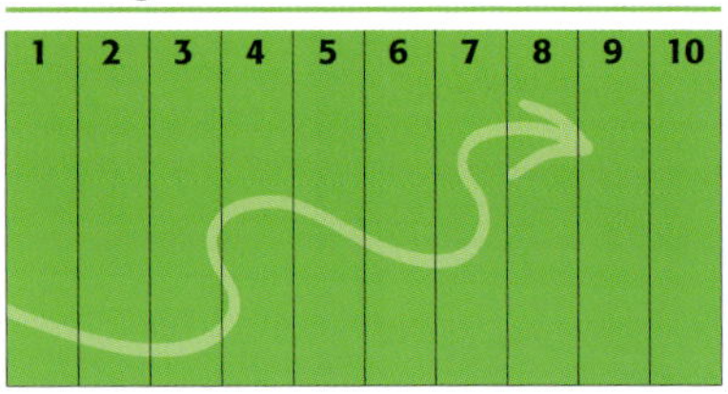

Für Stadtwohnung ungeeignet

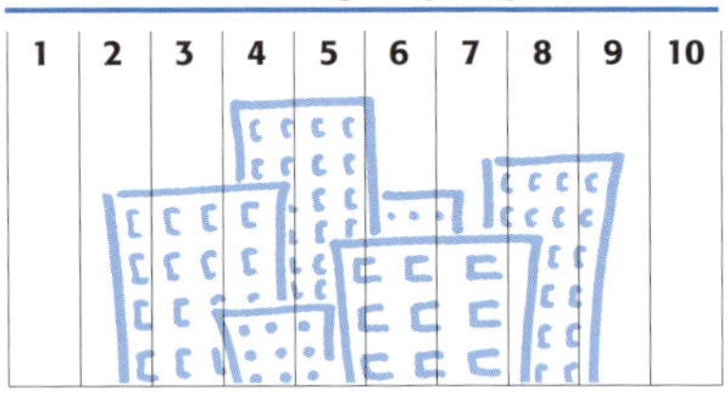

DER CHESAPEAKE BAY RETRIEVER ist der Härteste und Kraftvollste der Retriever-Gruppe. Vor etwa 100 Jahren in Maryland/USA gezüchtet als unvergleichlicher Jagdhund für Wasservögel, der Hunderte von Enten unter scheußlichsten Wetterbedingungen, Kälte und Eis apportierte und dabei jede Minute seiner Arbeit wundervoll fand. Er ist bis heute der ultimative Enten-Apportierhund und gehört ausschließlich in die Hand von Jägern. Allerdings braucht er auch dann unbedingt menschliche Gesellschaft: Der Chessy ist gleichzeitig ein devoter Familienhund, der Kinder liebt, loyal, fröhlich, intelligent, wachsam und immer bestrebt, seinem Herrn zu gefallen. Die Qualitäten, die ihn zu einem superben Retriever machen – ungeheurer Wille, Kraft und absolute Zielstrebigkeit auf der Jagd –, lassen sich bei einem reinen Haushund leicht als Widerspenstigkeit mißverstehen. Dieser Hund muß unbedingt seinen Platz in der Hierarchie erkennen können. Wer einen Chesapeake Bay Retriever besitzt, muß ihn liebevoll, aber sehr konsequent und mit fester Hand erziehen, um den Respekt seines Hundes zu verdienen. Die Erziehung muß bereits beim Welpen anfangen, um zu verhindern, daß der Chesapeake sich zu einem sturen oder aggressiven erwachsenen Hund auswächst.

Häufige Krankheiten

Hüftgelenksdysplasie, Ekzeme

Für Fortgeschrittene

Größe	ca. 13 cm
Gewicht	0,5–2,5 kg
Fell	kurzhaarig: glatt, dicht, kurz, enganliegend, glänzend; langhaarig: weich, fransig
Farbe	alle Farben zulässig
Preis	ab € 850

DER CHIHUAHUA ist der kleinste Hund der Welt und der ultimative Wohnungshund. Er stammt wahrscheinlich aus Mexiko, wobei der langhaarige Schlag erst später in den USA entwickelt wurde. Der Chihuahua ist ein idealer Hund für ältere Leute oder solche mit begrenzten Raumverhältnissen. Er haßt Kälte und Feuchtigkeit und muß deshalb nur wenig ausgeführt werden. Allerdings verzweifelt er, wenn man ihn von irgendwelchen Unternehmungen ausschließt. Der Chihuahua hat am Hinterkopf eine nicht verknöcherte Stelle, weshalb man ihn immer schützen muß – ein Schlag auf diese Stelle kann ihn umbringen.

Ein Chihuahua braucht engen Kontakt zum Menschen und liebt alle, die er kennt. Er ist ansatzweise größenwahnsinnig und ein lauter, furioser Wächter: Er tritt anderen Hunden mit dem Selbstbewußtsein eines Neufundländers entgegen und muß deshalb gut beaufsichtigt werden, weil er im Zweifelsfall wirklich nicht die geringste Chance hat, sich zu wehren. Er kann recht jähzornig und ein schwieriger Fresser sein. Wenn man ihn allerdings zu sehr wie ein Baby behandelt, wird er oft ängstlich und schnappt – besser also, ihm seine Neufundländer-Illusion zu lassen. Alles in allem ist er ein kleiner Tyrann und macht sich seine Besitzer zu Sklaven – aber genau das ist auch seine Bestimmung: Der Chihuahua ist ganz allein dafür da, geliebt und verwöhnt zu werden.

Fellpflege

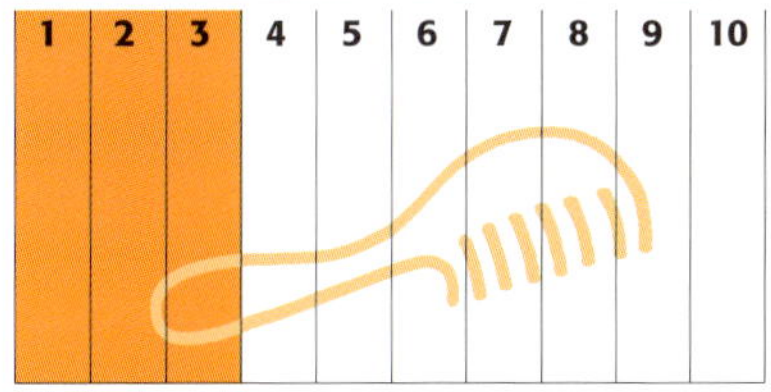

Benötigter Auslauf

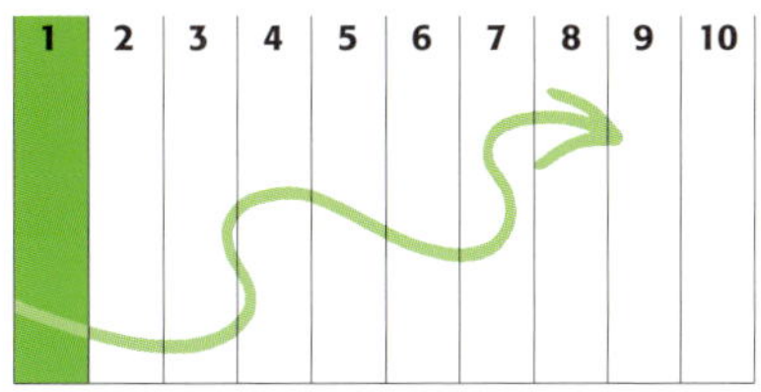

Für Stadtwohnung geeignet

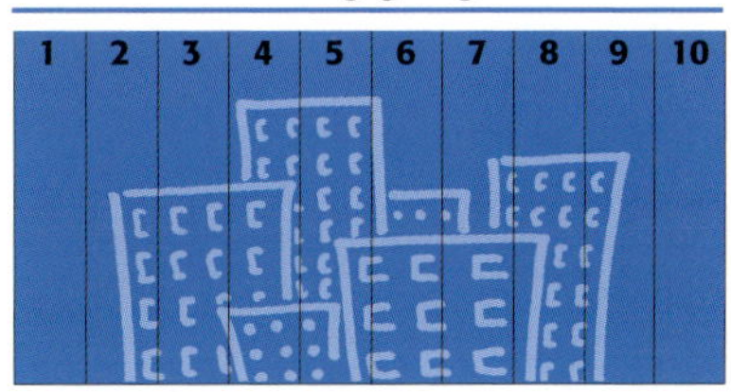

Häufige Krankheiten

Wirbelsäulenprobleme, Knochenbrüche (nicht vom Mobiliar springen lassen), Kieferausrenkungen, Rheumatismus, Herzerkrankungen, Zuckererkrangungen, Patellaluxation, Epilepsie

Für Anfänger geeignet

CHINESISCHER SCHOPFHUND

Größe	Rüde 30–33 cm, Hündin 23–30 cm
Gewicht	bis 5,5 kg
Fell	Hairless: weiche, lange Haarbüschel an Kopf, Pfoten und Rute; Powder Puff: weich, lang, üppig
Farbe	alle Farben und Kombinationen möglich
Preis	€ 800 – 1500

Fellpflege

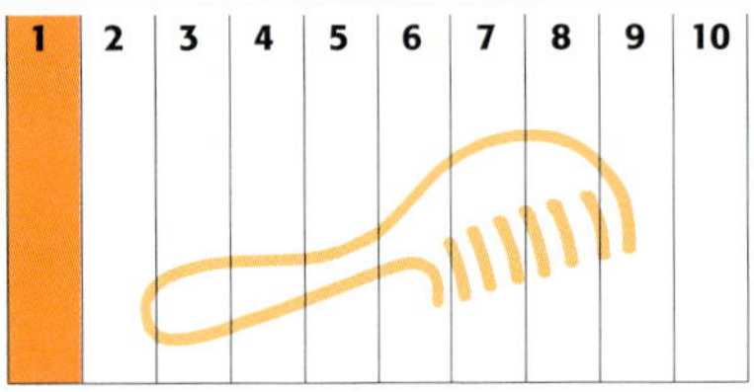

Benötigter Auslauf

Für Stadtwohnung geeignet

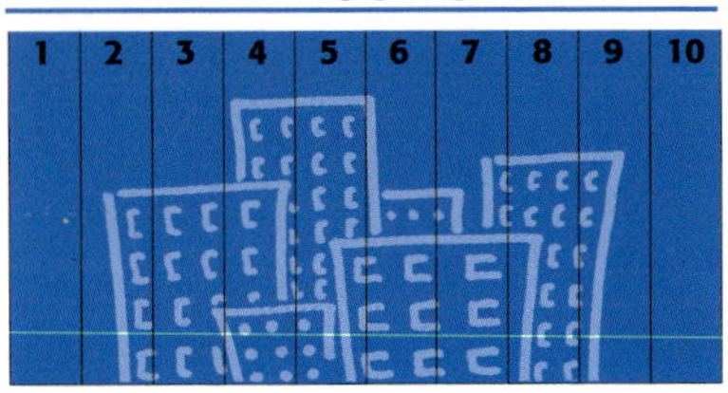

Häufige Krankheiten

Zahnmängel, der unbehaarte Schopfhund bekommt leicht trockene Haut

Für Anfänger geeignet

DER CHINESISCHE SCHOPFHUND oder »Chinese Crested« läßt sich in China bis ins 13. Jahrhundert zurückverfolgen, gelangte aber erst gegen 1960 nach Europa. Er ist ein graziöser, temperamentvoller, fröhlicher und intelligenter Luxushund mit oder ohne Haare, aber mit viel Charakter. Er liebt seine Menschen zärtlich und verträgt sich wunderbar mit anderen Hunden und Tieren. Er ist ein fabelhafter Wohnungshund, der, obwohl lebhaft und verspielt, einen Großteil der notwendigen Bewegung beim Ballspiel in der Wohnung bekommt. Er ist sehr schlau und reagiert gut auf freundliche Erziehung, die er auch nötig hat, damit seine große Aktivität unter Kontrolle bleibt. Der Chinesische Schopfhund ist mit und ohne Haare ziemlich robust und hat schließlich schon viele Jahrhunderte überlebt. Der Hairless sollte vor extremen Wetterverhältnissen geschützt, aber nicht verwöhnt werden: Entgegen vieler Legenden bekommt er keineswegs grundsätzlich Sonnenbrand, sondern bräunt einfach, wenn man ihn nicht von einem Tag auf den anderen knalligen Sonnenstrahlen aussetzt, und friert sich auch nicht zu Tode im Winter, solange man ihm Bewegung verschafft. Wenn man ihn nicht wie ein zerbrechliches Baby behandelt, ist dieser seltene Hund äußerst selbstbewußt und hochinteressiert an seiner Umwelt.

Größe	Rüde 48–55 cm, Hündin 45–50 cm
Gewicht	25–28 kg
Fell	kurzhaariger Schlag sehr selten; das Fell des Langhaarschlages ist sehr dicht, üppig, weich, abstehend, mit wolliger, weicher Unterwolle
Farbe	schwarz, rot, blau, falb, creme oder weiß
Preis	€ 1000

DER CHOW-CHOW taucht im Bild das erste Mal vor etwa 2000 Jahren in China auf. Sein Name kommt vom kantonesischen Wort »Chow« für Nahrung, was wohl bedeutet, daß dieser Hund ursprünglich zur Bereicherung des Speiseplans gezüchtet wurde – in China eine durchaus übliche Angewohnheit. Auf diese Tatsache ist vielleicht sein zurückhaltendes Wesen zurückzuführen: Er ist reserviert, abweisend, aber immer höflich, wenig verschmust und spielt nur ungern. Gleichzeitig ist der Chow-Chow dem einen Herrn, dem er gehorcht, absolut zugetan. Als Kinderhund eignet er sich nicht – auch wenn er lernt, die Kinder seines Herrn hinzunehmen, heißt das noch lange nicht, das er auch ihre Freunde akzeptiert. Er muß unbedingt freundlich erzogen und gut sozialisiert werden, weil er ein kraftvoller Hund ist, der aggressiv gegenüber anderen Tieren sein kann. Durch die ungeheuere Menge an Fell – die gut gepflegt sein will – wirkt er größer, als er eigentlich ist, und durch die Gesichtsfalten kann er bedrohlich wirken. Das ist der Chow dabei nicht: Er ist zwar stur und dickköpfig und läßt sich zu nichts zwingen, aber zu manchem überreden. Fremde sollten nicht erwarten, mit freundlichem Wedeln begrüßt zu werden – tatsächlich sollten sie von einem Chow einfach gar nichts erwarten, solange sie nicht seine Familie bedrohen.

Fellpflege

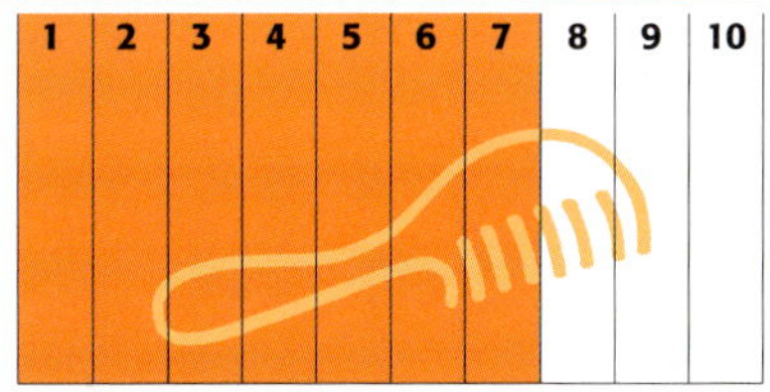

Benötigter Auslauf

Für Stadtwohnung geeignet

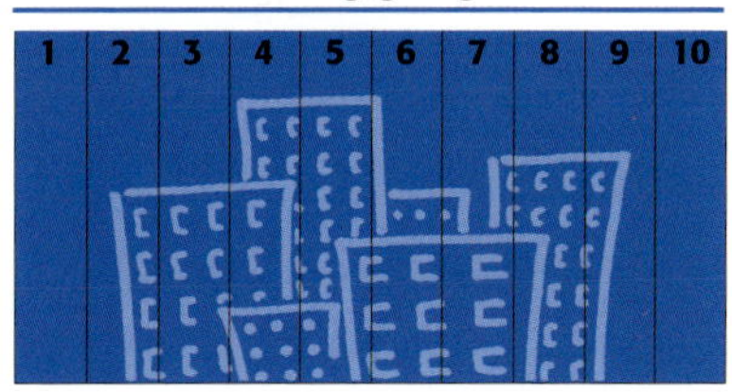

Häufige Krankheiten

Hüftgelenksdysplasie, Hautprobleme, Entropium

Für Fortgeschrittene

CLUMBER SPANIEL

Größe	30–35 cm
Gewicht	25–31,5 kg
Fell	üppig, gerade, seidig
Farbe	reinweiß mit zitronengelben Abzeichen
Preis	€ 900 – 1100

Fellpflege

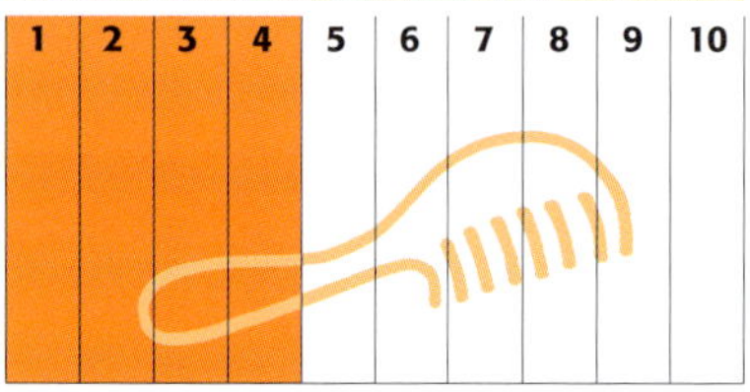

Benötigter Auslauf

Für Stadtwohnung geeignet

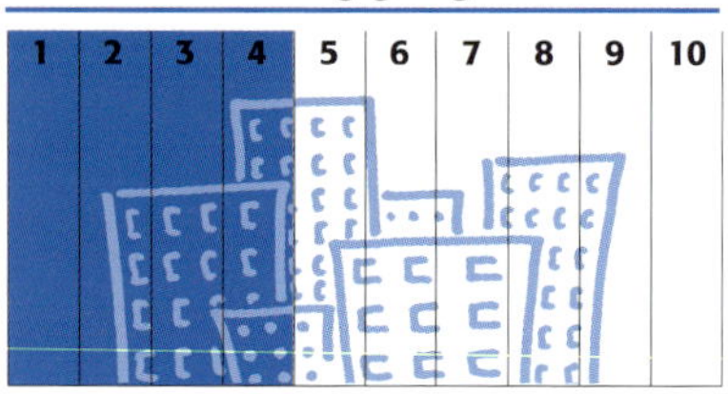

Häufige Krankheiten

Hüftgelenksdysplasie

Für Anfänger geeignet

DER CLUMBER SPANIEL ist der am wenigsten spanielhafte aller Spaniels. Seine Geschichte ist einigermaßen mysteriös; sein Name kommt von Clumber Estate in Nottingham, der Hund selbst stammt allerdings ursprünglich aus Frankreich. Im 18. Jahrhundert war der Clumber Spaniel der Jagdbegleiter der pensionierten Gentlemen bei der Jagd auf Fasan und Rebhuhn. Er ist ein massiver, langsamer, ernster Hund, der im Feld eine erstaunliche Beharrlichkeit entwickelt. Er hat ungeheuere Kräfte und übersteht als williger, hervorragender Apportierhund alle Wetter- und Arbeitsverhältnisse. Mit einem Clumber Spaniel zusammenzuleben, ist so ähnlich, wie das Leben mit einem älteren Herrn zu teilen, weshalb er nicht unbedingt der ideale Haushund für Jedermann ist: Der Clumber ist seinem Herrn auf stille, wenig demonstrative Art unbedingt treu, kann dabei aber ein ausgesprochener Ein-Mann-Hund sein und ziemlich launisch. Er sabbert, schnarcht und keucht etwas. Wer einen Hund mit gesellschaftlichen Qualitäten sucht, sollte sich nach einer anderen Rasse umsehen: Der Clumber ist nicht an fremden Leuten interessiert, sondern eigentlich überhaupt nur an seinem Herrn, wenig verspielt, sondern ein ruhiger, lässiger Begleiter. Der Clumber ist würdevoll, stoisch, ruhig und absolut professionell bei der Arbeit und reagiert gut auf frühe, konsequente und feste Erziehung.

Größe	Rüde 60 cm, Hündin 55 cm
Gewicht	22–32 kg
Fell	Langhaar: langes, gerades, grobes Deckhaar mit weicher und sehr dichter Unterwolle; Kurzhaar: kurz, dicht, am Körper anliegend
Farbe	zobelfarben mit Weiß, tricolor oder blue-merle; immer mit weißen Abzeichen
Preis	€ 900 – 1000

Fellpflege

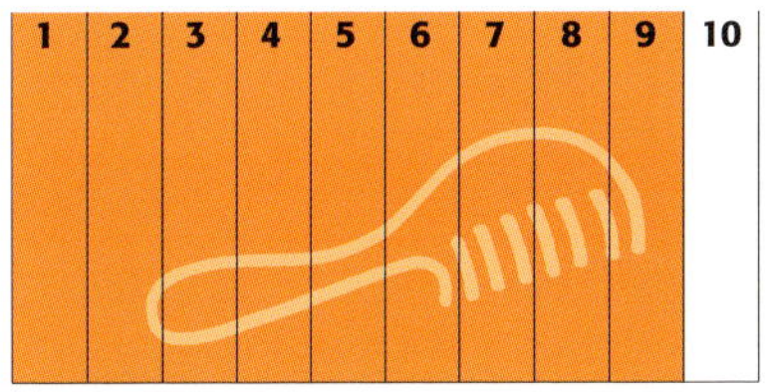

Benötigter Auslauf

Für Stadtwohnung geeignet

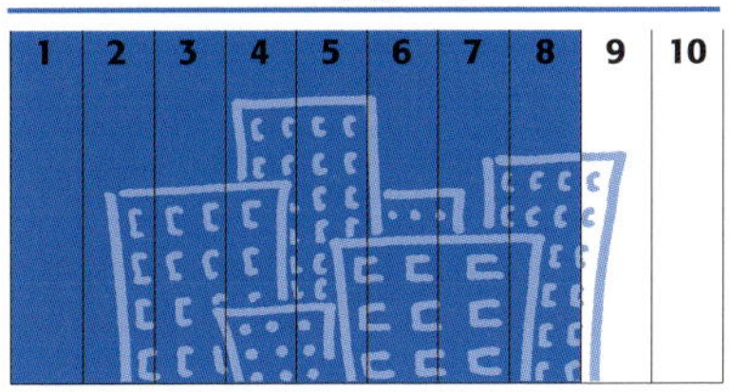

Häufige Krankheiten

Collie-Auge, Taubheit bei Merle-Hunden

Für Anfänger geeignet

DER COLLIE ist seit »Lassie« eine Legende: Jeder kennt ihn, den perfekten Hund, der alles kann, wahrscheinlich sogar Lesen und Schreiben. Früher ein kluger, zuverlässiger und sehr nützlicher Arbeitshund aus dem schottischen Hochland, fiel der Collie mit »Lassie« seiner ungeheuren Popularität zum Opfer: Er mußte unglaubliche Erwartungen unerfahrener Hundebesitzer über sich ergehen lassen, sollte der ideale Kinderhund sein und perfektes Kindermädchen noch dazu, treu bis in den Tod und unfehlbar im Erkennen von Gut und Böse. Er wurde immer mehr »veredelt«, gewann an Eleganz und wurde zum strahlenden Wettbewerber im Ausstellungsring, während er gleichzeitig einen ungeheuren Prozeß der Charakterverschlechterung durchmachte. Mittlerweile hat sich der Boom etwas gelegt, was die Rasse gerettet hat – nachdem auch der letzte Fernsehfan begriff, daß der Collie zwar in der Tat ein ausgesprochen menschenbezogener, aber trotzdem eben normaler Hund ist, dem gute Manieren auch nicht angeboren sind. Er ist eigensinnig, aber hochsensibel, weshalb man ihn nachdrücklich, aber sanft erziehen muß. Der Collie will mit Fremden normalerweise nichts zu tun haben und muß schon früh sozialisiert werden, damit aus ihm kein schüchterner Erwachsener wird. Er braucht viel Bewegung und Beschäftigung (sein Arbeitsinstinkt hat sich trotz aller Zuchtausmaße nicht herausgemendelt), sonst kann er zum hyperaktiven Kläffer werden.

COTON DE TULÉAR

Größe	25–28 cm
Gewicht	5,4–6,8 kg
Fell	8 cm lang, leicht gewellt, fein
Farbe	weiß; kleine graue oder zitronenfarbene Flecken an den Ohren gestattet
Preis	€ 1000

Fellpflege

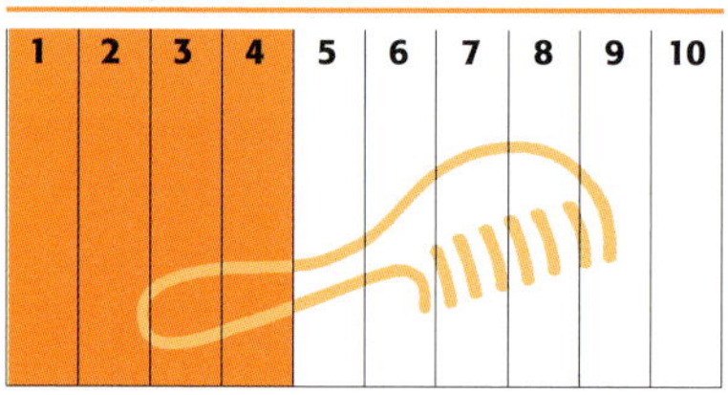

Benötigter Auslauf

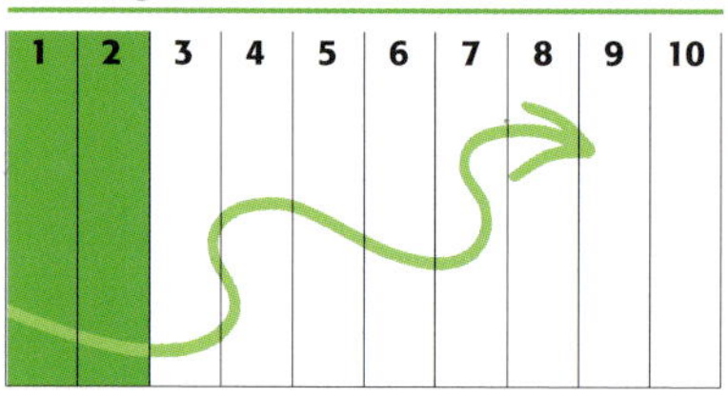

Für Stadtwohnung geeignet

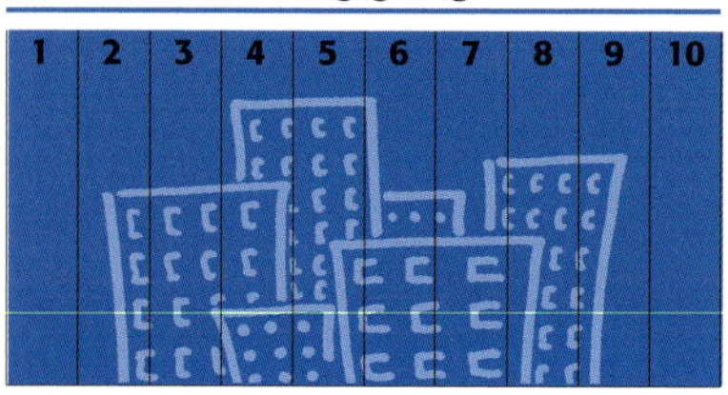

Häufige Krankheiten

keine

Für Anfänger geeignet

DER COTON DE TULÉAR geht warscheinlich auf die gleichen Ursprünge zurück wie der Malteser. Er war der Lieblingshund des französischen Adels auf Madagaskar während der Kolonialzeit und es war für einen Bürger sogar verboten, einen Coton zu besitzen. Heutzutage ist das glücklicherweise anders, und so selten, wie der Coton de Tulear noch vor ein paar Jahren war, ist er heute auch nicht mehr. Das ist kein Wunder: Er ist ein idealer kleiner Familienhund, temperament- und humorvoll, gelehrig und leicht zu führen, anhänglich und paßt sich absolut allen Lebensumständen an. Er ist mit einer halben Stunde Auslauf zufrieden, schafft aber auch spielend fünf und läßt aus sich einen fabelhaften Agility-Hund machen – Hauptsache, er kann bei allen Unternehmungen dabei sein. Der Coton ist ausgesprochen freundlich und neugierig und freut sich ungeheuer über alles Neue, weshalb er kein sehr guter Wachhund ist – im Zweifelsfall wird er den Einbrecher für eine wunderbare Abwechslung halten. Er ist robust und widerstandsfähig und bedarf keiner besonderen Fellpflege: Er haart relativ wenig und muß nur regelmäßig gebürstet werden, um gepflegt auszusehen.

Größe	Rüde 64–68,5 cm, Hündin 58–64 cm
Gewicht	28–35 kg
Fell	kleine, feste, enge, ausgeprägt dichte Locken, wasserfest und schmutzabweisend
Farbe	schwarz und leberfarben
Preis	€ 1000

Fellpflege

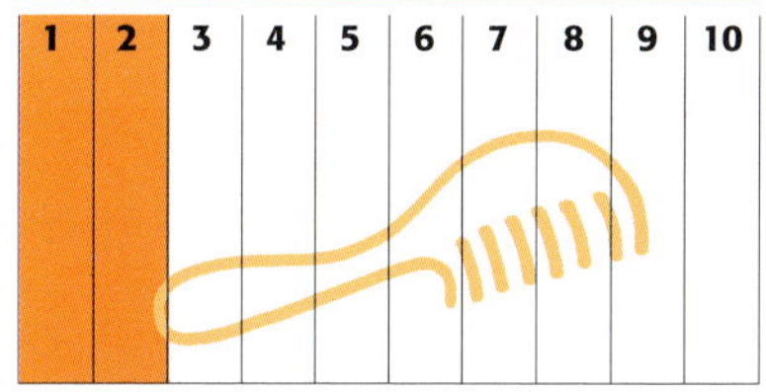

Benötigter Auslauf

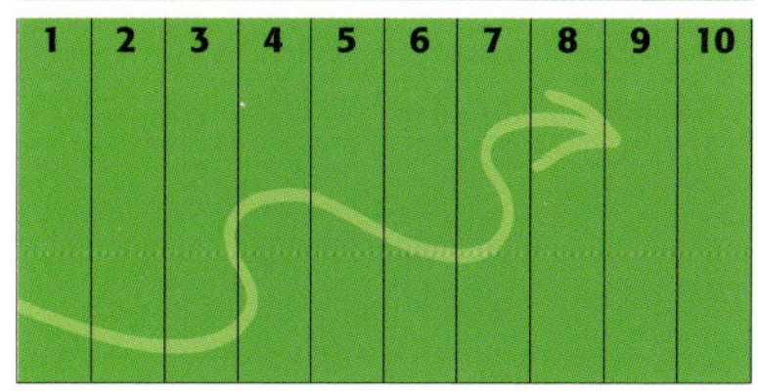

Für Stadtwohnung ungeeignet

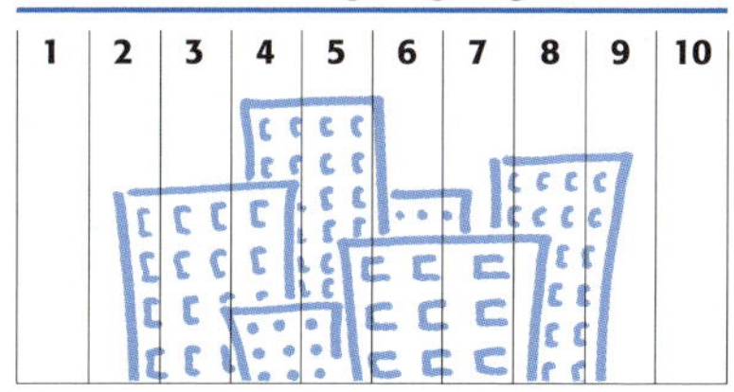

Häufige Krankheiten

Hüftgelenksdysplasie, Tumore

Für Fortgeschrittene

DER CURLY-COATED RETRIEVER ist ein Hund mit ganz besonderen Arbeitsfähigkeiten. Als Wasser-Apportierhund wird er von kaum einer anderen Rasse übertroffen. Er ist besonders in Australien und Neuseeland beliebt, während er in Europa kaum bekannt ist. Er ist nicht einfach ein Labrador oder Golden Retriever mit lockigem Haar: Als Wohnungs- oder Begleithund ist er volkommen ungeeignet. Der Curly-Coated Retriever ist ein Action-Hund für die Sumpfjagd bei jedem Wetter. Er muß und will schwimmen, den Wind spüren und braucht das Gefühl von Eis und Schnee unter grauem, bedrohlichem Himmel. Diese Bedingungen im heimatlichen Wohnzimmer zu schaffen, ist nicht ganz einfach, und Spaziergänge in Parks und Straßen sind ihm einfach nicht genug.

Der Curly-Coated Retriever ist seinem Herrn und dessen Familie ein treuer Freund, aber man sollte bezüglich Fremden nicht zuviel von ihm verlangen, sondern zufrieden sein, wenn er sie hinnimmt. Er ist hochintelligent, setzt seine Intelligenz allerdings gerne zu seinem eigenen Vorteil ein, weshalb er frühe, konsequente Erziehung zum Gehorsam braucht, wobei man mit dieser sanften, sensiblen Rasse niemals hart oder ruppig umgehen darf. Er ist sehr eigenwillig, aber ohne diese Eigenschaft wäre er auch nicht der leistungsstarke Jagdhund, der er ist.

DACKEL (TECKEL, DACHSHUND)

Langhaardackel

Größe (Brustumfang)	Normalschlag: über 35 cm, Zwergdackel: 30–35 cm, Kaninchendackel: bis 30 cm
Gewicht	Normalschlag: Rüde über 7 kg, Hündin über 6,5 kg; Zwergdackel: Rüde bis 7 kg, Hündin unter 6,5 kg; Kaninchendackel: Rüde bis 4 kg, Hündin bis 3,5 kg
Fell	weich, glatt, glänzend; Hals, Ohren, Unterseite des Körpers, Läufe und Rute ausgiebig befedert
Farbe	einfarbig rot, rotgelb, gelb, jeweils mit oder ohne Stichelung; schwarzlohfarben oder getigert
Preis	€ 500 – 850

Fellpflege

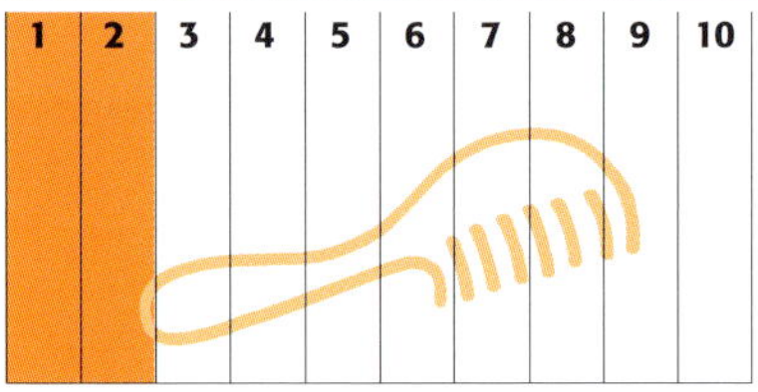

Benötigter Auslauf

Für Stadtwohnung geeignet

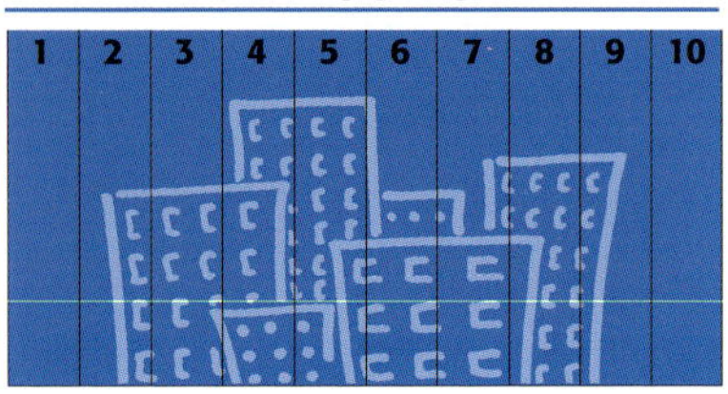

Häufige Krankheiten

Dackellähme, Harnsteine

Für Anfänger geeignet

DER DACKEL ist kein Schoßhund. In Wirklichkeit heißt er nämlich Dachshund, und damit wäre seine eigentlich Aufgabe bereits geklärt: Er ist ein jagdlich hervorragender Erdhund. Seine kurzen, krummen Beine sind legendär, aber die erfüllen den Zweck, Fuchs, Dachs und Karnickel aus dem Bau auszugraben. Der Dackel ist häufig Opfer des Spotts geworden in seiner Geschichte, dabei verdient er diese üble Behandlung nicht: Für zuviel Liebe kann er nichts, und für zuviel Futter auch nicht. Er ist ein zäher, mutiger, lebhafter Hund, anhänglich, schlau und ohne irgendwelche Komplexe. Er ist ausgesprochen selbstbewußt und läßt sich nichts gefallen, weshalb man ihn nicht unbeaufsichtigt mit Kindern lassen sollte – wobei der Langhaardackel als etwas sanfter und gefügiger, der Rauhaardackel als etwas schärfer und launischer gilt. Überhaupt ist der Dackel ungeheuer eigensinnig – es gibt kaum eine Hunderasse, die der Erziehung soviel Widerstand entgegensetzt wie der Dackel. Er ist ungeheuer erfinderisch im Vermeiden der Befehle, die man ihm gibt, aber wenn man ihn früh, mit großer Ruhe und Beharrlichkeit erzieht, bekommt man einen Hund von ungeheurer Persönlichkeit und Originalität. Wer diese Bemühungen scheut, endet stattdessen mit einem Knurrhahn von ausgesuchter Unhöflichkeit. Der in gesellschaftlichen Dingen gut unterrichtete Vollblutdackel dagegen ist eine Quelle ungeheuren Humors, von Tollkühnheit und großer Treue.

Kurzhaardackel

Größe (Brust-umfang)	Normalschlag: über 35 cm, Zwergdackel: 30–35 cm, Kaninchendackel: bis 30 cm
Gewicht	Normalschlag: Rüde über 7 kg, Hündin über 6,5 kg; Zwergdackel: Rüde bis 7 kg, Hündin unter 6,5 kg; Kaninchendackel: Rüde bis 4 kg, Hündin bis 3,5 kg
Fell	kurz, dicht, glänzend, glatt anliegend
Farbe	einfarbig rot, rotgelb, gelb, jeweils mit oder ohne Stichelung; schwarz-lohfarben oder getigert
Preis	€ 500 – 850

Rauhhaardackel

Größe (Brust-umfang)	Normalschlag: über 35 cm, Zwergdackel: 30–35 cm, Kaninchendackel: bis 30 cm
Gewicht	Normalschlag: Rüde über 7 kg, Hündin über 6,5 kg; Zwergdackel: Rüde bis 7 kg, Hündin unter 6,5 kg; Kaninchendackel: Rüde bis 4 kg, Hündin bis 3,5 kg
Fell	dicht, drahtig, anliegend, mit Unterwolle durchsetzt
Farbe	rot, dachs- oder saufarben
Preis	€ 500 – 850

DALMATINER

Größe	Rüde 55–60 cm, Hündin 54–59 cm
Gewicht	Rüde 28–30 kg, Hündin 23 kg
Fell	kurz, hart, dicht, glatt und glänzend
Farbe	Untergrundfarbe reinweiß, möglichst gleichgroße schwarze oder leberfarbene Tupfen; Welpen werden reinweiß geboren
Preis	€ 900 – 1000

Fellpflege

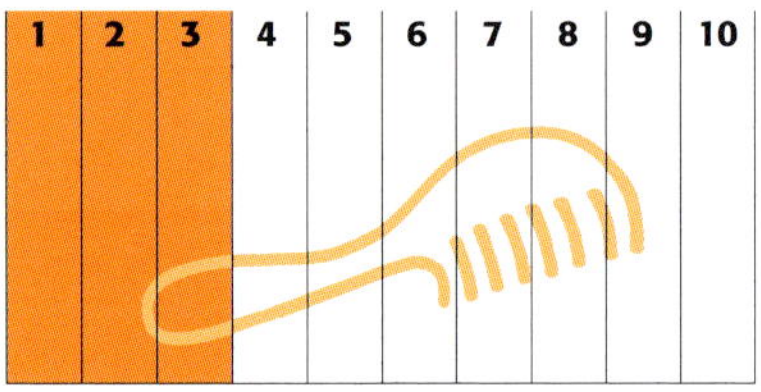

Benötigter Auslauf

Für Stadtwohnung geeignet

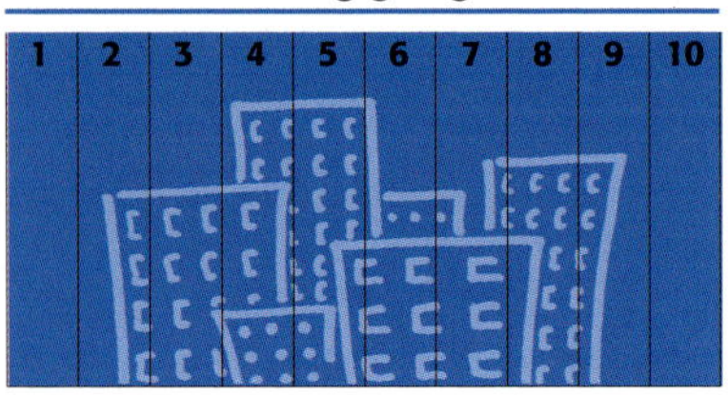

Häufige Krankheiten

Taubheit, Allergien (Vorsicht bei sehr proteinhaltigem Futter!), Harngries, Nierensteine

Für Anfänger geeignet

DER DALMATINER ist ein zuverlässiger, anpassungsfähiger, fröhlicher und verspielter Begleithund mit einem Sinn für Humor, der an Albernheit grenzt. Woher er genau stammt, ist endlos beschrieben worden, wobei sich die Autoren innerhalb der letzten zweihundert Jahre dabei kaum einig wurden. Dalmatien im ehemaligen Jugoslawien gilt jedenfalls als Stammland, daher also sein Name.

In seiner langen und wechselhaften Karriere hatte der Dalmatiner die unterschiedlichsten Jobs: Jagd-, Hirten-, Kurier- und Apportierhund, Kutschen-, Hof-, Film- und Haushund – was immer man ihn bittet, wird der Dalmatiner mit Euphorie erfüllen. Zwei Dinge zählen in seinem Leben: In der Nähe seines Herrn zu sein und genügend Bewegung. Die Rasse wurde seit Jahrhunderten dafür gezüchtet, fünfzig Kilometer am Tag neben Kutschpferden herzutraben – »genügend Bewegung« bedeutet also wirklich, mehrere Stunden am Tag spazierenzugehen. Dalmatiner sind intelligent und neugierig; wenn sie sich langweilen, werden sie unglücklich und zerstörerisch. Im Garten alleingelassen, gestalten sie ihn nach ihren eigenen Vorstellungen und buddeln Löcher von erstaunlichen Ausmaßen. Sie haben einen ähnlichen Aktivitätslevel wie fünfjährige Kinder nach einem verregneten Wochenende im Haus und sind deshalb fabelhafte Spielkameraden. Sie sind wachsam, ohne besondere Kläffer zu sein. Etwa 4% der Rasse werden taub geboren, weshalb es ratsam ist, bei Züchtern zu kaufen, die audiometrische Untersuchungen bei ihren Welpen vornehmen.

Größe	20–25 cm
Gewicht	8 kg
Fell	Mischhaar aus weich und hart, etwa 5 cm lang
Farbe	Pepper (silber bis tief blauschwarz, mit silberfarbenem Topknot), Mustard (blasses Falb bis leuchtendes Tan, mit cremefarbenem Topknot)
Preis	€ 1000

DER DANDIE DINMONT TERRIER ist der einzige Hund, der seinen Namen nach einer Romanfigur bekam: In Sir Walter Scotts Roman »Guy Mannering« hält der Bauer Dinmont sechs rauhaarige kleine Terrier, die wegen der großen Beliebtheit des Buches als Dandie Dinmont Terrier bekannt wurden. Dieser große kleine Hund ist eine wunderbare Persönlichkeit, ein ernstzunehmender Gegner für Fuchs und kleines Raubzeug und meistens ein ausgesprochener Ein-Mann-Hund. Er ist wachsam, ohne ein Kläffer zu sein, zurückhaltend mit Fremden und im allgemeinen sehr unnachsichtig im Umgang mit anderen Tieren. Obwohl er selbstbewußt und sehr willensstark ist und einen ausgeprägten eigenen Kopf hat, reagiert er im allgemeinen gut auf eine faire, konsequente Erziehung mit fester Hand. Der Dandie ist ein sehr robuster Hund und ziemlich schmerzunempfindlich und muß dementsprechend beobachtet werden: Manche Dandie Dinmonts sind schon tagelang krank, bevor sie sich bemerkbar machen. Solange man ihm genügend Fellpflege und Auslauf bietet, ist der Dandie Dinmont Terrier in der Stadt ebenso gut zu halten, wie in ländlicher Gegend.

Fellpflege

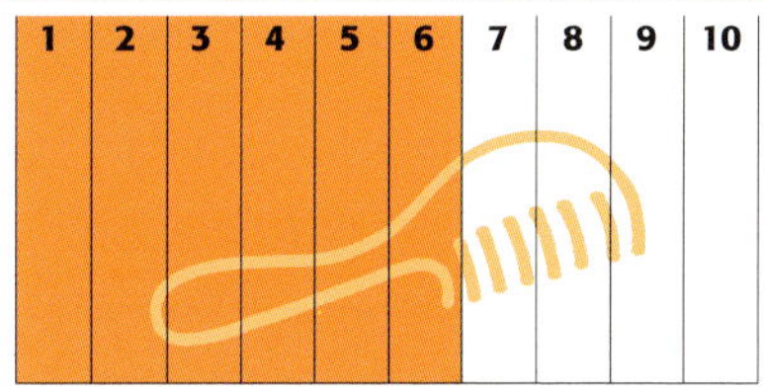

Benötigter Auslauf

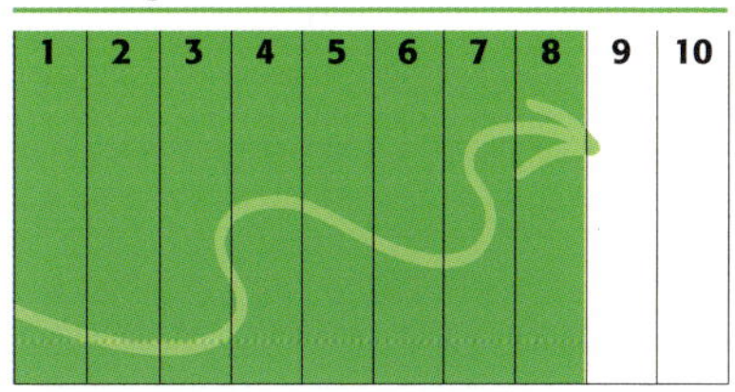

Für Stadtwohnung geeignet

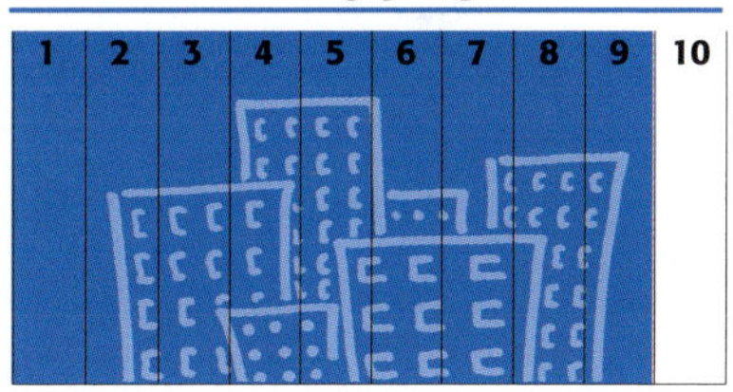

Häufige Krankheiten

keine

Für Anfänger geeignet

DEERHOUND

Größe	71–81 cm
Gewicht	Rüde 38–48 kg, Hündin 30–36 kg
Fell	hart, 10 cm lang
Farbe	dunkelgrau bis sandrot, rotfalb, gestromt
Preis	€ 1200

Fellpflege

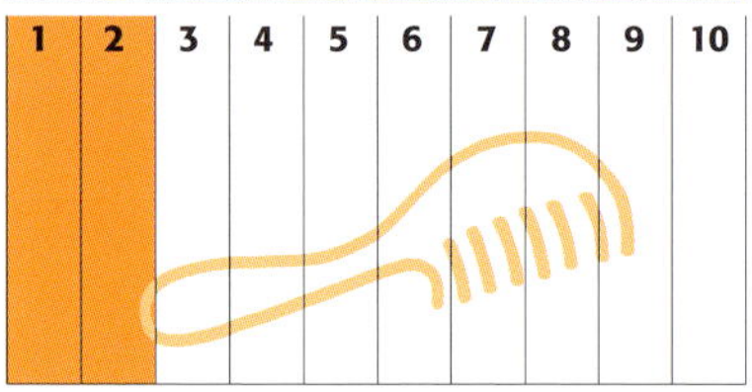

Benötigter Auslauf

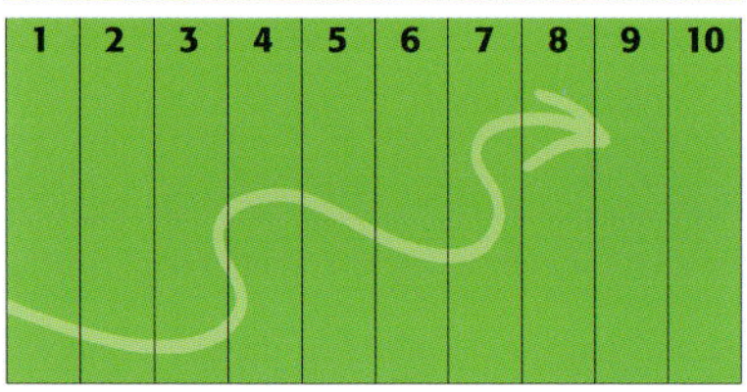

Für Stadtwohnung geeignet

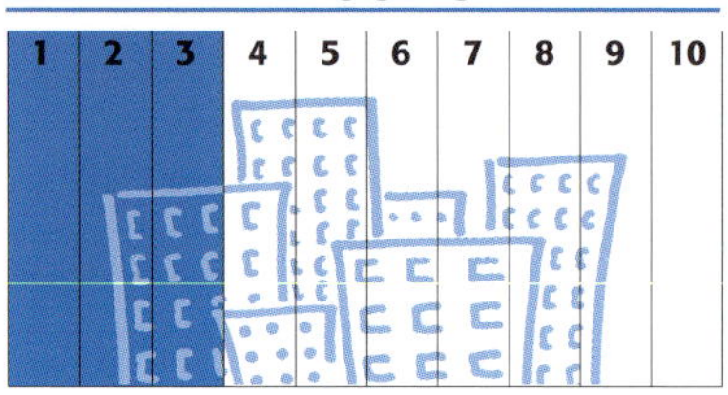

Häufige Krankheiten

Magenumdrehung, Bänderverletzung

Für Fortgeschrittene

DER SCHOTTISCHE DEERHOUND ist der Riese unter den Hunden. In den Sagen über die Schottischen Highlands taucht er immer als edelster aller Hunde auf, eine Mischung aus Sensibilität, Todesmut, Weichheit und Aggressivität. Der Deerhound ist ein wunderbarer Gefährte. Er scheint ein gutes Gefühl für seine Größe zu haben und ist deshalb ein fabelhafter Kumpan für Kinder, obwohl man auf ein Kleinkind in der Nähe eines ungestümen Deerhoundwelpen aufpassen sollte. Er ist sanft, ausgeglichen, ruhig und höflich. Der Deerhound schnappt niemals, ist nie gemein oder unberechenbar. Er zeigt Zurückhaltung gegenüber Fremden und überzeugt sich sehr genau davon, daß der ankommende Besuch tatsächlich eine Bereicherung für den Haushalt ist: Der Deerhound nimmt Freundschaft und Zusammengehörigkeit sehr ernst. Man sollte nie vergessen, daß der Deerhound auch als Jagdhund gehalten wird und es keiner großen Verrenkungen bedarf, ihn an diesen Job wieder zu erinnern: Sanft mit anderen Tieren in seinem eigenen Zuhause, dürfte Nachbars Katze keine großen Chancen in seinem Blickfeld haben. Weil dem Deerhound die Nähe zu Menschen über alles geht, ist es nicht völlig undenkbar, ihn bei genügend Bewegung in der Stadt zu halten – sofern die Wohnung mehrere hundert Quadratmeter Wohnfläche hat. Am Besten lebt der Deerhound allerdings auf dem Land oder als Reitbegleithund.

DEUTSCHE BRACKE

Größe	40–53 cm
Gewicht	ca. 16 kg
Fell	glatt, anliegend, kurz
Farbe	weißbunt, rotbunt, lohfarben, meist mit weißen Abzeichen
Preis	€ 500

DIE DEUTSCHE BRACKE ist ein hervorragender Laufhund, schnell, arbeitsfreudig, ausdauernd, zäh und wetterunempfindlich, mit lauter und klarer Stimme. Anfang des 20. Jahrhunderts wurde sie aus verschiedenen Brackenschlägen zusammengefaßt, um eine Art »Allround-Bracke« zu erhalten. Sie hat eine sehr feine Nase und wird für alle Jagdarten auf Fuchs, Hase oder Wildschwein verwendet. Sie gehört ausschließlich in Jägerhand und eignet sich nicht für müßiggängerisches Privatleben.

Fellpflege

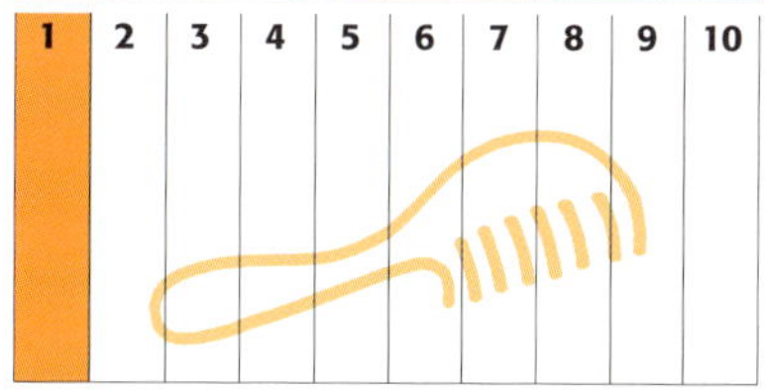

Benötigter Auslauf

Für Stadtwohnung ungeeignet

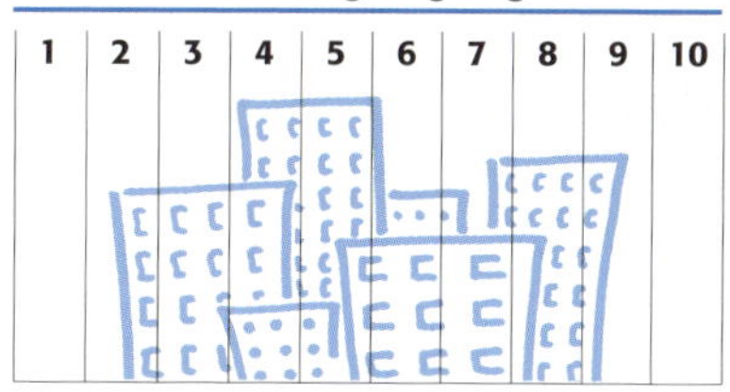

Häufige Krankheiten

keine

Für Fortgeschrittene

DEUTSCHE DOGGE

Größe	Rüde mind. 80 cm, Hündin mind. 72 cm
Gewicht	ca. 50 kg
Fell	sehr kurz, dicht, glänzend
Farbe	schwarz, blau, gelb, gestromt, Harlekin (schwarz-weiß gefleckt)
Preis	€ 1300

Fellpflege

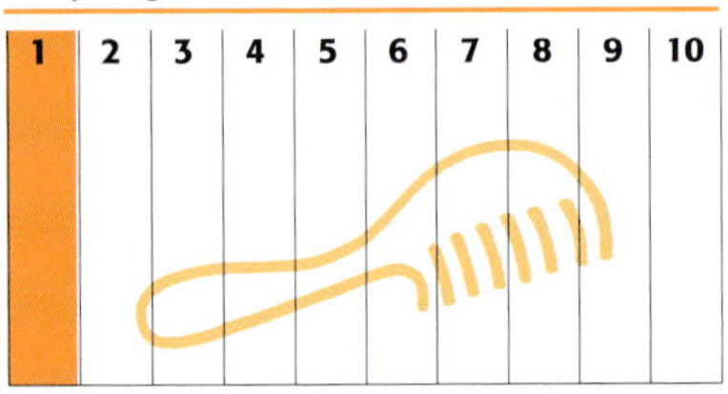

Benötigter Auslauf

Für Stadtwohnung geeignet

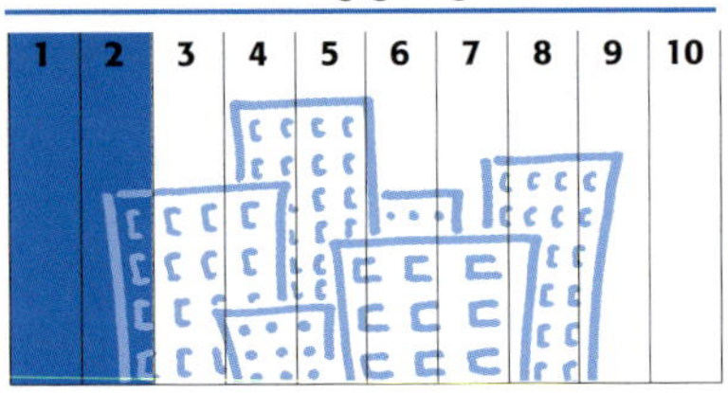

Häufige Krankheiten

Hüftgelenksdysplasie, Knochenkrebs, Herzkrankheiten, Tumore, Gelenkdislokationen

Für Fortgeschrittene

DIE DEUTSCHE DOGGE gibt es seit etwa dem 14. Jahrhundert in Mitteleuropa, wo sie ursprünglich für die Sauhatz gezüchtet wurden. Damals amüsierte sich der Adel in seiner Freizeit gerne damit, mit ganzen Rudeln edler Hunde auf Wildschweinjagd zu gehen: Die Hunde mußten schnell, stark, ausdauernd und zuverlässig sein. Weil die Doggen so schön waren, plazierte man sie auch gerne in großen Schlössern neben dem Kamin. Tatsächlich braucht die Dogge allerdings sehr viel Auslauf und Bewegung. Die Deutsche Dogge ist ein Gentleman, sanft, manierlich normalerweise ruhig und liebevoll gegenüber seinem Herrn und dessen Familie. Sie ist hinreißend mit Kindern, wenn sie von früh an gelernt hat, sich in ihrer Umgebung vorsichtig – »kindgerecht« – zu verhalten, und nie gemein oder hinterlistig zu Fremden, obwohl sie natürlich einen eindrucksvollen Wachhund abgibt. Es muß wohl nicht extra betont werden, daß ein Hund dieser Größe nicht zur Schärfe oder Aggressivität aufgefordert werden sollte. Manche Leute halten ihre Dogge tatsächlich in Wohnungen, was keine gute Idee ist, solange man seinem Hund nicht wenigstens 15 km Auslauf am Tag ermöglicht, damit sie nicht steif wird und schwache Knochen und Muskeln entwickelt. Leider wird die Deutsche Dogge nicht sehr alt – neun oder zehn gute Jahre mit ihrer Familie sind schon ein großes Glück. Die Dogge ist einer der attraktivsten Hunde, aber eben ein Riese und braucht als solcher Platz und eindrucksvolle Mengen an Futter. Außerdem muß sie ausgesprochen gut erzogen werden, oft mit professioneller Hilfe.

DEUTSCHER DRAHTHAARIGER VORSTEHHUND

Größe	60–67cm, Hündin 55–60 cm
Gewicht	28–35 kg
Fell	hartes, wetterfestes Drahthaar, doppelt
Farbe	braun, Braun- oder Schwarzschimmel
Preis	€ 500

DER DEUTSCHE DRAHTHAARIGE VORSTEHHUND

ist alles, was sich ein Jäger nur wünschen kann: ein unfehlbarer Apportierhund, ein Vorstehhund und ein ausgeglichener, zuverlässiger und belastbarer Freund und Jagdbegleiter. Sein Fell schützt ihn gegen jedes Wetter und jedes Unterholz in rauhesten Gegenden und ist absolut pflegeleicht: Der Drahthaar schüttelt Dreck ab wie Wasser. Er hat eine gute Veranlagung zum Wachhund und ist Fremden gegenüber meistens zurückhaltend, wenn auch nicht aggressiv. In die Stadt gehört er absolut nicht: Der Deutsch Drahthaar wird für die Feldarbeit gezüchtet und kann auch nur dann seine herausragenden Eigenschaften entwickeln. Wenn er allerdings in einem Umfeld lebt, das nach seinen speziellen Bedürfnissen ausgerichtet ist, ist der Deutsch Drahthaar eine unvergleichliche Rasse. Auf dem Land, mit genügend Beschäftigung und Auslauf, kann er als Familienhund gehalten werden. Er ist sehr abhängig von menschlicher Gesellschaft, ist freundlich, liebevoll und ausgeglichen. Er kann aber auch ausgesprochen eigenwillig sein und braucht einen Besitzer, der weder sich selbst über-, noch seinen Hund unterschätzt.

Fellpflege

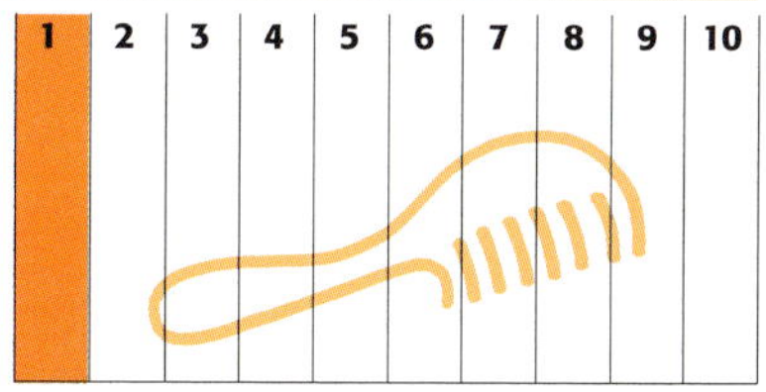

Benötigter Auslauf

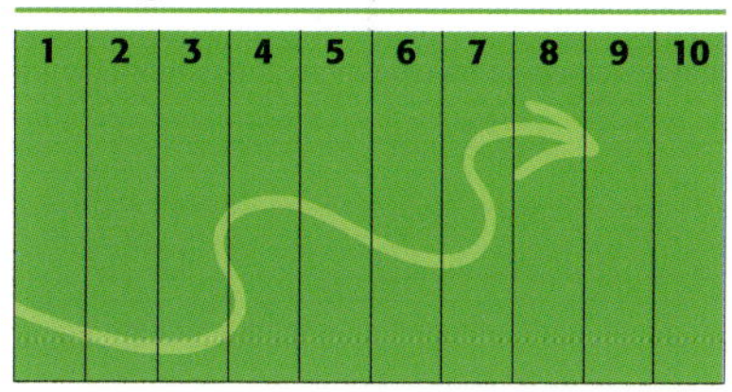

Für Stadtwohnung ungeeignet

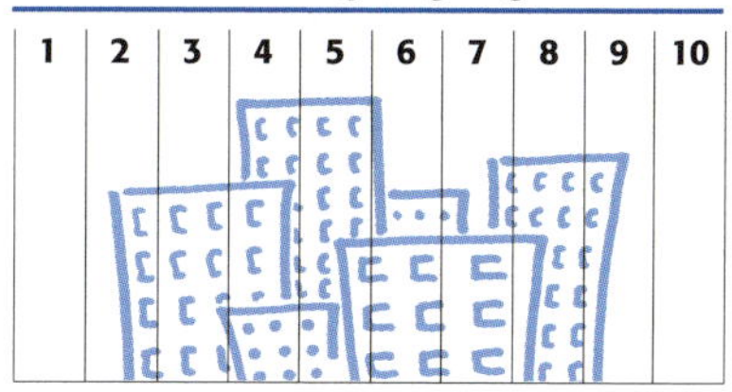

Häufige Krankheiten

Entropium, Hüftgelenksdysplasie

Für Fortgeschrittene

DEUTSCHER JAGDTERRIER

Größe	bis 40 cm
Gewicht	9–10 kg
Fell	Glatt- oder Drahthaar, jeweils kurz und hart
Farbe	schwarz, schwarz-graumeliert oder dunkelbraun; mit jeweils lohfarbenen Abzeichen
Preis	€ 500

Fellpflege

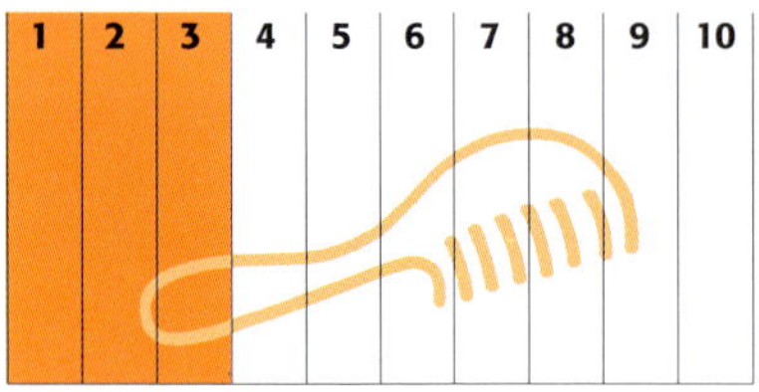

Benötigter Auslauf

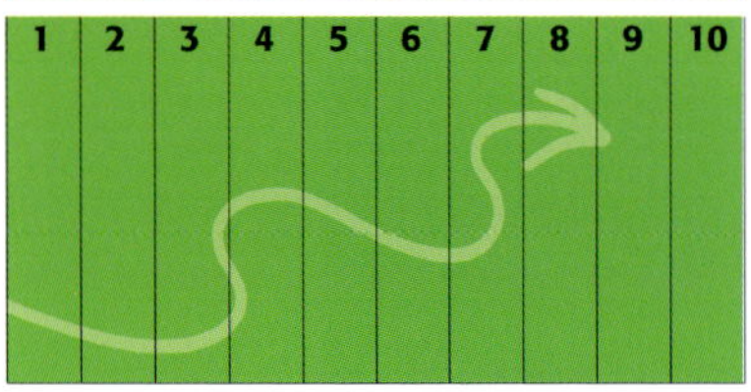

Für Stadtwohnung ungeeignet

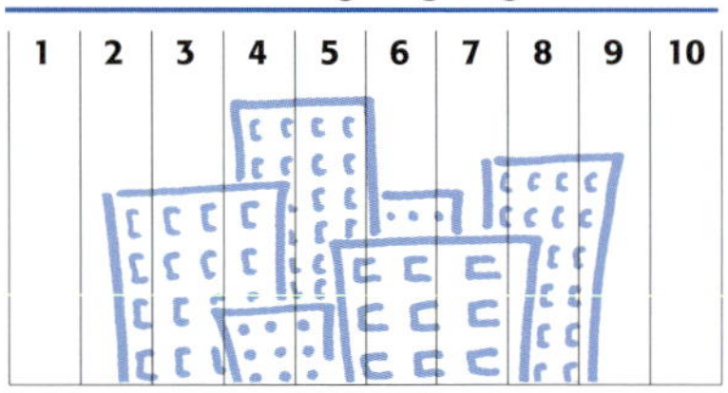

Häufige Krankheiten

keine

Für Fortgeschrittene

DER JAGDTERRIER gehört absolut nur in die Hände eines Jägers. Er ist ein echter Ein-Mann-Hund mit unglaublicher jagdlicher Passion und eignet sich überhaupt nicht als Begleithund: Er besitzt alle Arbeitsqualitäten, die sich ein Jäger nur wünschen kann, bewährt sich über und unter der Erde, hat allerdings praktisch keine gesellschaftlichen Fähigkeiten. Der Jagdterrier ist todesmutig, aggressiv und starrköpfig. Er fürchtet sich vor absolut nichts und zögert nicht einmal, Wildschweine anzugreifen, die wirklich gefährlich sein können. Er arbeitet denn auch auf Sauen, Hirsch, Fuchs, Dachs und sogar Vögel und nimmt die Bewachung seines Hauses oder Wagens ausgesprochen ernst.

Größe	Rüde 58–65 cm, Hündin 53–59 cm
Gewicht	ca. 22–32 kg
Fell	kurz, flach, etwas rauh
Farbe	braun, braun mit weißen oder gesprenkelten Abzeichen oder Platten, Hell- und Schwarzschimmel mit und ohne weiße Platten
Preis	€ 500

Fellpflege

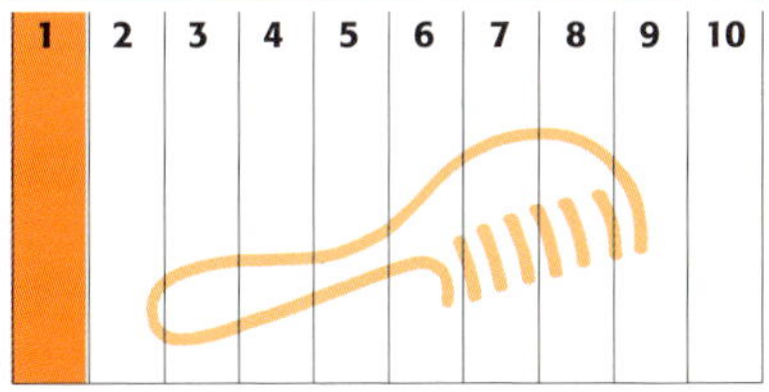

Benötigter Auslauf

Für Stadtwohnung ungeeignet

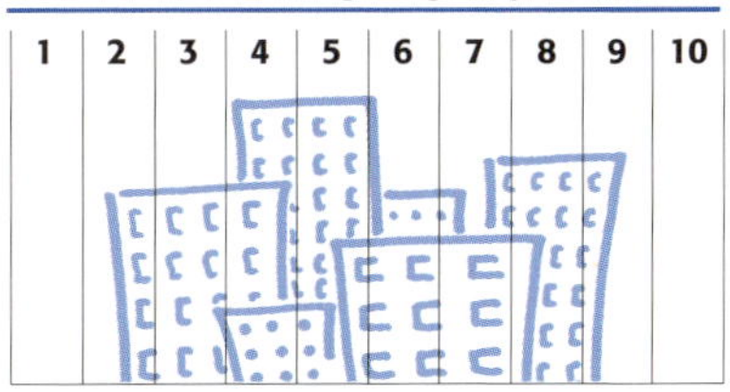

Häufige Krankheiten

selten Hüftgelenksdysplasie

Für Fortgeschrittene

DER DEUTSCHE KURZHAARIGE VORSTEHHUND

wurde im 17. Jahrhundert wohl aus spanischem Pointer und Bloodhound als Allzweckjagdhund gezüchtet. Er ist Schweißhund, Vorstehhund und Apportierhund in einem Paket, der sich jedem Klima anpaßt und hervorragend ausbilden läßt. Gleichzeitig ist er wohl der beste Familienhund unter den Jagdhunden, der nur glücklich ist, wenn er abends ganz nah bei seinen Menschen am Sofa liegen darf. Der Deutsch Kurzhaar ist aufmerksam, offen, entschlossen, fröhlich und leicht erziehbar – er lernt schnell und alles, was man von ihm verlangt. Er liebt Kinder und ist ein wunderbarer Spielhund, Begleiter und Freund, niemals hinterlistig oder launisch. Aber er eignet sich überhaupt nicht zur Haltung in einer Wohnung oder in der Stadt. Dieser Hund ist voller Temperament und Energie und braucht sehr viel Bewegung – und eben seine Bewegung macht die Schönheit dieser Rasse aus: Sein raumgreifender Tritt ist charakteristisch für den Deutsch Kurzhaar. In der Stadt kann er hyperaktiv werden und außer Kontrolle geraten und verliert an Würde und Intelligenz. Man muß nicht unbedingt ein Jäger sein, um den Deutsch Kurzhaar zu halten, aber man muß lange Spaziergänge, Unterordnungsübungen und Herausforderungen lieben. Man kann von keinem Deutsch Kurzhaar erwarten, seine ursprünglichen Eigenschaften auf Beton und in engen Lebensbedingungen zu behalten.

DEUTSCHER LANGHAARIGER VORSTEHHUND

Größe	Rüde 63–66 cm, Hündin 60–63 cm
Gewicht	ca. 22–32kg
Fell	etwa 3,5cm lang, flach und eng anliegend, hart, mit dichter Unterwolle
Farbe	braun mit oder ohne weiße Abzeichen, Braunschimmel, Hellschimmel, Forellentiger
Preis	€ 500

Fellpflege

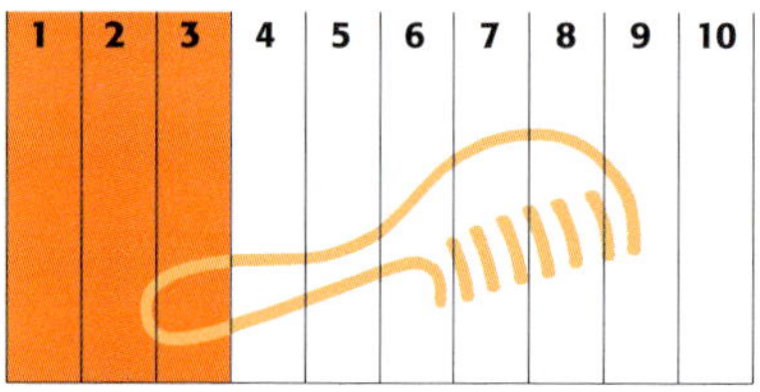

Benötigter Auslauf

Für Stadtwohnung ungeeignet

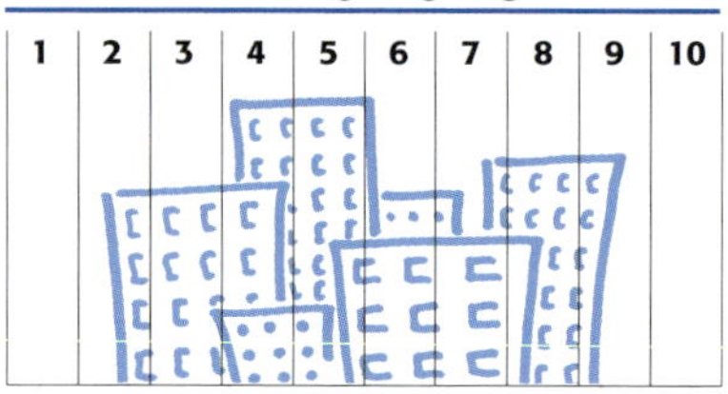

Häufige Krankheiten

selten Hüftgelenksdysplasie

Für Fortgeschrittene

DER DEUTSCHE LANGHAARIGE VORSTEHHUND ist ein hervorragender »Allround«-Jagdhund mit Schwerpunkt Wald und Wasser, und was den Deutsch-Langhaar-Verband betrifft, so soll er dies in aller Ausschließlichkeit auch bleiben. Er ist keineswegs eine langhaarige Variante von Deutsch Drahthaar oder Deutsch Kurzhaar, sondern eine eigenständige Rasse. Außerhalb Deutschlands ist er kaum bekannt, dabei ist er ein außerordentlich vielseitiger, kälteunempfindlicher Hund von großer Schnelligkeit und Ausdauer und einer hervorragenden Nase. Er ist völlig ungeeignet für ein Leben in der Stadt: Er wurde zur Jagdarbeit gezüchtet und kann seine hervorragenden Eigenschaften auch nur auf dem freien Feld entwickeln. Der Deutsch Langhaar ist ruhig und besonders geeignet zur Nachsuche. Er ist ausgesprochen freundlich – die strenge Zuchtordnung des Deutsch Langhaars verbietet jegliche Aggressivität gegenüber Menschen oder anderen Hunden: Er soll sich im Rudel normal verhalten, tut er das nicht, wird er als »nicht wesensfest« ausgemustert.

Größe	55–65 cm
Gewicht	28–35 kg
Fell	wetterfest, dicht; stockhaarig oder langstockhaarig
Farbe	schwarz und grau einfarbig oder mit hellen oder braunen Abzeichen; schwarz mit regelmäßigen brauen, gelben bis hellgrauen Abzeichen
Preis	€ 700 – 1000

Fellpflege

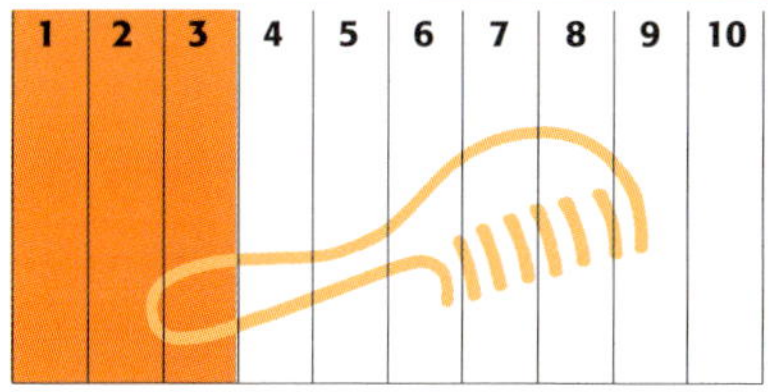

Benötigter Auslauf

Für Stadtwohnung geeignet

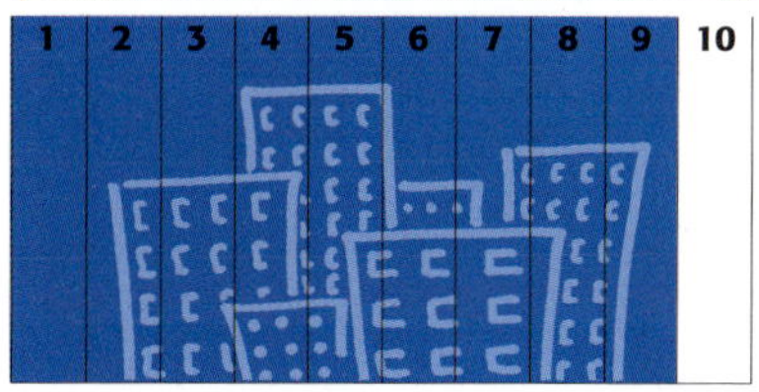

Häufige Krankheiten

Hüfgelenksdysplasie, Panostitis, Epilepsie, Allergien, Pannus

Für Fortgeschrittene

DER DEUTSCHE SCHÄFERHUND ist einer der beliebtesten Hunde der Welt. Retter in der Not, aus Lawinen und Feuersbrünsten, Helfer der Behinderten, Polizeihund, Kriegshund, Drogenhund, Hirtenhund, Star aus Film und Fernsehen – seine verschiedenen Berufe würden Seiten füllen. Seine wichtigste Charaktereigenschaft ist Anpassungsfähigkeit. Idealerweise ist er zuverlässig, selbstbewußt, kühn, folgsam, treu und ausgeglichen. Er darf niemals nervös oder schüchtern sein. Ein Züchter, der auch nur einen Hund dieser Art anbietet, ist zu meiden. Ein nervöser Schäferhund ist potentiell wirklich gefährlich. Einem ausgeglichenen Schäferhund dagegen kann man beinahe alles beibringen – leider bringen ihm viele Besitzer vor allem gerne Schärfe bei. Der Schäferhund ist instinktiv wachsam und beschützt seine Familie hervorragend; er muß nicht extra zum Schutzhund ausgebildet werden. Als wohlerzogener Familienhund ist der Schäferhund so ideal, wie man sich seinen Hund nur wünschen kann: Intelligent und aufmerksam, vorsichtig mit Fremden, aber niemals hinterlistig, loyal und treu seiner Familie gegenüber, tolerant gegenüber anderen Tieren. Er ist ein Arbeitshund; ohne viel Auslauf und tägliche Übungen und Aufgabenstellungen wird er nicht glücklich. Der Schäferhund braucht einen Herrn, der so klug und fähig ist, wie er selbst – alles andere wäre an diesem Hund reine Verschwendung.

DEUTSCHER SPITZ

Größe	Wolfsspitz: 50 cm; Großspitz: 46 cm; Mittelspitz: 34cm; Kleinspitz:26 cm; Zwergspitz: 20 cm
Gewicht	Wolfsspitz: Rüde 22 kg, Hündin 18 kg; Mittelspitz: 8–10 kg; Kleinspitz 5–6 kg; Zwergspitz 2,5 kg
Fell	üppig am ganzen Körper, kurz an Fang, Ohren, Pfoten
Farbe	Wolfsspitz: silbergrau mit schwarzen Schattierungen; Großspitz: weiß, braun oder schwarz; Mittel- und Kleinspitz: weiß, braun, schwarz, orange, grau gewolkt; beim Zwergspitz alle Farben zulässig
Preis	€ 800

Fellpflege

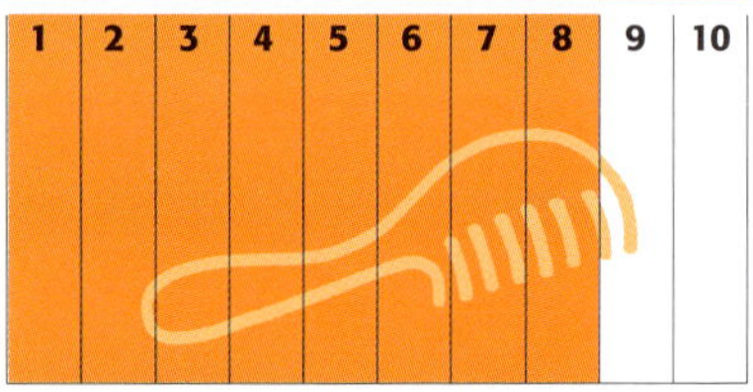

Benötigter Auslauf

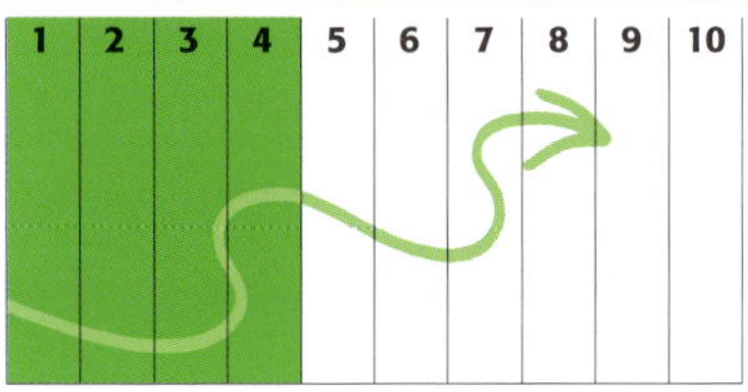

Für Stadtwohnung geeignet

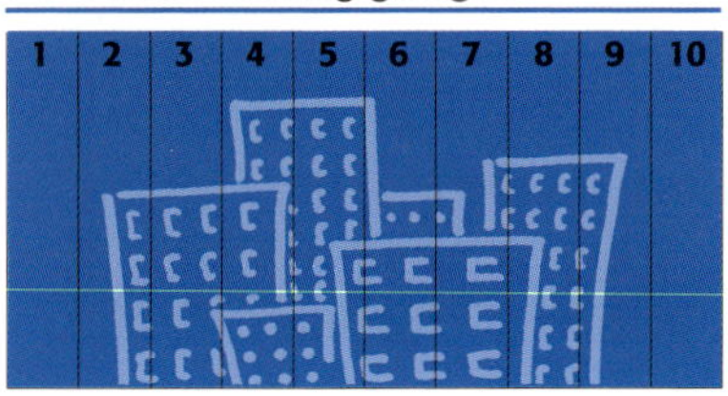

Häufige Krankheiten

keine

Für Anfänger geeignet

DER SPITZ ist ein Klassiker. Er war schon beliebt in der Steinzeit, war später der klassische Bauernhund und wurde schließlich der Modehund der 50er Jahre. Danach wurde ihm von irgendwelchen Exoten der Rang abgelaufen, er mußte sich den Ruf eines unaufhaltsamen Kläffers gefallen lassen, und verschwand vor lauter Gram fast vollständig.

Dabei ist der Spitz in jeder Größe der ideale Begleithund überhaupt. Er ist völlig unkompliziert, lebhaft, absolut anpassungsfähig und sehr fixiert auf seine Menschen. Er hat überhaupt keinen Jagdtrieb und verträgt sich mit allen anderen Tieren, ist, sofern er mit Kindern aufwächst, ein hinreißender Babysitter, der sich alle Verkleidungen gefallen und Stifte in die Nase stecken läßt, und hat zu alledem auch noch einen fabelhaften Humor. Der Spitz ist ein guter Wachhund und Fremden gegenüber sehr reserviert, aber nicht aggressiv. Seine Kläfflust läßt sich bei frühzeitiger Erziehung gut kontrollieren. Der Spitz ist hochintelligent und läßt sich leicht erziehen oder Kunststücke beibringen – Zwergspitze sind immerhin beliebte Zirkushunde. Er ist ein Frühjahr-, Herbst- und Winterhund und im Sommer wegen seines dichten Fells die meiste Zeit nicht wirklich zu gebrauchen. Dieses prachtvolle Fell muß regelmäßig gebürstet werden, ist davon abgesehen aber praktisch selbstreinigend.

DEUTSCHER WACHTELHUND

Größe	45–54 cm
Gewicht	ca. 20 kg
Fell	kräftig, dicht, wellig, flach anliegend, glänzend
Farbe	braun und Braunschimmel
Preis	€ 500

DER DEUTSCHE WACHTELHUND ist ein Waldgebrauchshund mit ausgezeichnetem Spürsinn, ein kleiner Gebrauchshund für Wald und Wasser. Er ist, wie man das in der Jäger-Fachsprache nennt, ein »griffsicherer Würger« und ziemlich heftig und scharf bei der Jagd. Er ist ausgesprochen mutig, widerstandsfähig und zäh. Der Deutsche Wachtelhund folgt seinem Herrn, ist aber ein so ausgesprochener Jagdhund, daß er sich um gesellschaftliche Schliffe wenig schert und eignet sich daher nicht zum Begleithund: Dieser Hund will arbeiten. Und so soll das auch bleiben.

Fellpflege

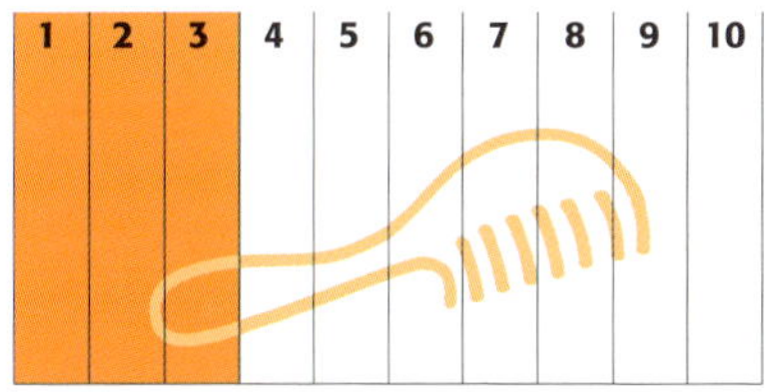

Benötigter Auslauf

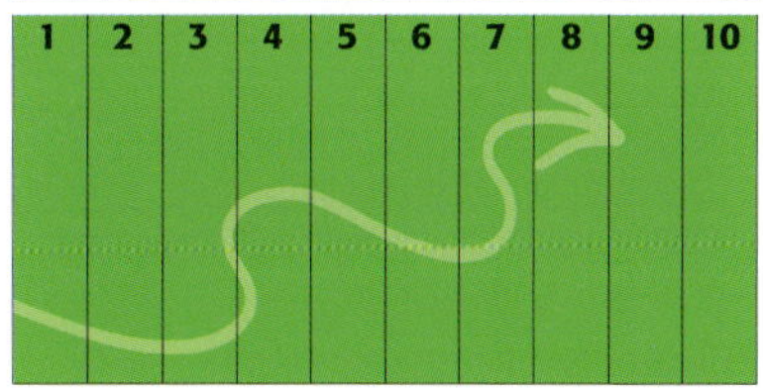

Für Stadtwohnung ungeeignet

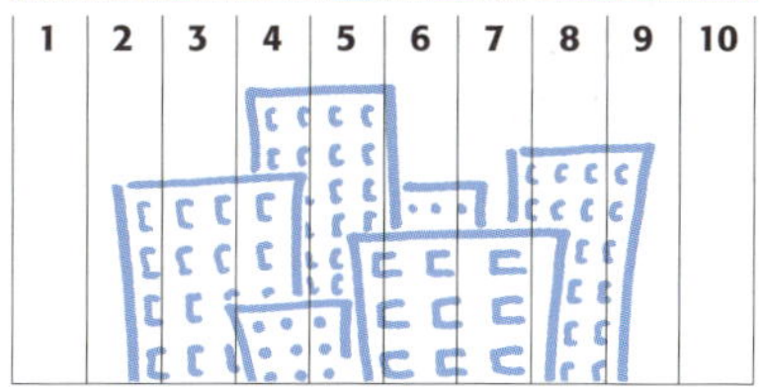

Häufige Krankheiten

keine

Für Fortgeschrittene

DOBERMANN

Größe	Rüde 68–72 cm, Hündin 63–68 cm
Gewicht	30–40 kg
Fell	kurz, hart und dicht, fest anliegend, glänzend
Farbe	schwarz, blau oder rot; mit scharf abgegrenztem lohfarbenem Brand
Preis	ab € 1000

Fellpflege

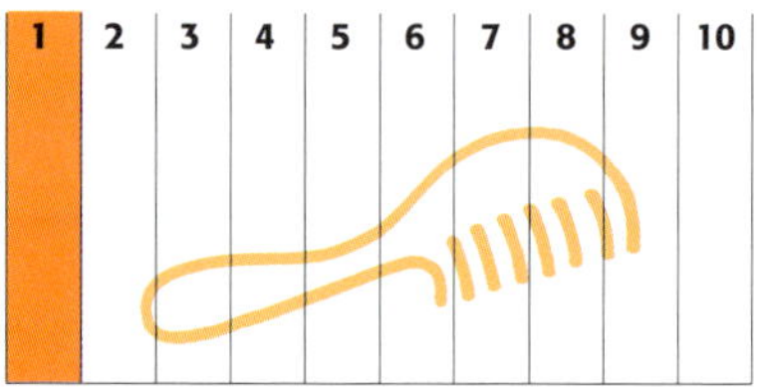

Benötigter Auslauf

Für Stadtwohnung geeignet

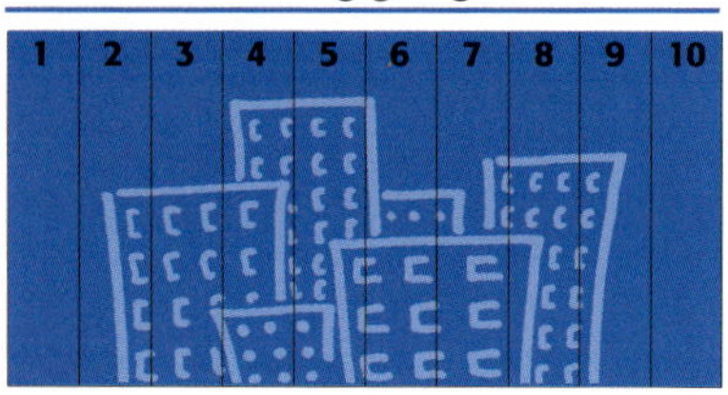

Häufige Krankheiten

Wobbler-Syndrom, Herzerkrankungen

Für Fortgeschrittene

DER DOBERMANN ist einer der wenigen Hunde, dessen Geschichte man genau kennt. 1860 begann der Hundefänger und Abdecker Louis Dobermann aus Apolda, einen scharfen, mannfesten Haus- und Hofhund zu züchten. Das Ergebnis war ein hervorragender Wachhund von edler, aristokratischer Erscheinung, mit dem nicht zu spaßen war. Mittlerweile ist er ein milder und gut zu handhabender Familienhund, ohne dabei seinen natürlichen Schutzinstinkt eingebüßt zu haben. Der Dobermann ist ein sehr aktiver Hund, der lange, lange Spaziergänge braucht, um ausgeglichen und glücklich zu sein. Es gibt ungeheure Mythen über diesen Hund, er sei ein sanfter, liebevoller, zuverlässiger Haushund – oder ein geborener Killer. Die Wahrheit liegt, wie so oft, in der Mitte. Er kann tatsächlich sehr nervös sein. Er ist tatsächlich sehr intelligent und läßt sich leicht erziehen von jemandem, der weiß, was er tut. Und er kann tatsächlich und ohne weiteres sehr scharf und äußerst gefährlich sein. Der wunderschöne und ausgesprochen loyale Dobermann ist wirklich kein Hund für Anfänger; für die ist er viel zuviel Hund: Er ist hochsensibel und paßt sich absolut seiner Lebenssituation an – lebt er in einem gereizten Umfeld, wird er es auch, gehört er einer verspielten Person, ist der Dobermann es auch. Er verträgt keine Ungerechtigkeiten und darf absolut nie geschlagen werden. Wer mit diesem Hund die Verantwortung bewußt annimmt, bekommt mit dem Dobermann einen hochinteressanten Arbeitshund.

ENGLISCHE BULLDOGGE

Größe	30–35 cm
Gewicht	23–25 kg
Fell	kurz, fein, glänzend
Farbe	alle Farben zulässig außer schwarz und schwarz-lohfarben
Preis	€ 1500

DIE ENGLISCHE BULLDOGGE wurde etwa Anfang des 13. Jahrhunderts für den Tierkampf mit dem Bullen gezüchtet – daher ihr Name, und daher ihre Form: Der kurze Fang mit dem breiten Unterkiefer war notwendig, um sich schraubstockartig an die Nase des Bullen hängen zu können; die zurückliegende Nase mußte sein, damit der Hund noch atmen konnte, wenn er sich in den Bullen verbissen hatte. Trotz ihrer unangenehmen Geschichte ist die Bulldogge heutzutage ein freundlicher, sehr liebenswerter Hund, betet ihre Familie an und ist hinreißend im Umgang mit Kindern. Sie gibt ihre Liebe wirklich gründlich und wird niemals müde, sich mit Menschen zu beschäftigen. Mit anderen Tieren kommt die Bulldogge gut aus, allerdings kann sie ausgesprochen futterneidisch sein und wird daher am besten fern anderer Tiere allein gefüttert. Als Welpe verspielt und temperamentvoll, wird sie ein ruhiger, würdevoller Erwachsener, deren Spaziergänge – die sie braucht und fordert – mehr ein Spazier*schlendern* sind. Für Leute, die von ihrem Hund absoluten Gehorsam fordern, ist die Bulldogge der falsche Hund – es ist allerdings nicht wahr, daß Bulldoggen langsamer denken, als andere Hunde: sie denken nur alles sehr gründlich durch. Die Englische Bulldogge ist kein bellender Wachhund, aber wenn ihre Familie bedroht wird, ist sie plötzlich erstaunlich beweglich. Sie sabbert, schnarcht unbeschreiblich und neigt dazu, Luft zu schlucken, was im geschlossenen Raum fatale Folgen haben kann. Niemals darf dieser Hund im warmen Auto gelassen werden; Bulldoggen vertragen Hitze nur sehr schlecht.

Fellpflege

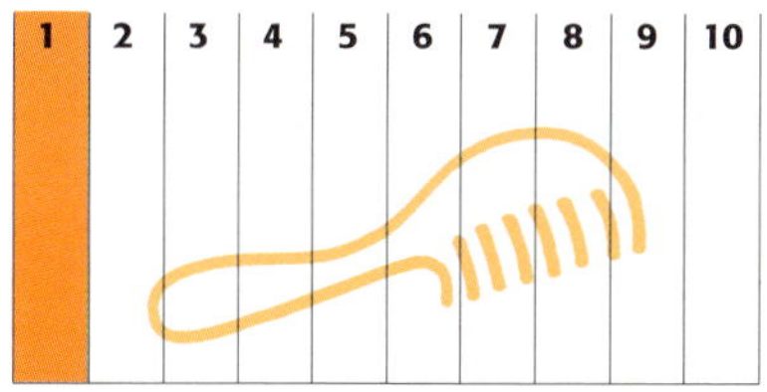

Benötigter Auslauf

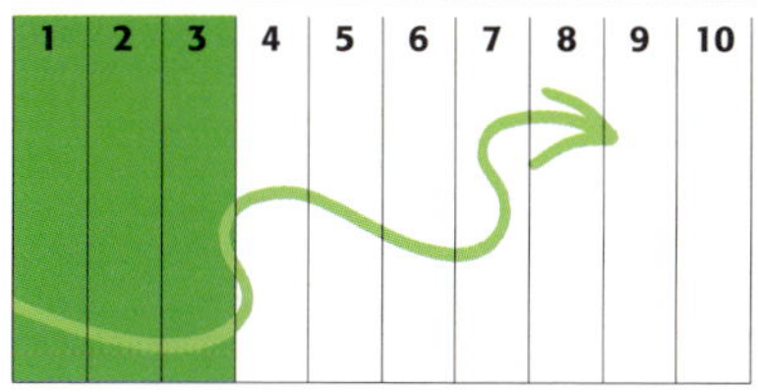

Für Stadtwohnung geeignet

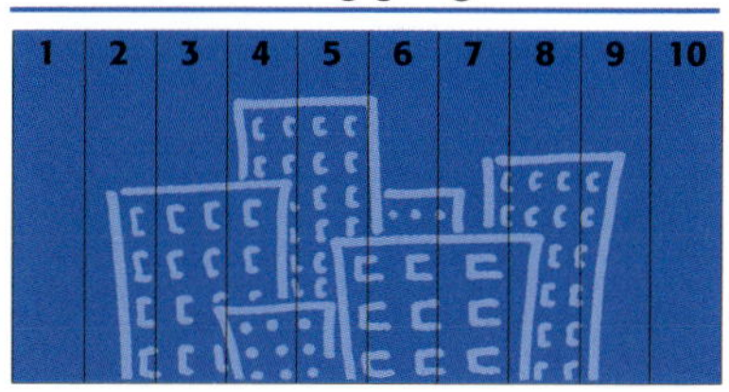

Häufige Krankheiten

Hautprobleme, Atemwegsprobleme, Herzkrankheiten, Herzinfarkt, Ektropium, Entropium

Für Anfänger geeignet

ENGLISCHER COCKER SPANIEL

Größe	39,5–41 cm
Gewicht	12,7–14,5 kg
Fell	mittellang, glatt, seidig, nicht gewellt, Läufe, Brust und Ohren gut befedert
Farbe	verschiedene Farben zulässig, z.B. rot, weiß-orange, schwarz, lohfarben, Blauschimmel
Preis	ab € 750

Fellpflege

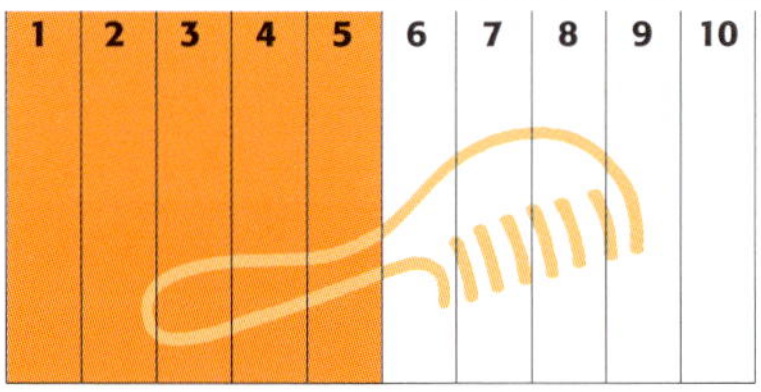

Benötigter Auslauf

Für Stadtwohnung geeignet

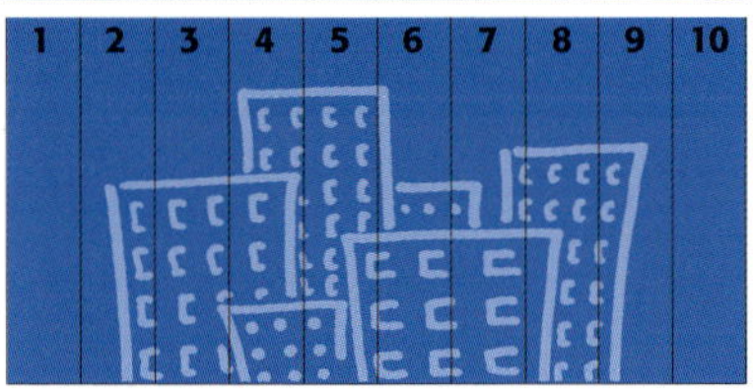

Häufige Krankheiten

Cockerwut bei roten Hunden, Ohrenkrankheiten, Grauer Star, Retinaatrophie, Nephropathie

Für Anfänger geeignet

DER ENGLISCHE COCKER SPANIEL ist ein hinreißender Hund und das muß der Grund sein, warum er so beliebt ist. Und das hat er auch verdient: Früher ein Stöberhund für die Schnepfenjagd, ist er heute hauptsächlich noch Begleithund, fröhlich, lebhaft, neugierig und verspielt, sportlich und gehorsam. Er gehorcht dabei nicht aus Dienstbarkeit, sondern aus Ideengemeinschaft mit seinem Herrn. Er hat eine hervorragende Nase und ist mit seiner permanent wedelnden Rute gerne in Bewegung, weshalb er am besten zu aktiven Besitzern paßt, die viel mit ihm spazieren oder wandern gehen und ihn Abenteuer bestehen lassen. Der Cocker Spaniel hat als echter Engländer einen wunderbaren Sinn für Humor bis hin zur Albernheit und ist für jeden Blödsinn zu haben. Seine Sensibilität macht ihn zu einem interessanten Hund, der es seinem Herrn immer recht machen möchte und sich leicht erziehen läßt, daher aber mit sanftem Nachdruck und niemals mit Schärfe erzogen werden soll. Zu lange alleingelassen, wird dieser energiegeladene Hund leicht destruktiv. Als guter Wächter hat er die Anlage zum Kläffer, was sich aber normalerweise mit entsprechender Erziehung gut in den Griff bekommen läßt.

Größe	Rüde 63–68,5cm, Hündin 60–63cm
Gewicht	20–30kg
Fell	leicht gewellt, lang und seidig
Farbe	weiß mit orangen Flecken, schwarz und weiß, weiß mit schwarzen oder blauen Flecken, weiß und kastanienbraun, deifarbig (schwarz, weiß und lohfarben)
Preis	€ 900

Fellpflege

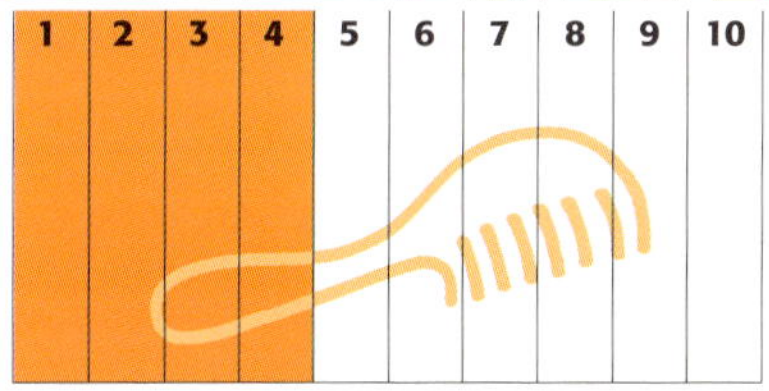

Benötigter Auslauf

Für Stadtwohnung ungeeignet

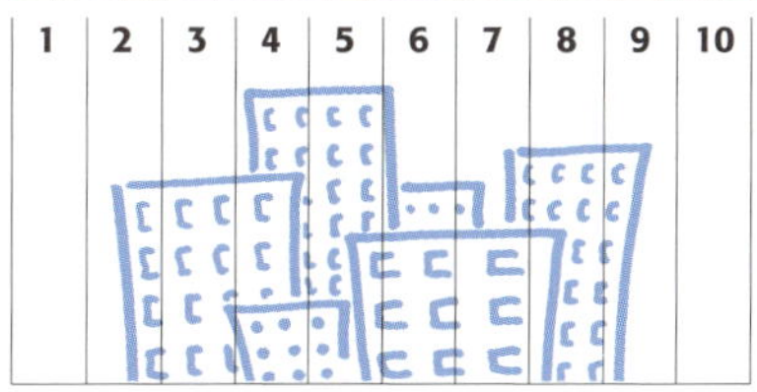

Häufige Krankheiten

selten Hüftgelenksdysplasie

Für Fortgeschrittene

DER ENGLISCHE SETTER ist der sanfteste und gleichzeitig schnellste der drei Setter. Er ist absolut kein dekorativer Wohnungstrottel, sondern einer der ältesten Vorstehhunde, unermüdlich, kräftig und bewegungfreudig. Gleichzeitig ist der Englische Setter ein unvergleichlicher Familienhund: liebevoll und loyal, geduldig und unerschütterlich mit Kindern, erwartet allerdings auch sehr viel Liebe und Aufmerksamkeit von seiner Familie. Er verträgt sich ohne weiteres mit anderen Tieren oder Fremden. Er kann dabei eigenwillig sein und muß früh und konsequent erzogen werden, allerdings mit viel Geduld und Überzeugung: der Englische Setter verträgt keine harte Hand. Er ist wie alle Setter am glücklichsten in nächster Nähe zu seinen Menschen und verzweifelt, wenn er den ganzen Tag allein gelassen wird.

Wegen seiner Liebenswürdigkeit und seiner Schönheit ist der Englische Setter sehr populär, allerdings sollte niemand, der sich für diese Rasse interessiert, vergessen, daß dieser Hund ausgesprochen viel Auslauf braucht und deshalb in der Stadt nicht auf seine Kosten kommen kann: Er braucht stundenlange Spaziergänge und Beschäftigung, und das ist in der Stadt sehr kompliziert. Sogar der milde, hinreißende Charakter des Englischen Setters kann sich negativ verändern, wenn seine eigentliche Natur nicht zur Geltung kommen darf. Er ist ohne Zweifel ein stilvoller, atemberaubend schöner Hund. Ein Wohnungshund ist er genauso zweifellos nicht.

ENGLISH SPRINGER SPANIEL

Größe	50 cm
Gewicht	22–24 kg
Fell	mittellang ohne Übertreibung, dicht, glatt, wasser- und wetterfest, seidig, glänzend
Farbe	schwarz-weiß, braun-(leberfarben-)weiß, rotbraun-weiß
Preis	€ 850 – 1000

Fellpflege

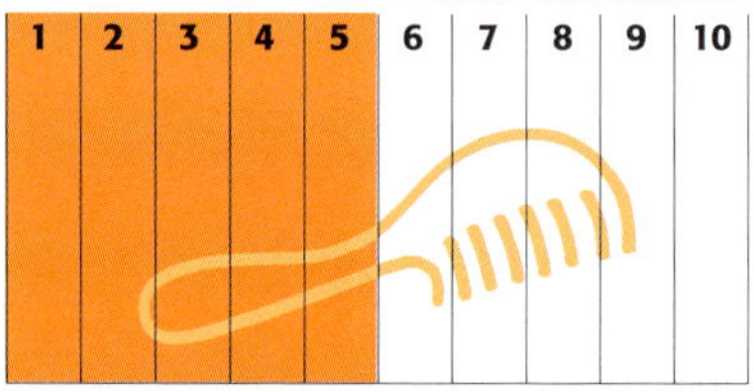

Benötigter Auslauf

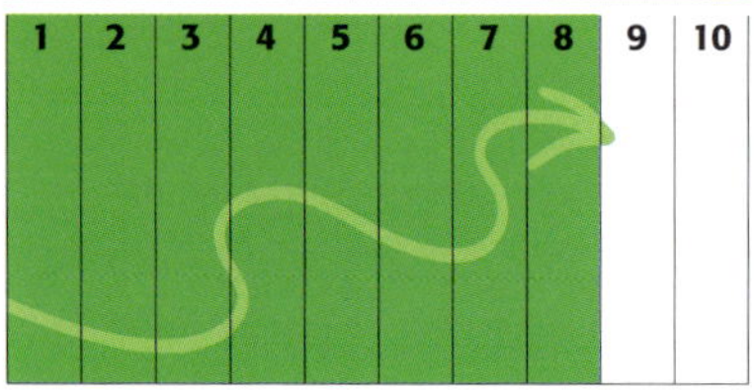

Für Stadtwohnung geeignet

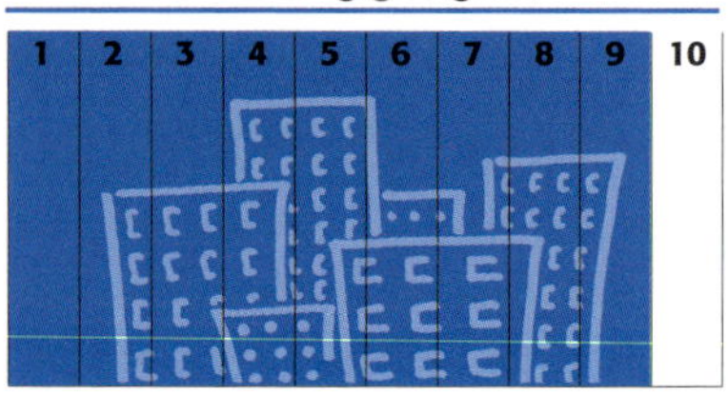

Häufige Krankheiten

Hüftgelenksdysplasie, Retinaatrophie, Ohreninfektionen, Allergien

Für Anfänger geeignet

DER ENGLISCHE SPRINGER SPANIEL ist einer der wenigen Hunde, der so nett ist, wie er aussieht. Liebevoll, anhänglich, gutmütig und ehrlich, ist er ein wundervoller Hund für Kinder, ein fröhliches, verspieltes, schwanzwackelndes Energiebündel. Obwohl er sich einem ruhigeren Stadtleben gut anpassen kann, darf man nicht vergessen, daß der Springer Spaniel immer noch ein guter Jagdhund ist – einer der ältesten englischen Stöberhunde nämlich, von dem alle Jagdspaniels abstammen. Er liebt Wasser und Apportieren, am wichtigsten ist ihm allerdings seine Familie, und er läßt sich daher leicht erziehen. Wenn er schon keinen Garten bekommt, braucht er wenigstens lange Spaziergänge. Normalerweise zurückhaltend mit Fremden, kann der Springer Spaniel ein guter Wachhund werden. Läßt man ihn allerdings viel allein, wird er leicht destruktiv.

ENTLEBUCHER SENNENHUND

Größe	40–50cm
Gewicht	25–30kg
Fell	kurz, dicht, anliegend, hart und glänzend
Farbe	schwarz mit gelben bis rötlichen Brandzeichen über den Augen, an den Backen und Läufen; außerdem regelmäßige weiße Abzeichen an Kopf, Hals, Vorderbrust und Pfoten
Preis	€ 950

DER ENTLEBUCHER SENNENHUND stammt aus den Tälern der kleinen Emme und der Entlen im Kanton Luzern und kommt aus einfachen Verhältnissen: Er war ein Bauernhund, der immer noch großes Ansehen als Ordnungshüter der Viehherden genießt. Als ausgesprochen wendiger Hütehund kann er rechtzeitig vor den Rindern fliehen, die er nämlich unaufhörlich in die Sprunggelenke beißt, um sie zum Gehorsam zu zwingen.

Der Entlebucher ist sehr anpassungsfähig und läßt sich dementsprechend notfalls auch in der Stadt halten, solange man wirklich für genügend Auslauf und Beschäftigung sorgt: Er ist ausgesprochen lebhaft, amüsant und sehr intelligent. Sich selbst überlassen, denkt er sich allen möglichen Kokolores aus, weil er sich langweilt. Der Entlebucher ist ein wunderbarer Kinderhund, wenn er mit ihnen aufgewachsen ist, ausgesprochen geduldig und liebenswürdig, und ein fabelhaftes Kindermädchen, der die ihm anvertrauten Kinder fabelhaft verteidigt. Er ist überhaupt ein sehr guter Wächter, läßt sich mit gerechter, konsequenter und freundlicher Hand leicht und gerne erziehen. Jede Form von Arbeit und Beschäftigung ist diesem Hund willkommen, also auch Unterordnung. Der Entlebucher Sennenhund ist verhältnismäßig selten, aber das ist, wie für alle Rassen, nur gut für ihn.

Fellpflege

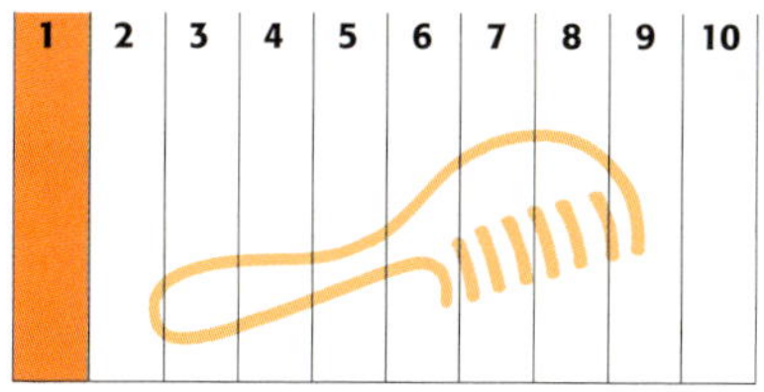

Benötigter Auslauf

Für Stadtwohnung geeignet

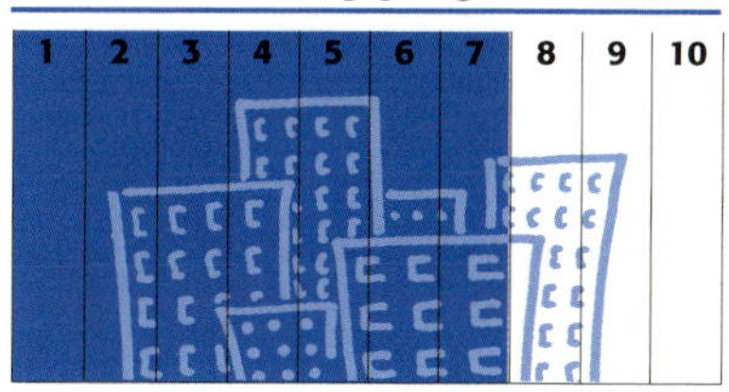

Häufige Krankheiten

keine

Für Anfänger geeignet

EURASIER

Größe	48–60cm
Gewicht	18–32kg
Fell	üppig, mittellang, lose anliegend, mit dichter Unterwolle
Farbe	jede Schattierung von rot bis wolfsgrau, schwarz, schwarz-lohfarben
Preis	€ 950

Fellpflege

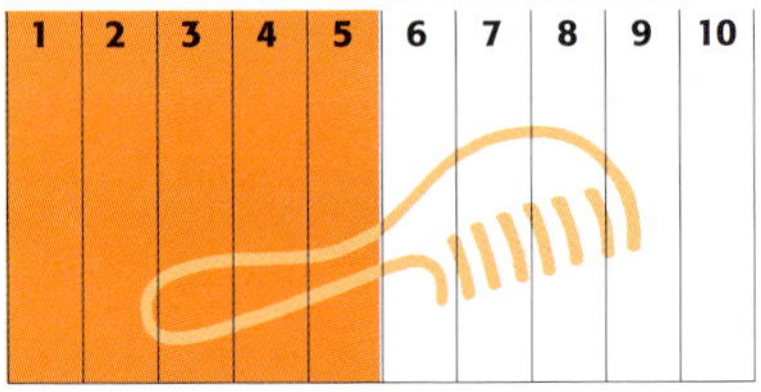

Benötigter Auslauf

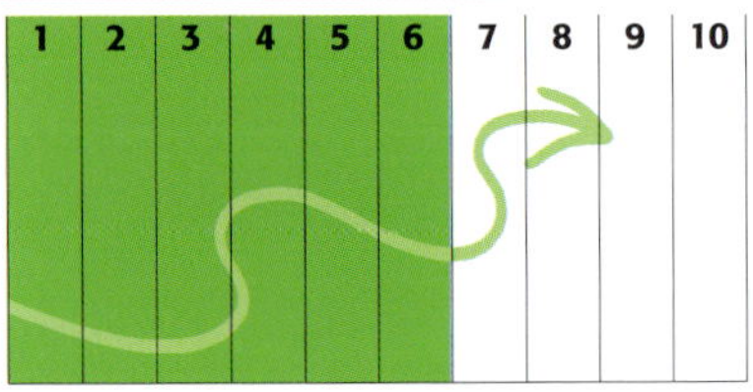

Für Stadtwohnung geeignet

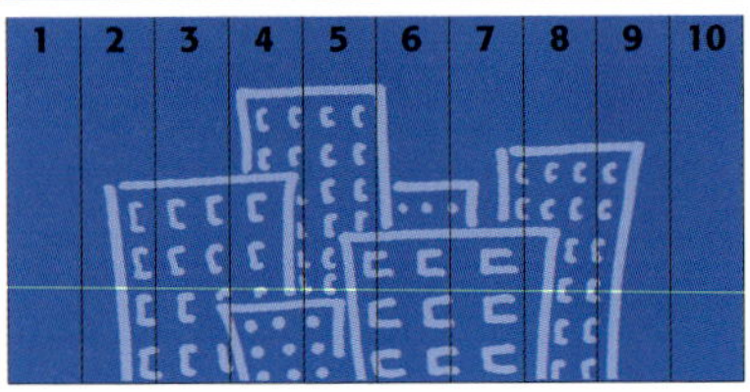

Häufige Krankheiten

keine

Für Anfänger geeignet

DER EURASIER ist eine deutsche Neuzüchtung und geht auf einen einzigen Züchter zurück namens Julius Wipfel: Er kreuzte Chow Chow, Wolfsspitz und schließlich Samojeden, um einen idealen und wunderschönen Haushund zu bekommen. Der Eurasier liebt Kinder, ist ausgesprochen freundlich, sensibel und liebevoll, braucht allerdings dementsprechend auch viel Ansprache: ganz sicher ist er kein Hund, der einfach im Garten geparkt werden kann. Der Eurasier möchte immer mit dabei sein, ist selbstbewußt, sportlich und braucht dabei aber gleichzeitig nicht unendlich viel Auslauf. Sein Fell ist schmutzabweisend und weniger dicht als das der Hunde, aus denen er gezüchtet wurde, weshalb er trotz seiner Bärenhaftigkeit relativ pflegeleicht ist. Er ist zurückhaltend mit Fremden und ein guter Wachhund, aber ausgesprochen freundlich und interessiert, wenn er den Fremdlingen erst vorgestellt wurde.

FIELD SPANIEL

Größe	46 cm
Gewicht	16–22,5 kg
Fell	relativ lang, reich befedert, dicht, seidig, glänzend
Farbe	immer einfarbig schwarz, leberfarben, goldbraun oder mahagonirot
Preis	€ 800

DER FIELD SPANIEL ist einer der Spaniels mit dem angenehmsten Wesen und dennoch einer der seltensten: Weil er viel schwerer und damit weniger elegant wirkt als Cocker oder Springer Spaniel, haben die meisten Leute noch nie von ihm gehört. Dabei verdient er viel mehr Beachtung als ruhiger, treuer, ergebener und intelligenter Familienhund von großem Sanftmut. Allerdings darf man nicht vergessen, daß er eben ein Jagdspaniel ist, der sehr viel Auslauf und Bewegung braucht und ausgesprochen destruktiv werden kann, wenn er zuviel alleine gelassen wird. Der Field Spaniel ist normalerweise besonders zurückhaltend mit Fremden, weshalb man ihn schon im Welpenalter an Menschen, Krach und neue Geräusche gewöhnen sollte.

Fellpflege

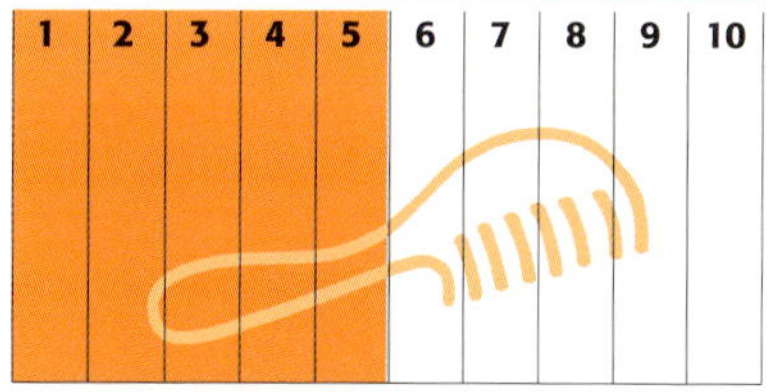

Benötigter Auslauf

Für Stadtwohnung geeignet

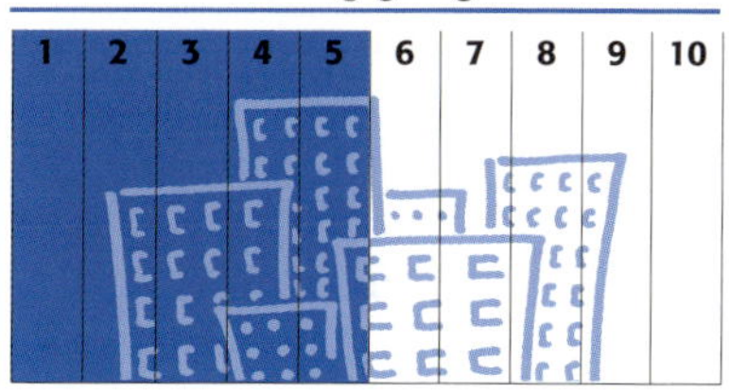

Häufige Krankheiten

Hüftgelenksdysplasie, Retinaatrophie

Für Anfänger geeignet

FLAT-COATED RETRIEVER

Größe	ca. 60 cm
Gewicht	ca. 30–35 kg
Fell	lang, dicht, fein, glatt
Farbe	schwarz oder leberfarben
Preis	€ 1000

Fellpflege

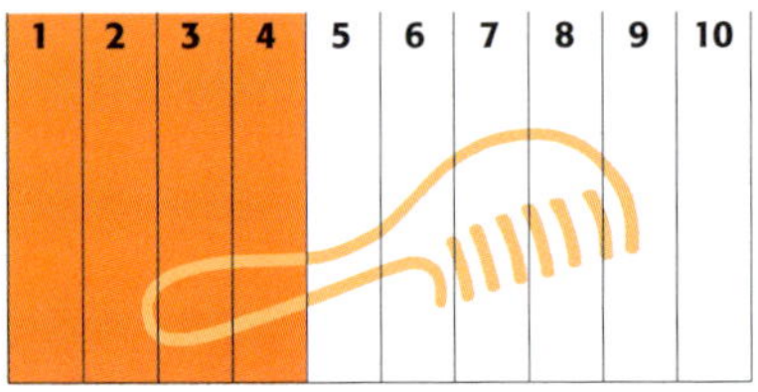

Benötigter Auslauf

Für Stadtwohnung geeignet

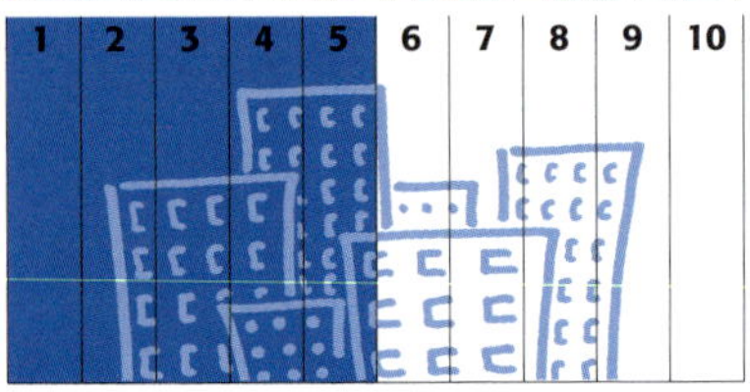

Häufige Krankheiten

Hüftgelenksdysplasie

Für Anfänger geeignet

DER FLAT-COATED RETRIEVER wurde im 19. Jahrhundert in England aus wahrscheinlich Neufundländer und Labrador Retriever gezüchtet. Er ist ein solider, starker, gut bemuskelter Jagd- und Apportierhund mit großartiger Nase, eignet sich aber auch wunderbar zum Familienhund. Er ist hinreißend mit Kindern und liebenswürdig, anhänglich und fröhlich zum Rest der Familie. Der Flat-Coated Retriever eignet sich bedingt zur Haltung in der Stadt, vorausgesetzt, er bekommt wenigstens zweieinhalb Stunden Bewegung am Tag, inklusive Schwimmen, Ballspielen und Stöckeapportieren. Er ist allerdings völlig ungeeignet als Wachhund, weil er einfach alle Menschen unwiderstehlich findet, auch wenn er seinen Herrn anbetet. Aus diesem Grund ist er auch leicht erziehbar – er will lernen und gefallen und liebt es, gelobt und belohnt zu werden. Viel offener und freundlicher als die meisten Jagdhunde, ähnelt er in seiner Menschenliebe dem Golden und dem Labrador Retriever. Sein einziger Fehler mag denn auch seine unbändige Freude über Besuch sein und seine Neigung, alle Leute anzuspringen. Dafür ist er wunderschön, robust und treu.

Größe	39 cm
Gewicht	ca. 8 kg
Fell	Glatthaar: gerade, dicht, kurz, wasserfest, weiche Unterwolle; Drahthaar: dicht, hart, gekräuselt
Farbe	Grundfarbe weiß und immer dominant; mit lohfarbenen, schwarzen oder schwarz-lohfarbenen Abzeichen
Preis	€ 850

DER FOXTERRIER ist einer der energiegeladensten, impulsivsten, lebhaftesten und rauflustigsten von allen Terriern – oder aller Hunderassen überhaupt. Es gibt zwei Sorten Foxterrier: Den Rauh- oder Drahthaarigen und den Kurzhaarigen, die von Kynologen als zwei verschiedene Rassen angesehen werden, sich tatsächlich aber fast nur im Fell unterscheiden. Ein Foxterrier scheint niemals müde zu werden: Seine Mission ist das Spiel, und kein werdender Foxl-Besitzer sollte unterschätzen, wieviel Zeit er von nun an in den nächsten zehn, zwölf Jahren mit Ballspielen verbringen wird. Der Foxterrier liebt seine Familie, ist anhänglich, wachsam, fröhlich und robust. Er ist ein guter Kinderhund, hat allerdings einen sehr stark ausgeprägten Jagdhund-Instinkt und sollte nicht mit Meerschweinchen und anderem Kleinvieh alleine gelassen werden. Foxterrier können überall dort leben, wo Menschen auch leben, brauchen allerdings wirklich viel Auslauf, weil sie mit all ihrer Dynamik sonst absolut unerträglich werden. Sie haben sehr kräftige Kiefer, ein starkes Gebiß und raufen für ihr Leben gern. Der Foxterrier ist überhaupt kein Schoßhund, sondern braucht eine feste Hand und gute Erziehung, die früh beginnt und lange anhält.

Fellpflege

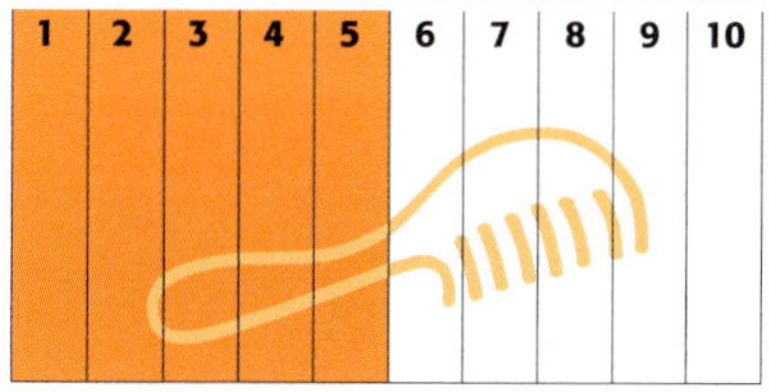

Benötigter Auslauf

Für Stadtwohnung geeignet

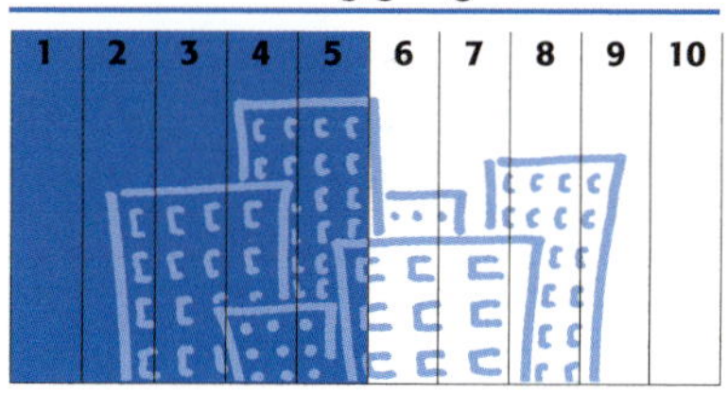

Häufige Krankheiten

Allergien, Ekzeme

Für Fortgeschrittene

FRANZÖSISCHE BULLDOGGE

Größe	30 cm
Gewicht	6–12 kg
Fell	kurz, glänzend ,weich
Farbe	bringé (schwarz und nicht zu dunkel rotgelb gestromt), caille (Grundfarbe weiß, gescheckt)
Preis	€ 950 – 1200

Fellpflege

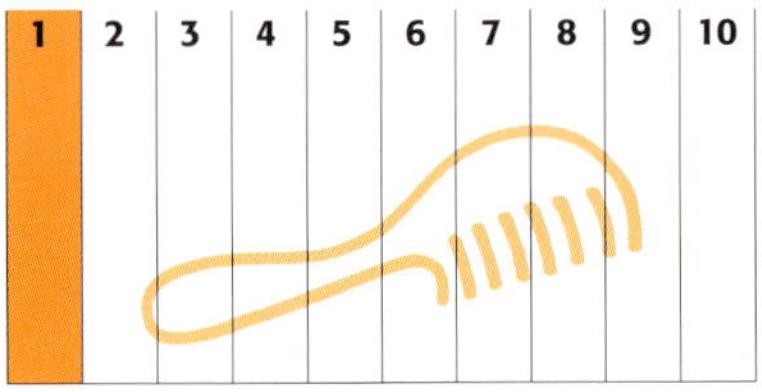

Benötigter Auslauf

Für Stadtwohnung geeignet

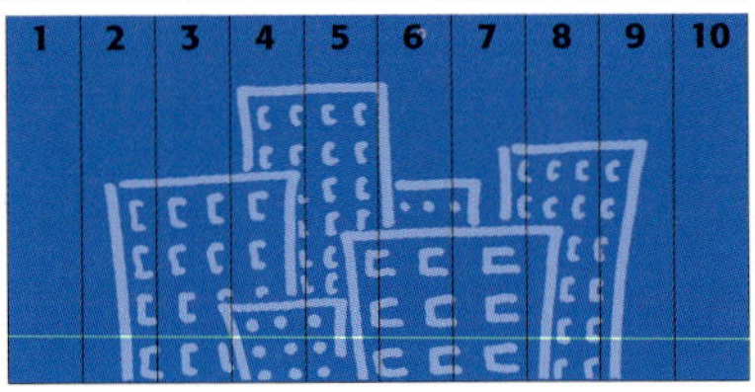

DIE FRANZÖSISCHE BULLDOGGE ist seit dem Ende des 19. Jahrhunderts ein wunderbarer Begleithund. Die Engländer behaupten, die Französische Bulldogge sei eine Miniaturausgabe der viel schwerere Englischen Bulldogge, die den Engländern nicht gefiel und einfach nach Frankreich exportiert wurde; während die Franzosen ihn als französisches Original betrachten. Wes Geistes Kind er auch sei: Wenn es soetwas wie den perfekten Wohnungshund gibt, ist die Französische Bulldogge einer davon. Sie ist ein sauberer, angenehmer Hund, der so gut wie nicht haart, sich leicht erziehen läßt, keine unangenehmen Angewohnheiten hat und nicht viel Auslauf braucht. Die ideale Situation für die Französische Bulldogge ist bei älteren Leuten ohne Kinder oder andere Tiere, mit denen sie sich leicht im Wettbewerb sieht: Die Französische Bulldogge möchte am liebsten im Mittelpunkt aller Aufmerksamkeit und Zuwendung stehen. – Das heißt übrigens nicht, daß diese Rasse sich nicht für Kinder eignet, viele leben durchaus glücklich in »normalen« Familien und passen sich überhaupt den meisten Situationen an. Er macht nicht viel Arbeit, ist aber nicht glücklich ohne Zugang zu seinem Lieblingsmenschen.

Häufige Krankheiten

Atemwegsprobleme, Augenverletzungen

Für Anfänger geeignet

GLEN OF IMAAL TERRIER

Größe	Rüde 35,5 cm, Hündin 33 cm
Gewicht	13–16 kg
Fell	Deckhaar von härterer Struktur, Unterwolle und Haarschopf weich
Farbe	weizenfarben, blau, gestromt
Preis	€ 850

DER GLEN OF IMAAL TERRIER ist sozusagen ein Widerspruch in sich: Zwei Seelen, wohnen – ach! – in seiner Brust, und das fängt schon mit seinem Äußeren an. Er ist in Wirklichkeit ein großer Hund auf kurzen Läufen, ein sensibler, puscheliger Kinderhund, aber gleichzeitig mit der Gebißstärke eines Schäferhundes. Er ist ein echter Terrier, anderen Hunden gegenüber eher aggressiv und raubzeugscharf, was er sich aber bei entsprechender Erziehung tatsächlich abgewöhnen läßt. Er ist wachsam wie alle Terrier und hat gute Instinkte, ist dabei aber überhaupt nicht kläffig – dabei hat er eine so wohltönende, ziemlich tiefe Stimme. Er ist hundertprozentig loyal seiner Familie gegenüber, wird aber immer wieder und sein Leben lang versuchen, die Grenzen auszutesten. Der Glen of Imaal muß deshalb von Anfang an ganz konsequent und gerecht erzogen werden. Auch, wenn er aussieht wie ein hinreißendes Wollknäuel, ist er immer noch ein harter, stoischer Hund mit ausgeprägtem Arbeitsinstinkt, der für die Jagd auf Fuchs und Dachs gezüchtet wurde – aber dabei mit friedlichem Kern.

Fellpflege

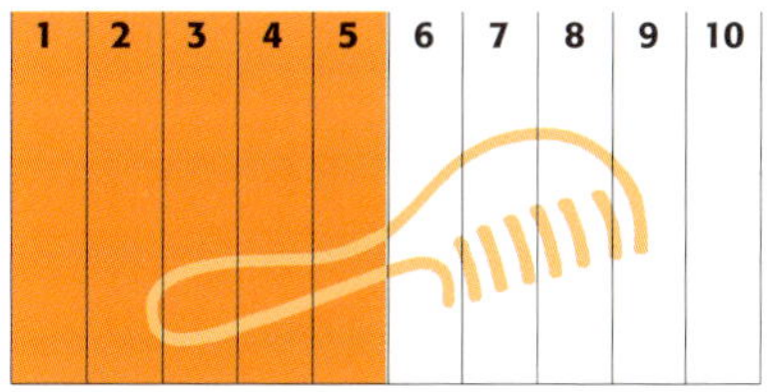

Benötigter Auslauf

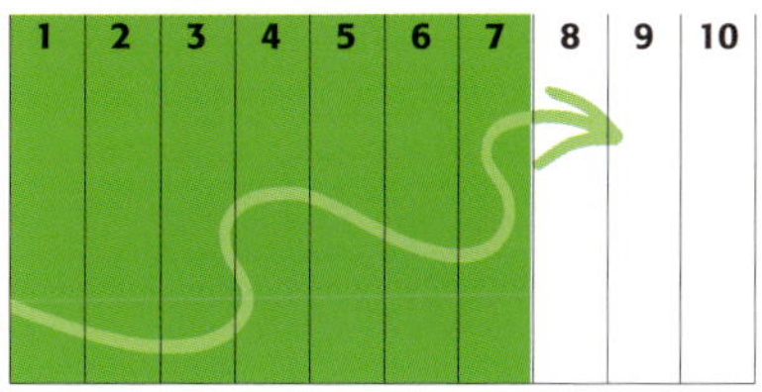

Für Stadtwohnung geeignet

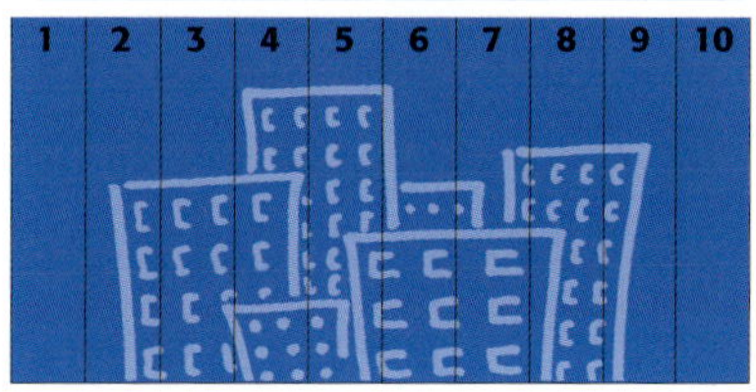

Häufige Krankheiten

keine

Für Anfänger geeignet

GOLDEN RETRIEVER

Größe	Rüde 56–61 cm, Hündin 51–56 cm
Gewicht	Rüde 32–37 kg, Hündin 27–32 kg
Fell	glattes oder leicht gewelltes Deckhaar mit Fransen und wasserdichter Unterwolle
Farbe	alle Goldtöne oder weizenblond; rötliche Töne sind fehlerhaft
Preis	€ 1000

Fellpflege

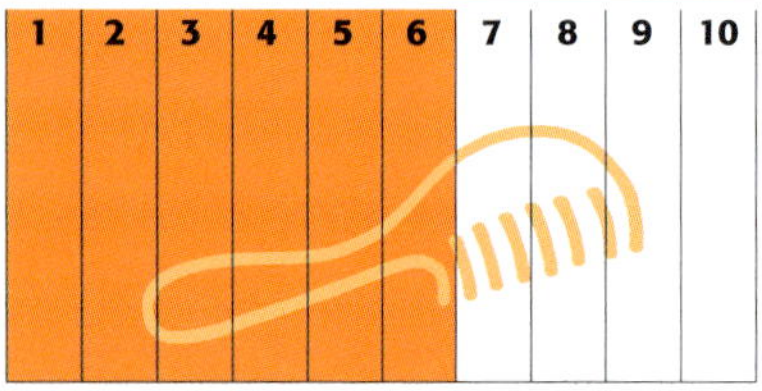

Benötigter Auslauf

Für Stadtwohnung geeignet

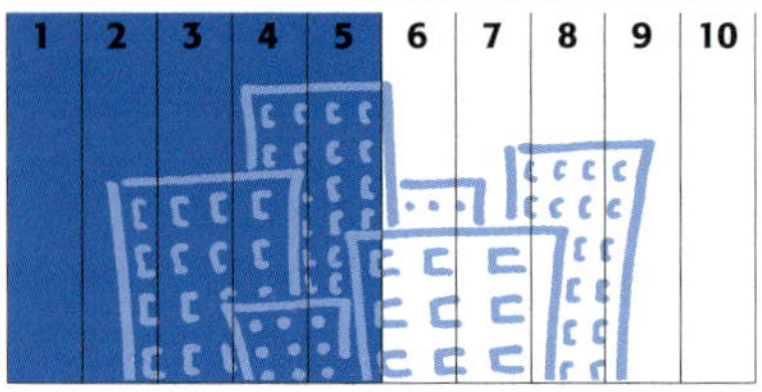

Häufige Krankheiten

Hüftgelenksdysplasie, Knorpeldefekte im Wachstum, Schilddrüsenunterfunktion, fortschreitender Schwund der Netzhaut

Für Anfänger geeignet

DER GOLDEN RETRIEVER ist im Grunde ein wunderbarer Hund. Er ist ein großartiger Jagdhund von hoher Intelligenz mit ausgezeichneter Nase, wetterfest und wie alle Retriever-Rassen ein leidenschaftlicher Schwimmer. Er ist gehorsam, gut erziehbar, liebenswürdig, geduldig mit Kindern und lebt in friedlicher Eintracht mit allen vorhandenen Tieren des Haushalts. Er ist kein Ein-Mann-Hund, sondern ein Hund für die ganze Familie, grundsätzlich Menschenfreund und daher ungeeignet als Schutzhund.

Seine Schönheit und sein angenehmes, sanftes Wesen haben ihn zum beliebten Begleithund gemacht, was mittlerweile auch sein Problem ist. Obwohl er sich an das Stadtleben anpassen kann (er paßt sich an jegliche Umstände an, solange er bei seiner Familie sein kann), ist er eigentlich ein Hund für draußen, der große Mengen Auslauf benötigt – wenigstens zwei Stunden täglich bei jeder Sorte Wetter. Vor Aufgaben gestellt, kann der Golden Retriever ungeahnte Fähigkeiten entwickeln, weshalb er einen hervorragenden Blinden- oder Drogenspürhund abgibt.

Leider haben sich wegen seiner ungeheuren Popularität viele Hundehändler und zweifelhafte Züchter dieser Rasse angenommen, weshalb man immer öfter sehr mangelhafte und ziemlich dämliche Vertreter dieser Rasse antrifft, oder gar Raufer und Beißer, was für Golden Retriever ganz und gar atypisch ist. Golden Retriever soll man unbedingt nur bei reputablen Züchtern erwerben.

Größe	Rüde 66 cm, Hündin 62 cm
Gewicht	Rüde 25–36 kg, Hündin 20–31 kg
Fell	lang, seidig
Farbe	schwarz-lohfarben
Preis	€ 900

DER GORDON SETTER wurde vom vierten Duke of Gordon gegen Ende des 18. Jahrhunderts in Schottland gezüchtet. Es ist kaum zu erklären, warum der Irische und der Englische Setter soviel populärer sind – vielleicht, weil sie bei der Jagd etwas schneller und wendiger sind. Abgesehen davon ist der Gordon Setter ein fast perfekter Begleiter im Feld und im Leben. Man kann ihn unter Umständen in der Stadt halten, allerdings ist er eben ein ziemlich großer Jagdhund und wurde zum Laufen gezüchtet, und damit der typische fließende, kraftvolle Gang mit hocherhobenem Kopf zur Geltung kommt, braucht der Hund Platz. Der Gordon ist normalerweise ruhiger und stabiler als der Irische Setter – solange er genug Auslauf und Beschäftigung hat. »Beschäftigung« bedeutet für Jagdhunde Gehorsams- und Apportierarbeit; Spaziergänge allein lasten ihn nicht aus. Obwohl ein aktiver Hund, ist der Gordon gleichzeitig ausgeglichen, humorvoll, ein guter Wachhund und eignet sich wunderbar zum Familienhund. Er kann einigermaßen stur sein, ist aber gleichzeitig, wie alle Setter, hochsensibel und bedarf früher, geduldiger Erziehung zur Unterordnung. Der Gordon braucht unbedingt menschliche Gesellschaft, allerdings schätzt er den intimen Kreis seines direkten Umfelds und befreundet sich noch lange nicht mit jedem dahergelaufenen Besuch.

Fellpflege

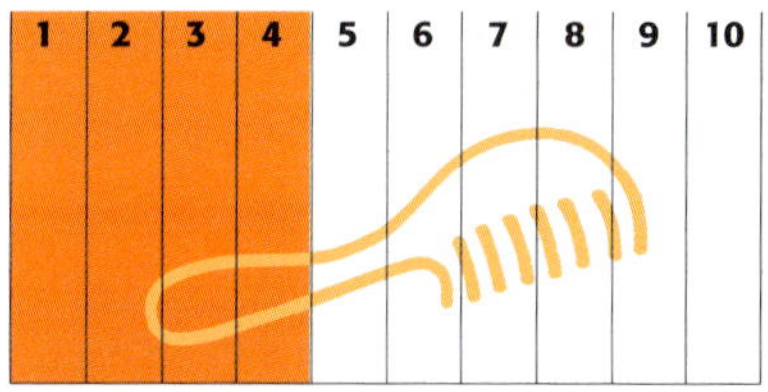

Benötigter Auslauf

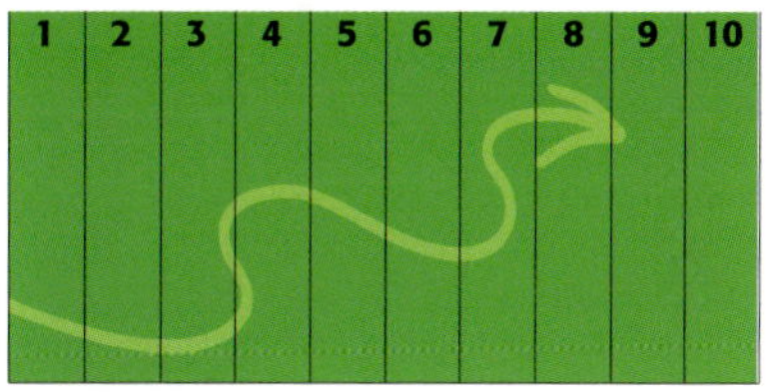

Für Stadtwohnung geeignet

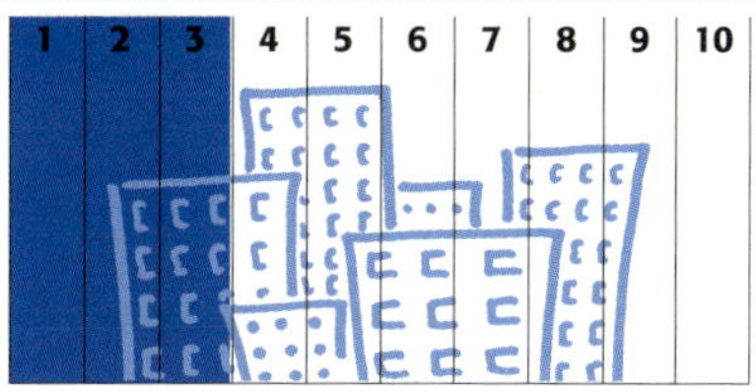

Häufige Krankheiten

gelegentlich Hüftgelenksdysplasie, progressive Retinaatrophie, selten Epilepsie

Für Anfänger geeignet

GREYHOUND

Größe	Rüde 71–78 cm, Hündin 68,5–71 cm
Gewicht	25–30 kg
Fell	kurz, glatt, anliegend
Farbe	alle Farben; mit oder ohne weiße Abzeichen
Preis	€ 950 – 1200

Fellpflege

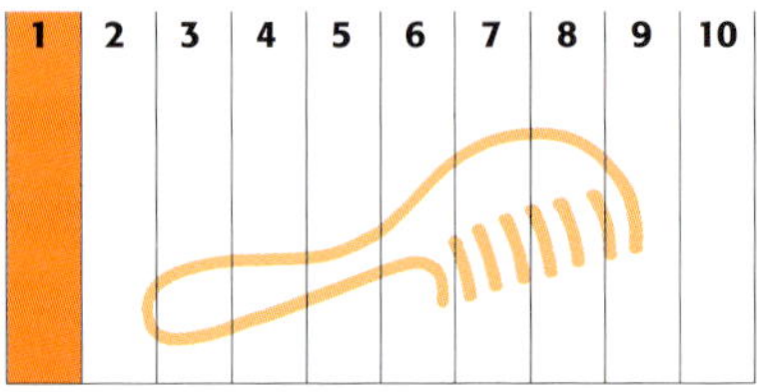

Benötigter Auslauf

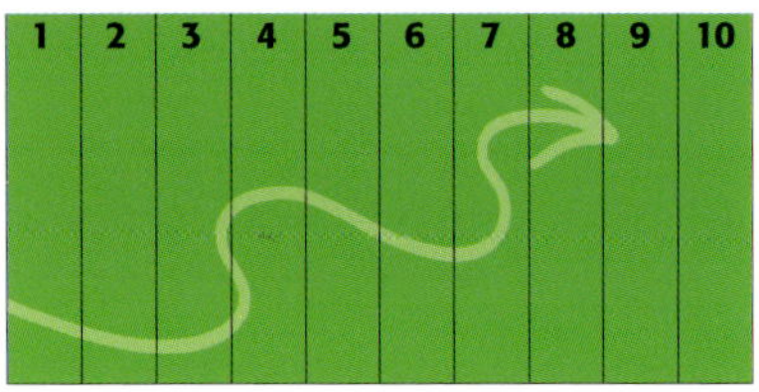

Für Stadtwohnung ungeeignet

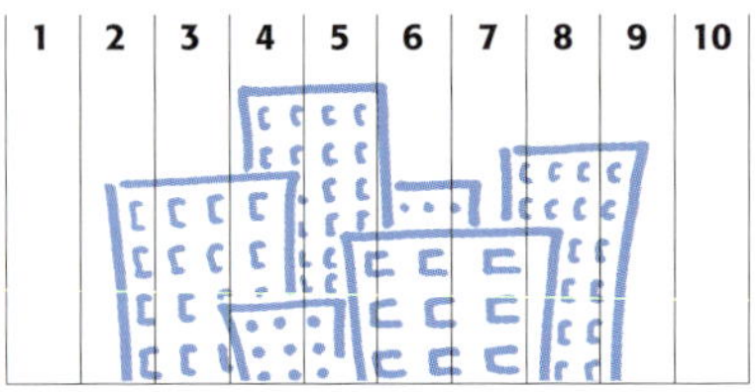

Häufige Krankheiten

keine

Für Fortgeschrittene

DER GREYHOUND kann bis zu 70 km/h erreichen. Er wird seit Tausenden von Jahren dafür gezüchtet, andere Tiere zu jagen, auch wenn es heutzutage hauptsächlich mechanische Kaninchen auf professionellen Rennbahnen sind. Die Grausamkeiten, die mit dieser »Industrie« verbunden sind, sind zu schrecklich, um hier aufgeführt zu werden: Ein trauriges Schicksal für eine herausragende Hunderasse. Greyhounds sind wunderbare Haushunde, weil sie ruhig, freundlich, zurückhaltend und sehr sauber sind, mit einem Fell, das überhaupt keine Pflege benötigt. Andererseits brauchen sie wirklich sehr viel Bewegung, wenigstens 20 km am Fahrrad oder Pferd. Der Greyhound hat einen fabelhaften Sinn für Humor, und es ist wirklich eine Freude, ihn um sich zu haben. Seine Erziehung ist ein Kinderspiel, wenn man weiß, wie. Niemals eigensinnig oder bockig, ist der Greyhound aber hochsensibel, etwas nervös und läßt sich leicht ablenken. Sanfte, geduldige Erziehung zum Gehorsam ist eine hervorragende Möglichkeit, das Selbstbewußtsein dieses hinreißenden Hundes aufzubauen. Er gehört in eine ruhige, aber athletische Familie: Lange, bevor die ersten Pyramiden gebaut wurden, wurde der Greyhound dafür gezüchtet, sich zu bewegen – und das darf man ihm nicht nehmen.

Größe	Rüde ca. 61 cm, Hündin ca. 59 cm
Gewicht	25–29 kg
Fell	lang und dicht, gerade, Kopfhaar kurz und anliegend
Farbe	weiß mit schwarzen Platten oder Tupfen oder schwarz geschimmelt
Preis	€ 500

DER GROSSE MÜNSTERLÄNDER gehört zu den ältesten deutschen Jagdgebrauchshunden und wurde ursprünglich wohl als Habichthund gezüchtet. Er ist ein idealer Allround-Jagdhund, der stöbert, vorsteht und apportiert. Überall einsetzbar, ist er unermüdlich, wetterfest und besonders beliebt wegen seiner scharfen Intelligenz, Spursicherheit und seiner präzisen Apportierfähigkeit. Er ist leicht zu erziehen und scharf gegen Raubzeug und läßt sich auch gut als Wachhund halten. Er ist lebhaft, hochgradig aktiv und arbeitswütig, was ihn zum Leben als müßiggängerischer Stadthund einigermaßen ungeeignet macht, obwohl er ein wunderbarer Familienhund ist, von großer Loyalität, Liebens- und Vertrauenswürdigkeit. Er braucht ausgesprochen viel Bewegung und Beschäftigung und sollte möglichst bei Bedarf Schwimmen dürfen.

Fellpflege

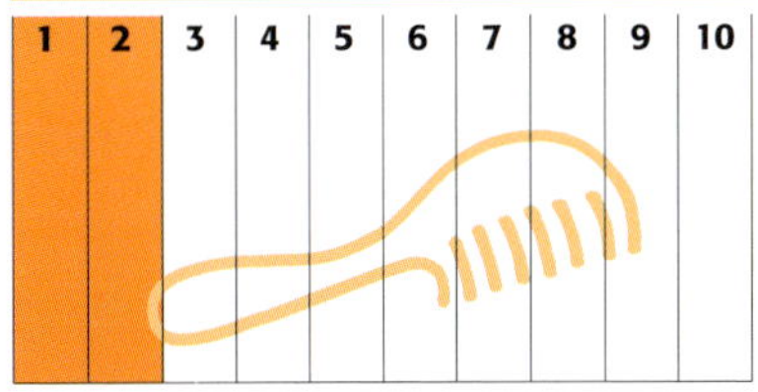

Benötigter Auslauf

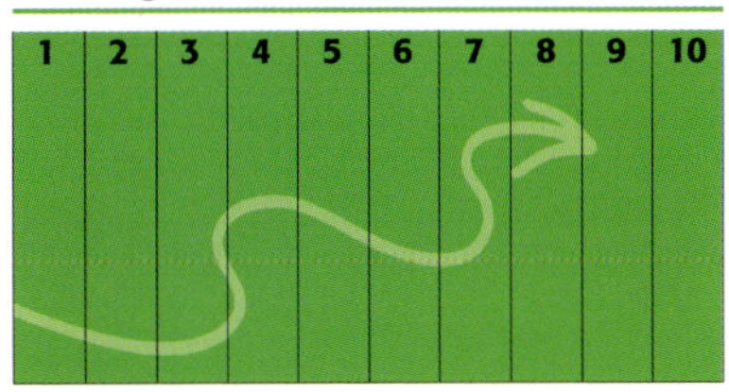

Für Stadtwohnung geeignet

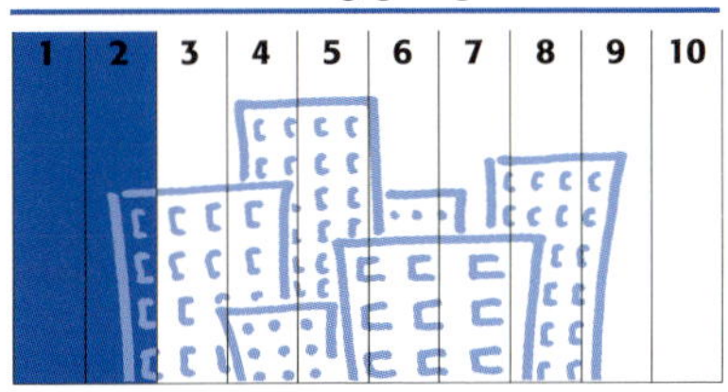

Häufige Krankheiten

selten Hüftgelenksdysplasie

Für Anfänger geeignet

GROSSER SCHWEIZER SENNENHUND

Größe	Rüde 65–72 cm, Hündin 58–68 cm
Gewicht	ca. 40 kg
Fell	dick, kurz, glänzend
Farbe	leuchtend tiefes Schwarz mit weißen Abzeichen auf Pfoten, Gesicht, Brust und Rutenspitze; immer mit lohfarbenen Markierungen
Preis	€ 950

Fellpflege

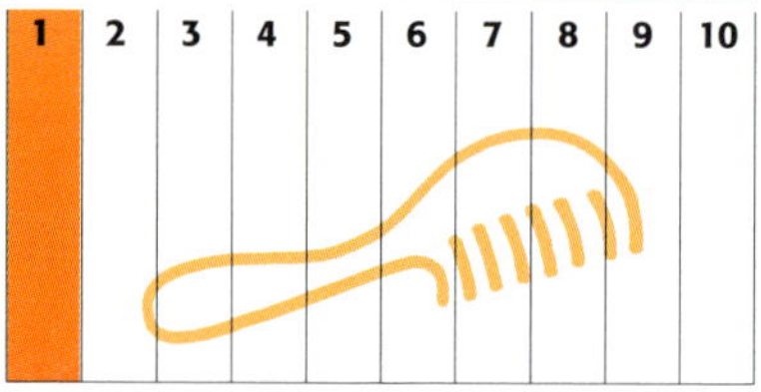

Benötigter Auslauf

Für Stadtwohnung ungeeignet

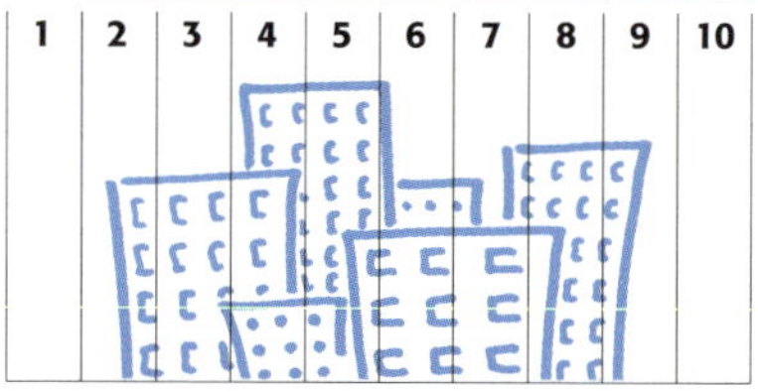

Häufige Krankheiten

Hüftgelenksdysplasie

Für Fortgeschrittene

DER GROSSE SCHWEIZER SENNENHUND soll ein direkter Nachkomme von Julius Cäsars Molossern sein. Er war Metzgershund und damit Wach- und Schutzhund, wurde als Zugtier gehalten, der schwere Karren zum Markt zog und schützte die Kuhherden. Er ist ausgesprochen wachsam und Fremden gegenüber zurückhaltend, aber ein wunderbarer Familienhund: ausgeglichen, ruhig, geduldig, intelligent und zuverlässig. Obwohl er sich im Haus angenehm verhält, braucht er viel Raum und Bewegung – am besten auf einem eigenen Grundstück, das er bewachen kann und ist deshalb ungeeignet für ein Stadtleben. Der Große Schweizer Sennenhund ist kein Hund, der angeschafft und danach im Garten geparkt werden kann: Er braucht Ansprache und Unterhaltung. Er kommt mit anderen Tieren gut aus und läßt sich gut erziehen.

HANNOVERSCHER SCHWEISSHUND

Größe	56–60 cm
Gewicht	38–45 kg
Fell	kurz, dicht, voll, glatt, elastisch
Farbe	hell bis dunkel kirschrot, mehr oder weniger stark gestromt, mit und ohne Maske; kleine weiße Flecken an der Brust erlaubt
Preis	€ 500

DER HANNOVERSCHE SCHWEISSHUND ist eine sehr seltene Rasse, die auf 2000 Jahre alte Schweißhundschläge zurückgeht. Das Königreich Hannover wurde um 1800 sozusagen Refugialgebiet dieser Rasse, als nämlich mit dem allgemeinen jagdlichen Niedergang der Schweißhund beinahe verschwand. Er wird heute ausschließlich zur Jagd am Riemen auf der Wundfährte von Schalenwild eingesetzt. Als Begleithund ist er völlig ungeeignet.

Fellpflege

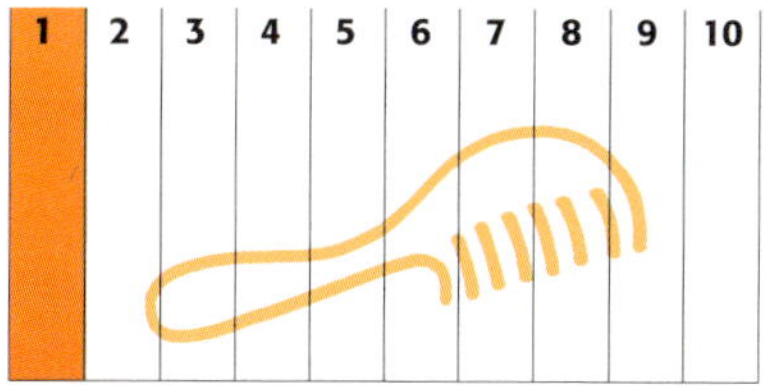

Benötigter Auslauf

Für Stadtwohnung ungeeignet

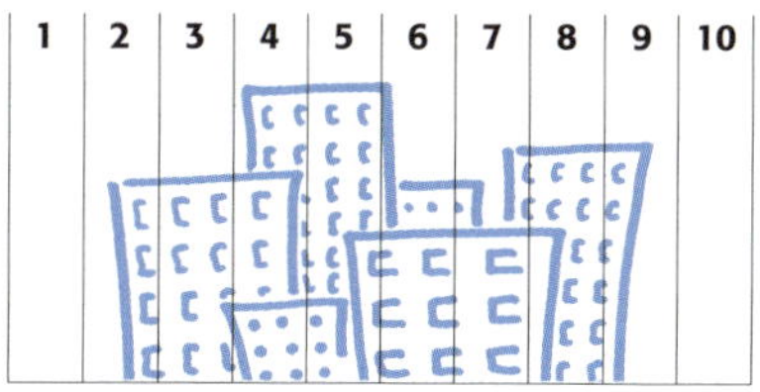

Häufige Krankheiten

keine

Für Fortgeschrittene

HAVANESER

Größe	20–28 cm
Gewicht	6 kg
Fell	lang, seidig, leicht gewellt
Farbe	jede Braunschattierung, gold, weiß, champagner, grau; mit oder ohne weiße Flecken
Preis	€ 1200 – 2000

Fellpflege

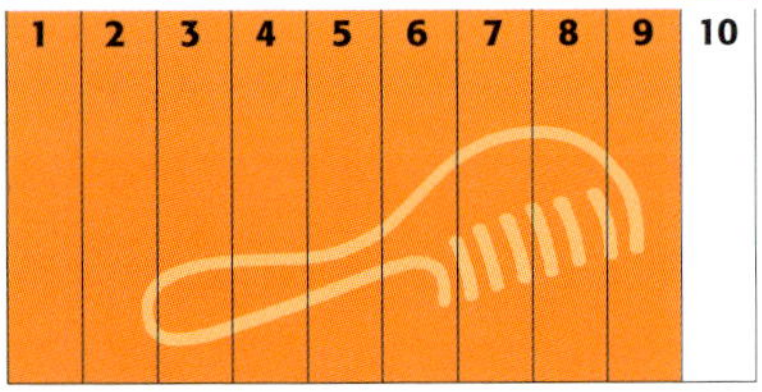

Benötigter Auslauf

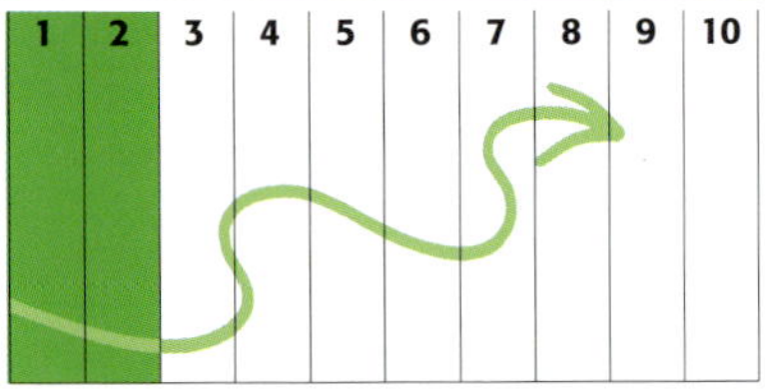

Für Stadtwohnung geeignet

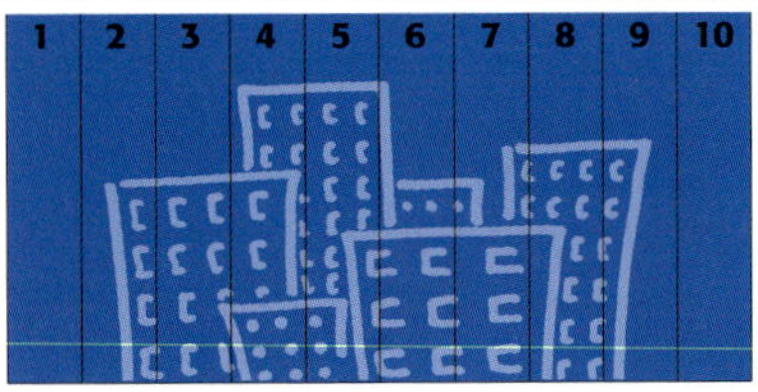

Häufige Krankheiten

keine

Für Anfänger geeignet

DER HAVANESER ist sozusagen ein Juhu-Hund: Er ist lebhaft und immer heiter und lernt oft von ganz allein die erstaunlichsten Kunststücke, nur um endlich wieder in den Mittelpunkt der allgemeinen Aufmerksamkeit zu gelangen. »Dabeisein ist alles« lautet seine Devise, und das kommt vielleicht von seiner romantischen Geschichte: Der Havaneser war der Modehund der reichen Oberklasse Kubas, und als sie während der kubanischen Revolution aus dem Land flohen, retteten einige von ihnen außer etwas Hab und Gut auch ihre Hunde. Der Havaneser ist immer noch selten, dabei ein wundervoller kleiner Begleithund, der einen sagenhaften Zirkus- und Trickhund abgeben würde: Er ist sehr intelligent und läßt sich gut erziehen – was auch eine gute Idee für den Havaneser ist, weil er mit ungeheurem Charme versuchen wird, den gesamten Haushalt zu übernehmen. Sein seidiges Fell muß jeden zweiten Tag gebürstet werden, ansonsten ist der Havaneser sehr pflegeleicht.

HOVAWART

Größe	Rüde 60–70 cm, Hündin 55–65 cm
Gewicht	Rüde 30–40 kg, Hündin 25–35 kg
Fell	leicht gewelltes, eher derbes Langhaar
Farbe	schwarzmarken, blond, schwarz
Preis	€ 800 – 900

DER HOVAWART war mal der »Hofwart« des deutschen Mittelalters und lebte als Wachhund auf großen Gehöften. Er mußte klug, zuverlässig und treu sein, zwischen gut und böse unterscheiden und durfte auf keinen Fall streunen. Der moderne Hovawart hält an diesen Traditionen fest. Er paßt sich seiner Familie sehr gut an und wird dann ganz flexibel entweder zum Sport- oder mehr zum Spazierhund, braucht allerdings eine feste Hand bei konsequenter Erziehung zur Unterordnung. Der Hovawart ist, bei aller Liebe zu seinem Herrn, stur und hat seinen eigenen Kopf. Als Erst-Hund ist eine Hündin geeigneter, weil sie weniger als ein Rüde versuchen wird, ihre Position innerhalb der Familie zu testen. Seiner Größe und seines Gewichts wegen ist der Hovawart außerdem nicht geeignet für Menschen von schwacher Natur. Er ist ein Spätentwickler und benimmt sich wenigstens zwei Jahre lang wie ein Riesenbaby. Trotzdem muß er von Anfang an – wie alle Rassen – gut sozialisiert und vielen verschiedenen Situationen ausgesetzt werden, damit er ein erwachsener Hund von stoischer Ruhe mit Nerven aus Stahl werden kann. Er braucht unbedingt engen Familienanschluß, liebt Kinder und hat einen natürlichen Schutzinstinkt. Es ist nicht ratsam, ihn als Schutzhund auszubilden: Seine Größe allein wird jeden Eindringling beeindrucken, während ein scharfer Hovawart wirklich gefährlich werden kann.

Fellpflege

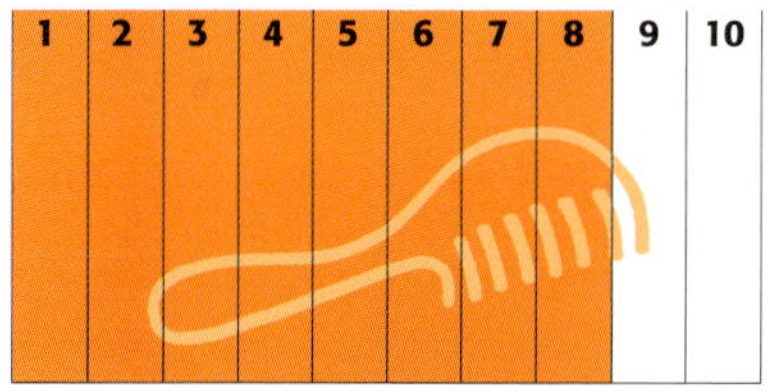

Benötigter Auslauf

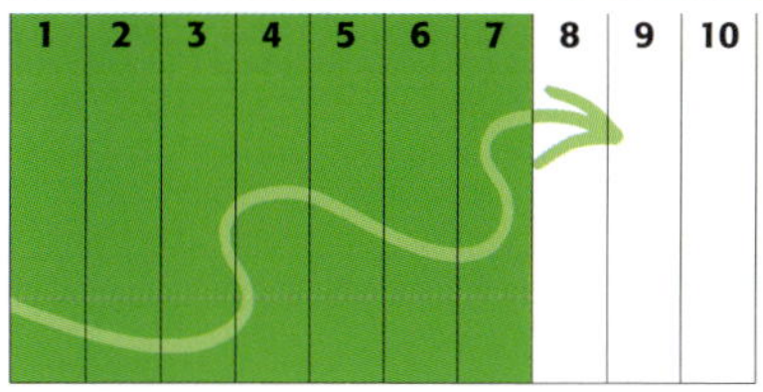

Für Stadtwohnung geeignet

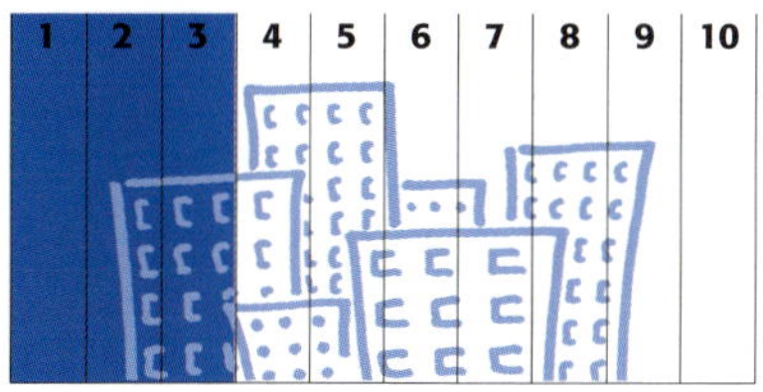

Häufige Krankheiten

selten Hüftgelenksdysplasie, verkürzter Unterkiefer

Für Anfänger geeignet

IRISH SETTER

Größe	63–68 cm
Gewicht	27–31 kg
Fell	lang, seidig
Farbe	mahagonirot
Preis	€ 900

Fellpflege

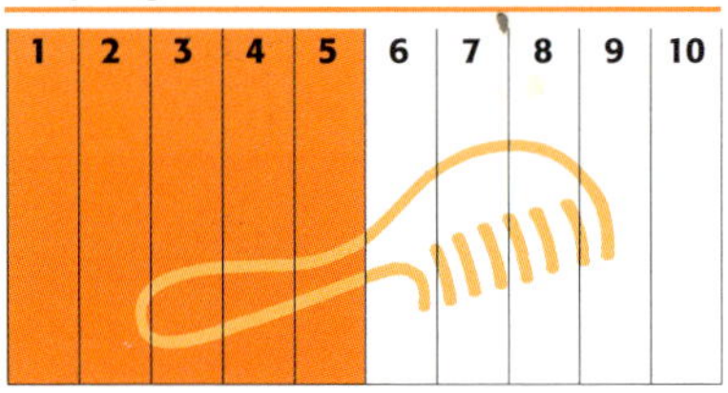

Benötigter Auslauf

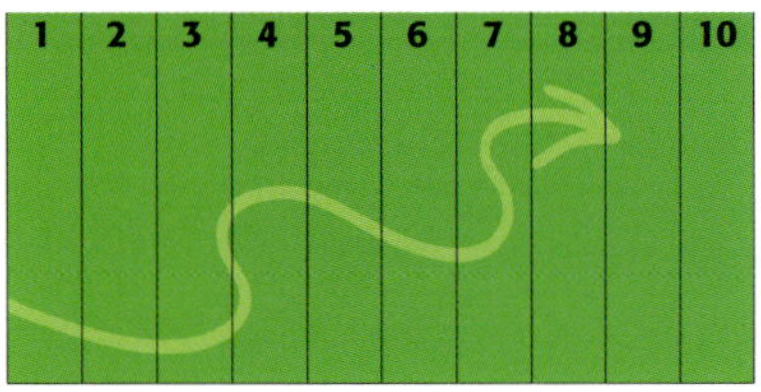

Für Stadtwohnung geeignet

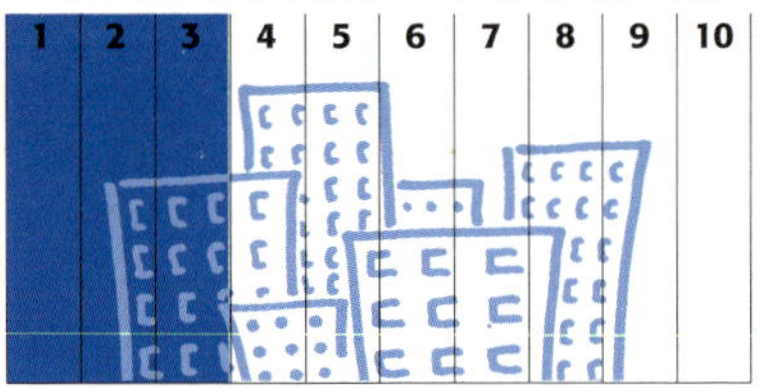

Häufige Krankheiten

manchmal Hüftgelenksdysplasie, Epilepsie, Magenumdrehung

Für Anfänger geeignet

DER IRISCHE SETTER ist einer der prachtvollsten Vorstehhunde und wohl der bekannteste seiner Art. Die Schönheit der Rasse ist auch seine Tragik: »Das dumme Weib, die Mode« entdeckte den leuchtend roten Hund und degradierte ihn zum Begleithund, so daß seine vorzügliche Nase oder seine Apportierfreudigkeit von nun an schlicht vergeudet waren. Massenzüchter und Händler nahmen sich seiner an, der plötzlich unzuverlässig, hyperaktiv und nervös wurde. Mittlerweile hat das akute Interesse am Irischen Setter nachgelassen, und die Rasse konnte sich wieder einigermaßen erholen. Allerdings sollte man seinen Setter von einem Züchter erstehen, der diese Hunde als Vorstehhunde züchtet und führt.

Der eigentliche Irische Setter ist ein hinreißender Hund, ein Komiker, liebenswürdig, ausgeglichen, intelligent und ohne Aggression. Er ist absolut abhängig von menschlicher Gesellschaft, muß aber unbedingt früh, konsequent und freundlich erzogen werden: Der Irische Setter ist viel zu aktiv und intelligent, um ohne Gehorsam nicht zur Katastrophe zu werden. Obwohl sehr anpassungsfähig, ist er nur bedingt geeignet zur Haltung in der Stadt: Er muß rennen und arbeiten können, d.h. auch der nichtjagende Besitzer muß ein »platonischer Jäger« sein und dem Hund ständig Apportier- und Unterordnungsaufgaben stellen. Ein Setter, der nervös im Aufzug herumhopst in Erwartung des fehlenden Auslaufs ist ein jammervoller Anblick. Dagegen ist er mit seiner atemberaubenden Schönheit und seinem Charme in den Händen eines geeigneten Herrn nicht zu übertreffen.

Größe	46–48 cm
Gewicht	ca. 12,5 kg
Fell	hart, drahtig, mit weicher Unterwolle
Farbe	rot, rotweizen oder gelbrot
Preis	€ 900

DER IRISCHE TERRIER ist im wahrsten Sinne ein Teufelskerl. Er fürchtet sich vor nichts und niemandem, ist ungestüm, verspielt, beherzt und geht direkt auf seinen Feind zu, rauft ohne Besonnenheit und gibt niemals auf – und ist gleichzeitig ein perfekter Gentleman. Er ist schnell und ausdauernd, liebt seine Menschen mit unzerbrechlicher Loyalität und findet ihre Spuren mit seiner hervorragenden Nase auf ungeheure Entfernungen. Er ist alles das, was man dem Terrier nachsagt, und das sollte niemand vergessen, der sich einen Irischen Terrier als Begleithund wünscht: So verschmust und zart er mit seinem Herrn sein kann, so entsetzlich scharf kann er mit Raubzeug oder anderen Hunden sein, die er nicht leiden kann – und dann zeigt sich sein rücksichtsloser Mut. Es gibt wohl kaum eine ausdauerndere oder anpassungsfähigere Rasse als den Irischen Terrier – solange sein Herr die Oberhand behält. Er braucht eine sehr strenge Führung, allerdings kommt man beim Irischen – wie bei allen Terriern – mit Gewalt nirgends hin. Der Irische Terrier hat einen ausgeprägten Jagdtrieb und bedeutet für kleines Raubzeug definitiv den Tod – allerdings könnte er eine andere Auffassung davon haben, was »Raubzeug« ist, als der Nachbar. Für diese Rasse bedeutet ein »Nein!« wirklich NEIN, auch, wenn er vielleicht immer wieder daran erinnert werden muß.

Fellpflege

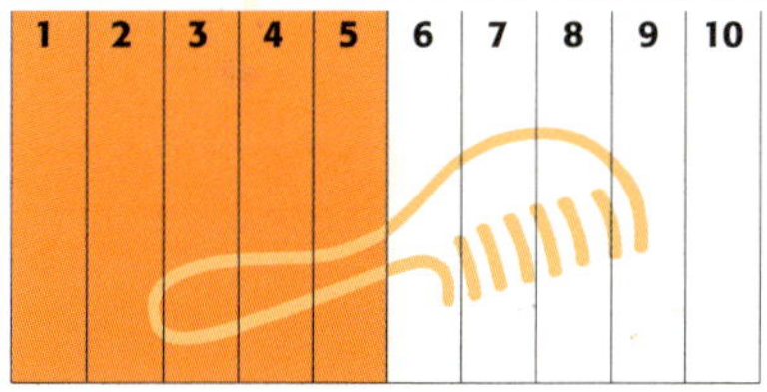

Benötigter Auslauf

Für Stadtwohnung geeignet

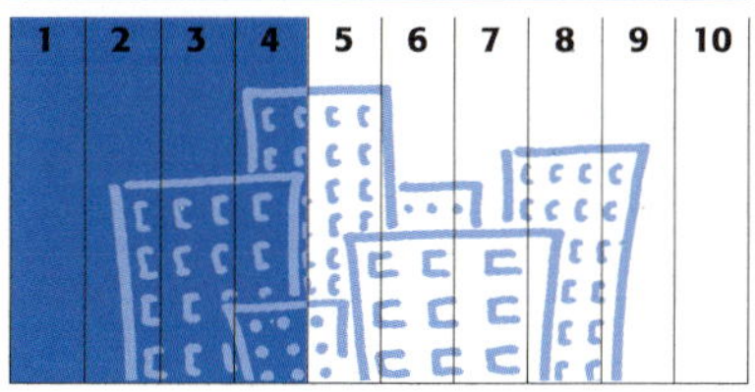

Häufige Krankheiten

keine

Für Fortgeschrittene

IRISH WATER SPANIEL

Größe	51–58 cm
Gewicht	20,4–29,5 kg
Fell	dichte, enge, krause Ringellöckchen an Körper, Hals und bis 10cm rutenabwärts; nicht wollig, mit natürlichem Talggehalt; Gesichtshaar und übrige Rute kurzhaarig
Farbe	leberbraun
Preis	€ 1000

Fellpflege

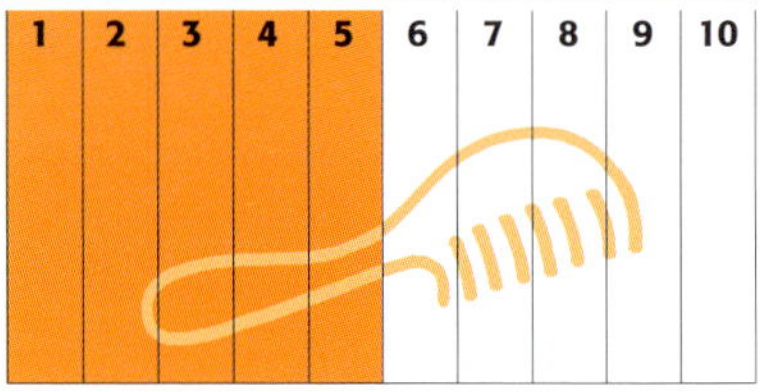

Benötigter Auslauf

Für Stadtwohnung geeignet

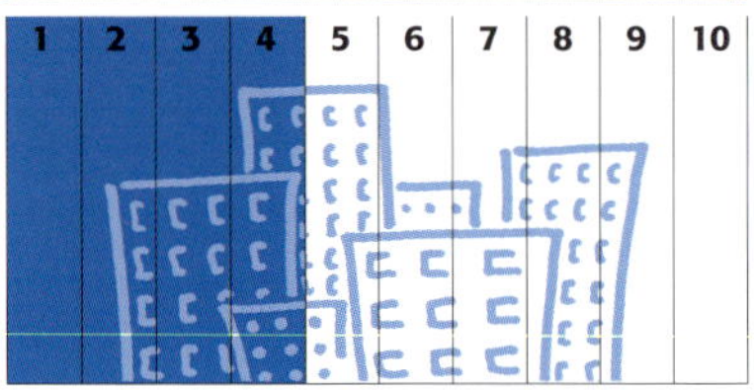

Häufige Krankheiten

Hüftgelenksdysplasie, Schilddrüsenkrankheiten

Für Fortgeschrittene

DER IRISH WATER SPANIEL ist ganz anders als alle anderen Spaniels. Er ist ein Wasserhund, wie sein gekräuseltes Fell beweist, aus dem das Wasser wie beim Pudel sofort ablaufen kann. Er ist ein erstklassiger Apportierhund für alle Arten von Wild, ausdauernd, mutig und zuverlässig und kann sich dank seines sehr dichten Fells auch stundenlang in eisigem Wasser aufhalten. Der Irish Water Spaniel ist gehorsam, wenn er schon früh und sehr konsequent erzogen wird, unabhängig und stur, kann aber mit der notwendigen Geduld und Ausdauer seines Herrn absolut alles lernen. Er mag nicht unbedingt der idealste aller Haushunde sein, weil er schwierig mit fremden Personen sein kann, weshalb er ein besserer Wachhund ist als die meisten Jagdhunde. Sein natürliches Mißtrauen muß allerdings gelenkt werden, weil er damit wenig Unterschiede macht. Wenn man ihn allerdings schon früh gut sozialisiert, ihm genügend Bewegung und Unterhaltung bietet, ist er ein Hund, mit dem man sehr viel Spaß haben kann, allerdings kein Hund für besonders lässige Besitzer, die nicht die Kunst beherrschen, ihrem Hund ein Herr zu sein. Aber echte Hundemenschen, die den Irish Water Spaniel wegen seiner Arbeitsfähigkeit, seiner Ehrlichkeit und Unabhängigkeit schätzen, werden von ihm hingerissen sein.

IRISCHER WOLFSHUND

Größe	62–86 cm
Gewicht	Rüde mind. 54 kg, Hündin mind. 40,5 kg
Fell	hart, rauh, wetterfest
Farbe	rot, schwarz, falb, weiß, rehfarben, weizenfarben, stahlgrau, gestromt
Preis	€ 1500

DER GEWALTIGE IRISCHE WOLFSHUND ist der Größte und einer der Stärksten aller Hunde. Er wird als »sanfter Riese« bezeichnet, und das ist der Grund, weshalb er ein wunderbarer Familienhund ist: Er ist zuverlässig, geduldig, großmütig und intelligent. Er betet seine Familie an und hat einen guten Instinkt für Gefahr. Er ist niemals aggressiv, dabei aber mutig. Anstatt zu beißen, wird er einen Eindringling lieber zu Boden werfen und sich über ihn stellen – was in jedem Fall ungeheuren Eindruck macht, besonders auf den Eindringling. Der Irische Wolfshund ist zur Haltung in der Stadt absolut ungeeignet. Als größter und schwerster aller Windhunde braucht er sehr viel Platz und Auslauf – am besten auf einem Bauernhof oder einem Gut. Er muß sehr konsequent erzogen werden (denn er ist viel zu groß, um Ungehorsam durchgehen zu lassen), dabei aber sehr geduldig und einfühlsam: Eine forcierte Dressur kann aus diesem Hund einen schwierigen, wenn nicht gefährlich aggressiven Hund machen. Größte Sorgfalt muß auf die Mineral- und Vitaminzufuhr verwendet werden, damit sich trotz der sehr großen Wachstumsrate Knochen und Muskulatur richtig entwickeln. Der Irische Wolfshund ist ein sehr spezieller Hund, der nur in Hände gehört, die Bedarf und Möglichkeiten für den größten Hund der Welt haben.

Fellpflege

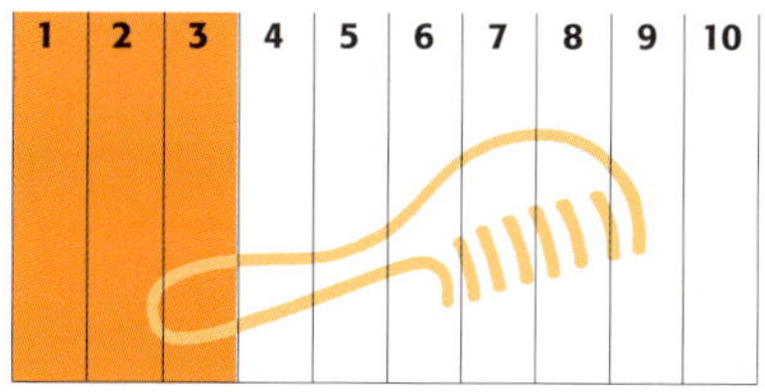

Benötigter Auslauf

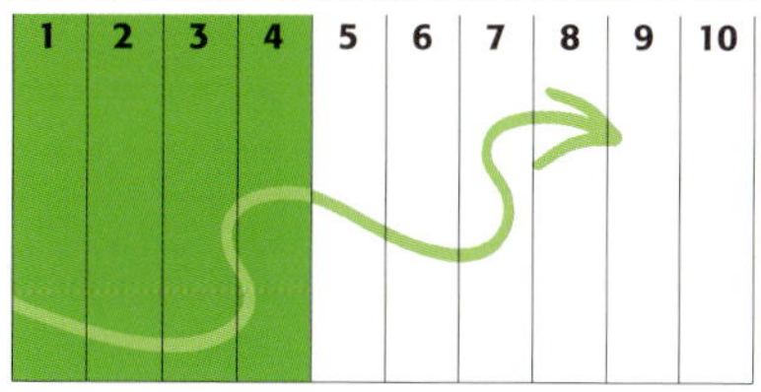

Für Stadtwohnung ungeeignet

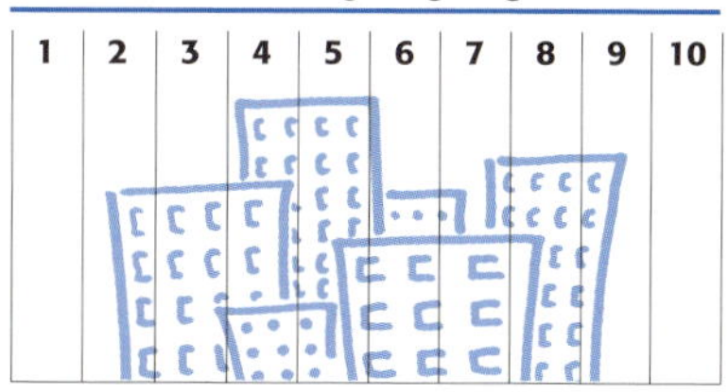

Häufige Krankheiten

Herzprobleme, Hüftgelenksdysplasie; wird nur ca. 8 Jahre alt

Für Fortgeschrittene

ITALIENISCHES WINDSPIEL

Größe	32–38 cm
Gewicht	5 kg
Fell	sehr kurz, fein
Farbe	fawn, blau, schwarz, rot, braun; häufig mit weißen Flecken oder Abzeichen
Preis	€ 950

Fellpflege

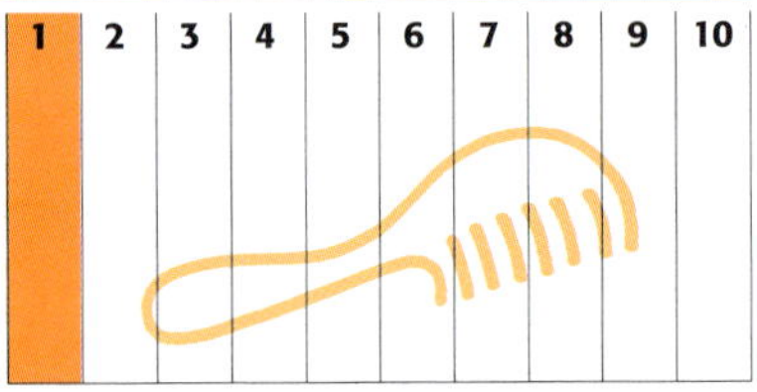

Benötigter Auslauf

Für Stadtwohnung geeignet

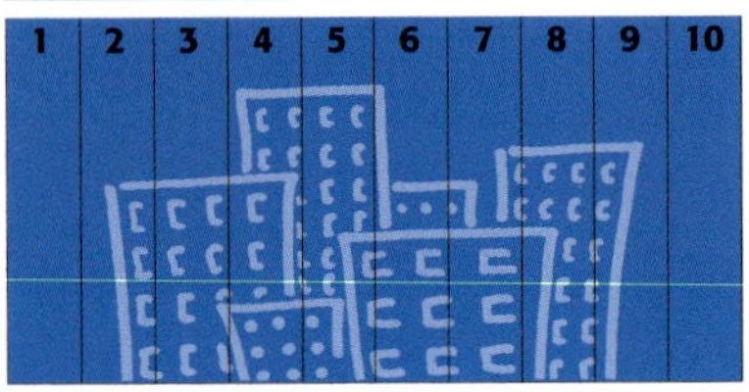

Häufige Krankheiten

Epilepsie, Patellaluxation

Für Anfänger geeignet

DAS ITALIENISCHE WINDSPIEL ist ein hinreißender, sanfter und sehr umgänglicher Hund, was der Grund gewesen sein muß, warum er Jahrhundertelang der Lieblingshund der Könige war: Katharina die Große besaß einen, Queen Victoria, King James I von England und natürlich Friedrich der Große. Glücklicherweise sind ihm diese illustren Kreise nicht zu Kopf gestiegen, weshalb das Zusammenleben mit einem Windspiel sehr leicht ist. Er ist einer der angenehmsten aller Hunde, friedlich, liebevoll und manierlich. Er sieht aus wie eine lebendige Statue, und das ist wohl auch der Grund, weshalb das Italienische Windspiel seit Jahrhunderten Künstler aller Art inspiriert hat. Obwohl er keine stundenlangen Spaziergänge braucht, darf man nicht vergessen, daß er ein Windhund ist: Er braucht Auslauf, um seine Muskeln aufbauen zu können, ist ausgesprochen schnell und möchte das auch beweisen dürfen. Das Italienische Windspiel ist leicht zu erziehen, weil er sowieso von Natur aus immerzu darauf bedacht ist, seinem Herrn zu gefallen. Ruhige und freundliche Erziehung wirkt dabei Wunder auf sein Selbstbewußtsein: Er neigt dazu, sehr zurückhaltend oder sogar ängstlich gegenüber Fremden zu sein, mit denen er insgesamt möglichst wenig zu tun haben will, weshalb er unbedingt von Welpenbeinen an gut sozialisiert werden muß. Graziös, elegant, edel und durch sein kurzes Fell ausgesprochen praktisch, ist das Italienische Windspiel wirklich ein idealer Wohnungshund.

Größe	Rüde ca. 35 cm, Hündin ca. 33 cm
Gewicht	4–8 kg
Fell	kurz: dicht, glatt, glänzend; rauhhaarig: dicht, hart, drahtig
Farbe	Grundfarbe weiß, mit braunen oder/und schwarzen Flecken
Preis	€ 750 – 1200

DER JACK RUSSELL TERRIER ist ein mutiger, schneller, unempfindlicher Jagdhund. Der Englische Kennel Club erkennt ihn nach langer, hartnäckiger Weigerung seit 1989 als eigenständige Rasse an – wahrscheinlich, um bei der Jack-Russell-Modebewegung nicht den Anschluß zu verpassen. Der Jack Russell, unübertroffen bei der Arbeit im engen Bau oder auf Wildsauen, ist neuerdings zum Salonhund »umfunktioniert« worden. Mittlerweile sieht man ihn überall: In Reitställen, auf Promenaden, Modenschauen, in Theatergarderoben und Büros. Dabei ist ihm das Schoßhunddasein eigentlich ganz fern. Jack Russell Terrier machen, was sie wollen. Sie sind enthusiastischer Kläffer und sehr eifrige Löchergräber. Zur Zwingerhaltung eignen sie sich nur bedingt, weil sie dann zu unabhängig werden. Ihre Grunderziehung dauert zwei Jahre, und danach gehorchen sie den Befehlen anderer Familienmitglieder noch immer nicht. Sie sind – wie die meisten Terrier – streitsüchtig, rauflustig, und die Rüden häufig sexbesessene Monstren, denen mit einer Kastration ihr eigenes und das Leben ihres Besitzers unendlich vereinfacht werden kann. Wer den Jack Russell allerdings einmal »at his best« erleben durfte, verfällt der Rasse wie einem Virus: Der Jack Russell ist immer da, wo etwas los ist, fröhlich, komisch und nicht kleinzukriegen. Dieser Hund hat eine unglaubliche Energie, weshalb er sich sehr gut für aktive Leute eignet, wie beispielsweise Marathonläufer.

Fellpflege

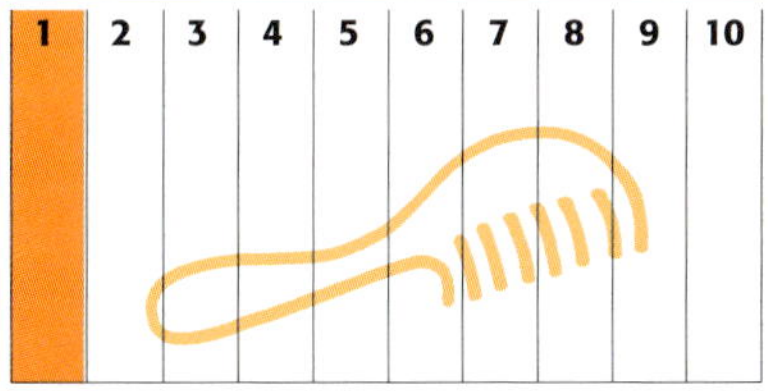

Benötigter Auslauf

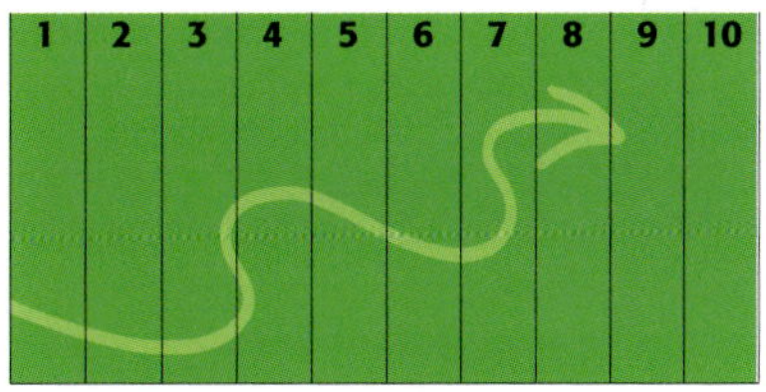

Für Stadtwohnung geeignet

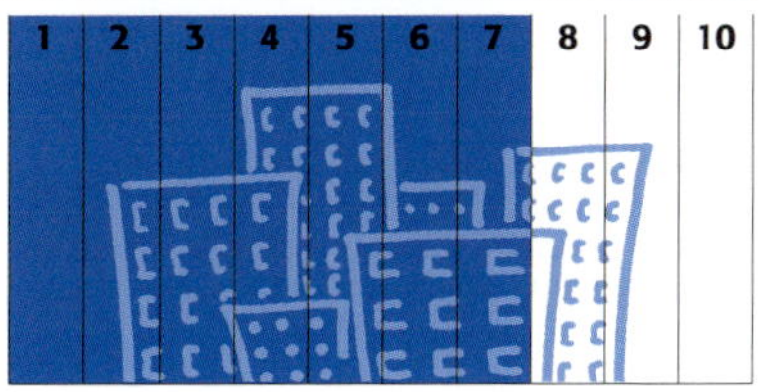

Häufige Krankheiten

keine

Für Fortgeschrittene

JAPAN CHIN

Größe	ca. 25 cm
Gewicht	2,5 kg
Fell	weich, lang
Farbe	weiß mit gleichmäßigen schwarzen oder roten Platten
Preis	€ 750

Fellpflege

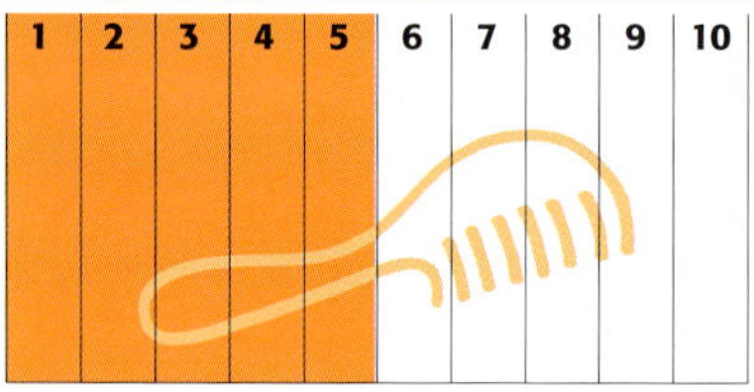

Benötigter Auslauf

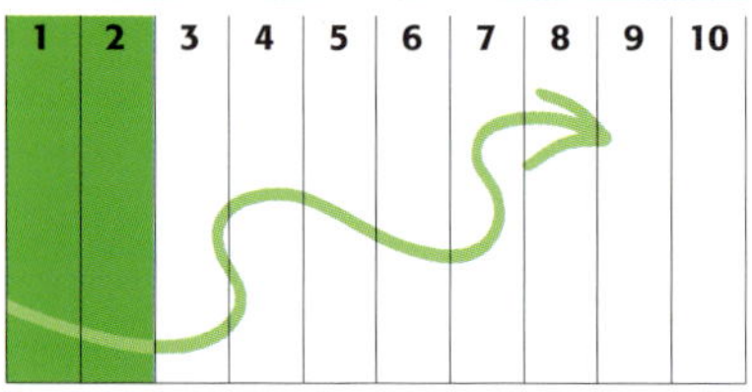

Für Stadtwohnung geeignet

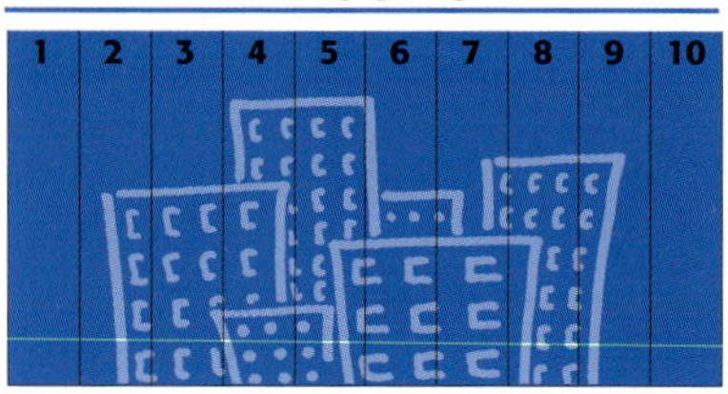

Häufige Krankheiten

Atemwegsprobleme, Herzinfarkt, Patellaluxation

Für Anfänger geeignet

DER JAPAN CHIN ist ein perfekter Wohnungshund. Er ist intelligent, verspielt, anhänglich und leicht zu handhaben. Er haart zwar etwas und muß ab und zu gebürstet werden, aber dafür braucht er nur wenig Bewegung. Er ist ein lebhafter kleiner Hund, der überall mit dabei sein will, bei Besuchen, auf Cocktailparties und anderen Ausflügen. Er wird niemals wirklich erwachsen und bleibt für immer kindlich und frech genug, um die Aufmerksamkeit immer wieder auf sich zu ziehen, ohne dabei zum Tyrannen zu werden. Der Japan Chin ist einigermaßen zerbrechlich und eignet sich daher nicht für wilde Spiele mit Kindern. Er möchte vor allem verwöhnt werden – und dafür wurde er auch immer gezüchtet.

KEESHOND

Größe	Rüde 45 cm, Hündin 42,5 cm
Gewicht	25–30 kg
Fell	üppiges, gesträubtes, hartes Deckhaar mit reichlicher Unterwolle
Farbe	Deckhaar Mischung aus Grau und Schwarz, Unterwolle cremefarben
Preis	€ 850

DER KEESHOND ist ein Kreuzungsprodukt aus Samojede, Chow-Chow, Elkhound und Spitz. Er war lange Zeit Bootshund der niederländischen Flußschiffer. Heute ist der Keeshond ein perfekter Haushund: Attraktiv, handlich und gutgelaunt, von einnehmender Persönlichkeit und großem Stil – und außerdem kann er lächeln, indem er gutgelaunt seine Zähne bleckt. Er paßt sich ungeheuer gern an, weil er so unbedingt die Nähe zu seinen Menschen braucht, ausgesprochen neugierig ist und nach der Devise »Dabeisein ist alles« lebt. Der Keeshond ist zurückhaltend gegenüber Fremden, schließt aber leicht Freundschaften und ist, solange er mit ihnen aufgewachsen ist, hinreißend geduldig mit Kindern. Er ist lebhaft, wenn er allerdings genügend Bewegung bekommt, läßt er sich gut in der Stadt halten. Der Keeshond ist sensibel, reagiert aber gut auf feste, geduldige Erziehung. Die Krönung des Keeshonds ist natürlich sein wunderschönes Fell, das wenigstens zweimal in der Woche gründlich gebürstet werden muß – aber möglichst nie gebadet; davon wird das Fell zu weich. Der Keeshond neigt dazu, ausdauernd zu kläffen, vor allem, wenn er lange alleine gelassen wird.

Fellpflege

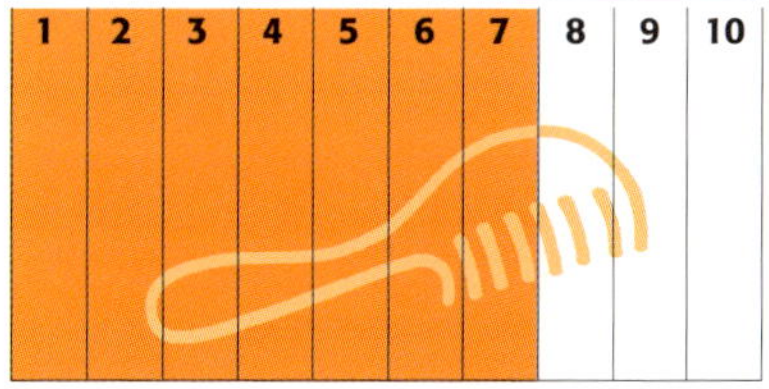

Benötigter Auslauf

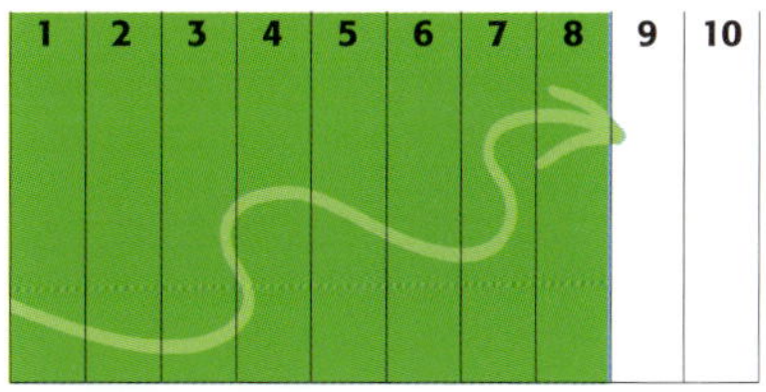

Für Stadtwohnung geeignet

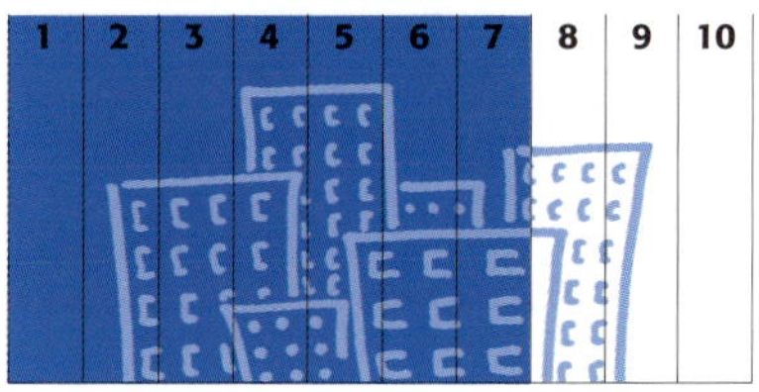

Häufige Krankheiten

Hüftgelenksdysplasie, Herzkrankheiten

Für Anfänger geeignet

KERRY BLUE TERRIER

Größe	47 cm
Gewicht	15–18 kg
Fell	seidig weich, sehr dicht, gewellt
Farbe	blau
Preis	€ 1000

Fellpflege

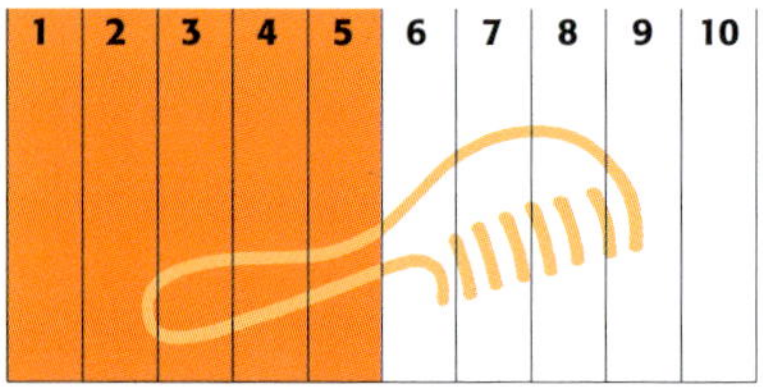

Benötigter Auslauf

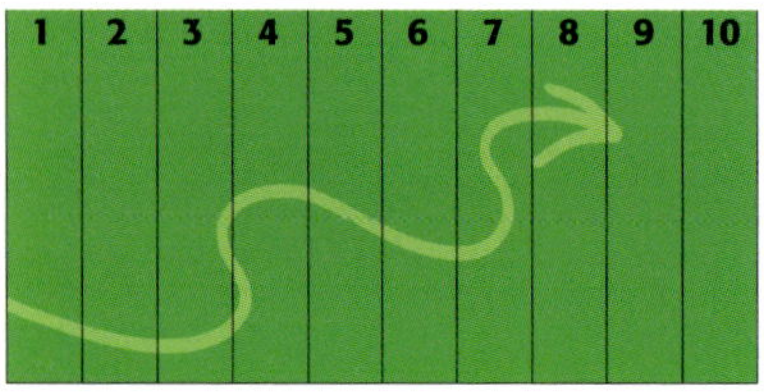

Für Stadtwohnung geeignet

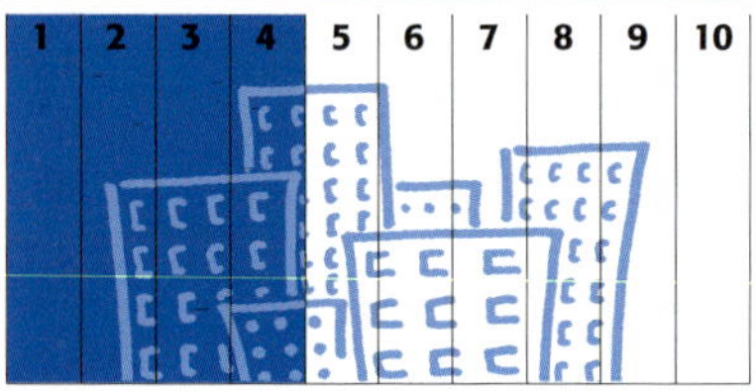

Häufige Krankheiten

keine

Für Fortgeschrittene

DER KERRY BLUE TERRIER ist – zusammen mit dem Kleeblatt – das Symbol Irlands. Er ist das irische Allround-Wunder, im 18. Jahrhundert in der Grafschaft Kerry als Hirtenhund gezüchtet, aber auch ein ebensoguter Wach- wie Jagdhund, der nicht nur Ratten in der Scheune, Kaninchen und Vögel jagt, sondern auch als hervorragender Retriever taugt. In Irland grundsätzlich ungetrimmt präsentiert, frisierten die Engländer den Kerry Blue zur Unkenntlichkeit und machten aus dem harten Farmhund einen wohnzimmergeeigneten Familienhund – beinahe. Der Kerry Blue ist ein Hund von ungeheurem Stil und Charakter, kampflustig und temperamentvoll und hat seine wahre Bestimmung nicht vergessen. Er ist kein Salonhund und hat meistens auch keinerlei Ambitionen in dieser Richtung. Er schätzt Fremde nicht und kann bissig sein, wobei diese Tendenz bei frühester Erziehung gut in den Griff zu bekommen ist. Er ist mit den meisten anderen Tieren unerbittlich und gehört daher leider viel an die Leine. Der Kerry Blue ist launisch, hat einen sehr starken Willen und wird immer wieder versuchen, schlauer zu sein als sein Besitzer. Er ist so dickköpfig, stur und voller Persönlichkeit, daß unerfahrene Hundebesitzer mit dieser Rasse voraussichtlich Probleme haben werden. Für einen echten Hundemenschen ist der aktive, verspielte Kerry Blue Terrier ein wunderbarer Hund, allerdings bedarf es einiger Jahre Erfahrung, diesen Titel auch zu verdienen. Wer allerdings erst gelernt hat, die Gedanken dieses enigmatischen Hundes zu lesen, macht den Kerry Blue dann meistens auch zu einem Kulthund.

Größe	22–30 cm
Gewicht	3,5–6,5 kg
Fell	reich behaart, lang, gerade, seidig, mit üppig befederten Läufen
Farbe	Blenheim: weiß mit leuchtend roten Platten; Prince Charles: tricolor; King Charles: schwarz mit Lohfarben; Ruby: kastanienrot
Preis	€ 800 – 1000

DER KING CHARLES SPANIEL ist ein ausgesprochener Schoßhund. Er ist nur glücklich in der Nähe seiner Menschen, allein gelassen wird er melancholisch und traurig. Er bellt nur wenig und hat wenig Interesse an Fremden, ganz im Gegensatz zu seinem Verwandten, dem Cavalier King Charles Spaniel. Beide Rassen gehen auf die gleichen Ursprünge zurück; gezüchtet im 16. Jahrhundert in England als Damenhunde der Aristokratie, wurden in den weniger sportlichen Schlag, der später »King Charles Spaniel« genannt wurde, wahrscheinlich asiatische Hunde wie Mops, Japan Chin oder Pekingese eingekreuzt. Der King Charles Spaniel braucht nur wenig Bewegung, dafür aber um so mehr Ansprache. Er ist ein ausgesprochener Menschenhund und ein echter Aristokrat, der seinen eigenen Willen hat und Erziehung und das Ausführen von Befehlen als nicht wirklich naturgemäß für seine Art betrachtet.

Fellpflege

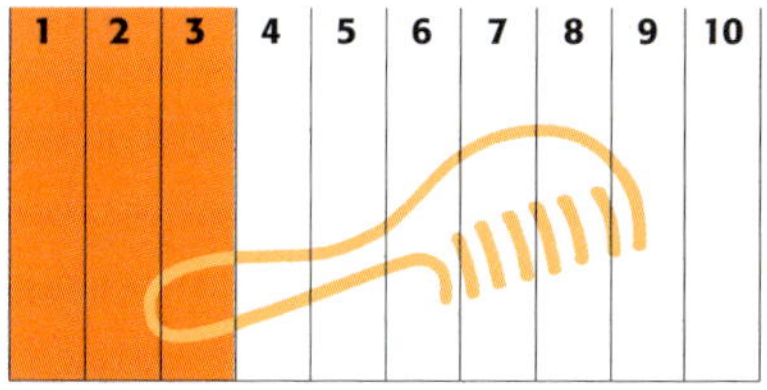

Benötigter Auslauf

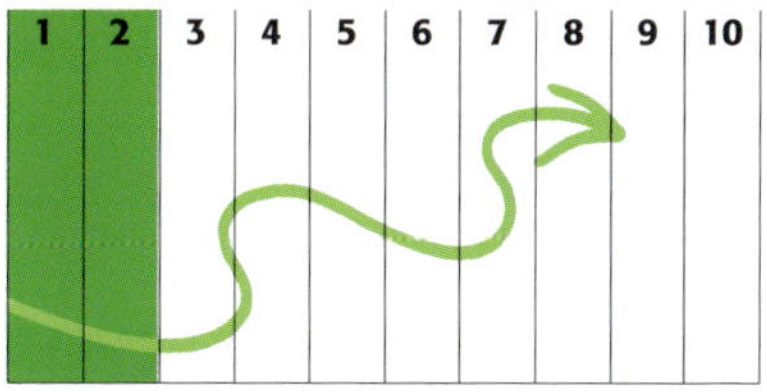

Für Stadtwohnung geeignet

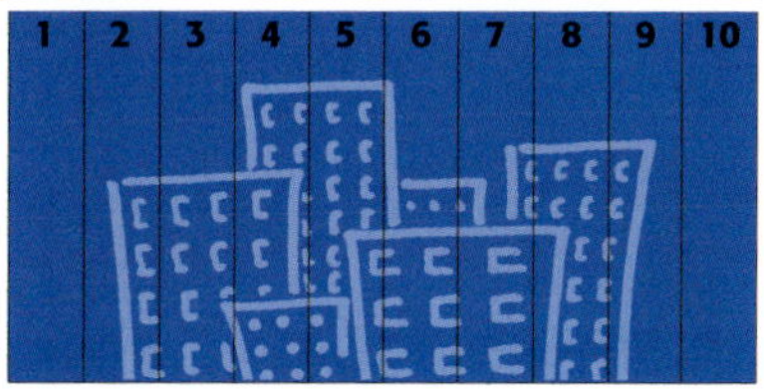

Häufige Krankheiten

Patellaluxation

Für Anfänger geeignet

KLEINER MÜNSTERLÄNDER

Größe	Rüde 52–56 cm
Gewicht	ca. 15 kg
Fell	fest anliegend, mittellang, mit vollständiger Fahne an der Rute, Vorderläufe befedert, Hinterläufe behost
Farbe	braun-weiße Grundfarbe, Hell- oder Dunkelschimmel
Preis	€ 650

Fellpflege

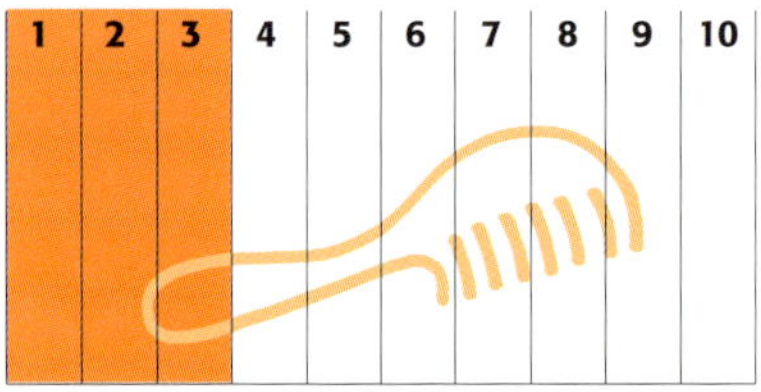

Benötigter Auslauf

Für Stadtwohnung geeignet

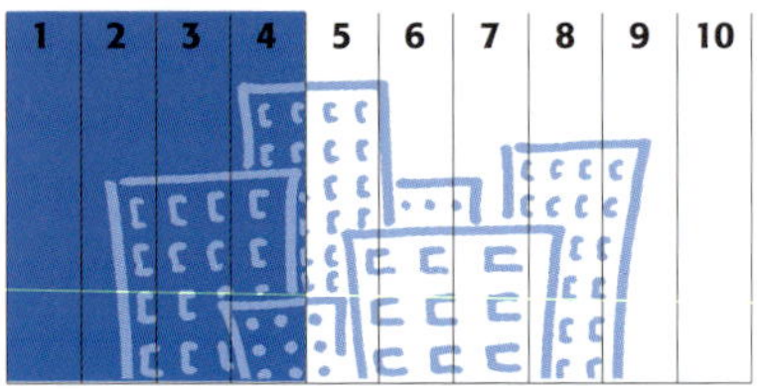

Häufige Krankheiten

Entropium, selten Hüftgelenksdysplasie

Für Anfänger geeignet

DER KLEINE MÜNSTERLÄNDER gehört zu den ältesten Jagdgebrauchshunden. Er ist ein hervorragender Arbeitshund von scharfer Intelligenz, nicht zu brechender Jagdleidenschaft, absolut unempfindlich gegen Müdigkeit und schlechtes Wetter. Er besitzt gute Spursicherheit und Bringfreude, steht sicher vor und liebt die Jagd im Wasser leidenschaftlich. Er läßt sich leicht und gerne erziehen und ist seinem Herrn gegenüber absolut treu ergeben, zu Hause ein guter Wächter und wesensfester, zuverlässiger und liebevoller Kinderfreund. Bei allen diesen Eigenschaften ist er ein angenehmer, sehr sympathischer Begleithund von edler Haltung, der sich, wenn es sein muß, aus Liebe zu seiner Familie auch in der Stadt halten läßt wobei man aber nie vergessen darf, daß er eben ein Jagdhund ist, der sein Leben lang lange Spaziergänge, Beschäftigung und möglichst Wasser zum Schwimmen braucht.

Größe	63 cm
Gewicht	43–45 kg
Fell	stark, wetterfest, doppelt; bestehend aus langen Schnüren, die untereinander vermattet sind
Farbe	weiß
Preis	€ 1000

Fellpflege

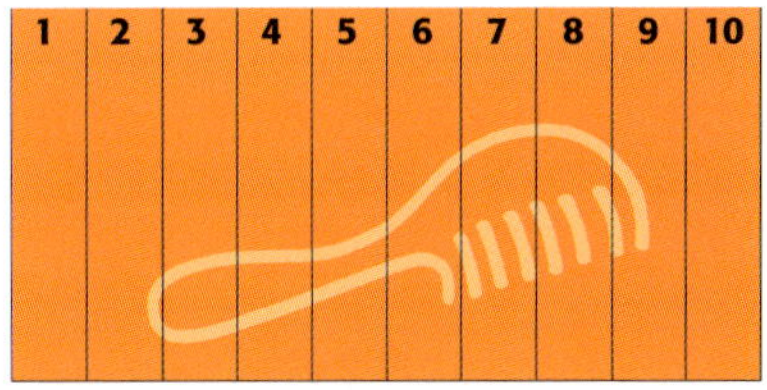

Benötigter Auslauf

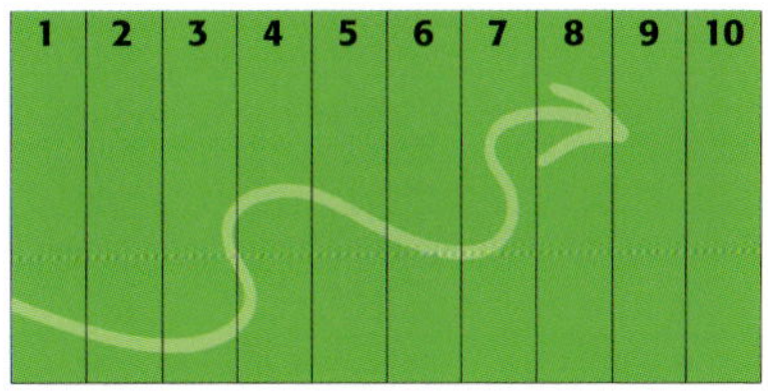

Für Stadtwohnung ungeeignet

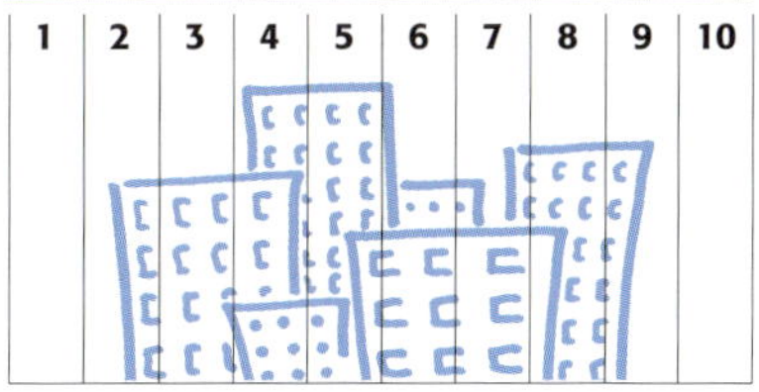

Häufige Krankheiten

Hüftgelenksdysplasie, Magenumdrehung

Für Fortgeschrittene

DER KOMONDOR wird seit über 1000 Jahren in Ungarn gezüchtet. Er war ursprünglich ein Schutzhund für Schafherden, die er bei Wind, Wetter und Eiseskälte gegen Wölfe und Bären verteidigte. Als Welpe sehr verspielt, ist der Komondor als erwachsener Hund ruhig und ernst, verläßt sich gern auf sein eigenes Urteil und muß daher gut erzogen und unter Kontrolle gehalten werden. Er eignet sich überhaupt nicht für das Leben in der Stadt: Dieser robuste, schwerknochige Hund braucht viel Platz und hält sich am liebsten im Freien auf. Eingehüllt in schwere Fellkordeln, macht ihm kein Wetter etwas aus. Der Komondor ist ein ausgesprochen ernstzunehmender Wachhund, der mit Fremden sehr vorsichtig ist und sich auch für offensichtliche Freunde des Hauses nur langsam erwärmt. Besucher werden ruhig, aber ohne Entspannung beobachtet, und wer Haus oder Familie bedroht, muß damit rechnen, ernsthaft angegriffen zu werden. Seinen Herrn und dessen Familie liebt der Komondor mit grenzenloser Loyalität. Sein Fell braucht zwei Tage, um nach einem Bad wieder vollständig zu trocknen, und die Pflege grenzt an eine Lebensaufgabe – aber selbst dann sieht der Komondor eigentlich immer ungebürstet aus. Taff, hart und sehr beschützerisch, braucht der Komondor außerdem sehr viel Auslauf und eignet sich aus diesen Gründen wirklich nur für Besitzer, die sich ihrem Hund voll widmen können.

KROMFOHRLÄNDER

Größe	38–46 cm
Gewicht	10–16 kg
Fell	glatt- oder drahthaar
Farbe	weiß mit roten Platten, Ohren und Seiten des Kopfes möglichst immer rot
Preis	€ 850

Fellpflege

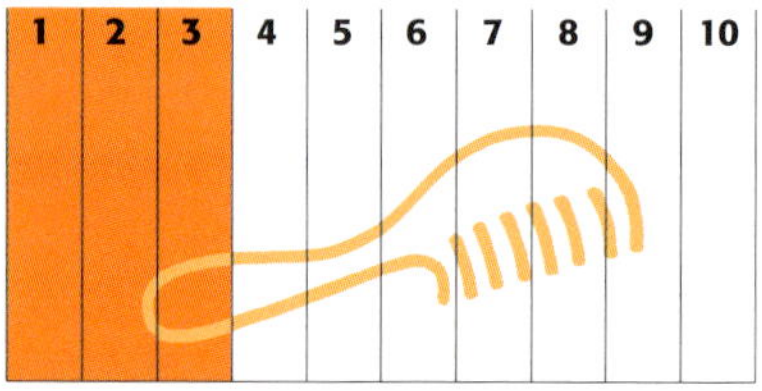

Benötigter Auslauf

Für Stadtwohnung geeignet

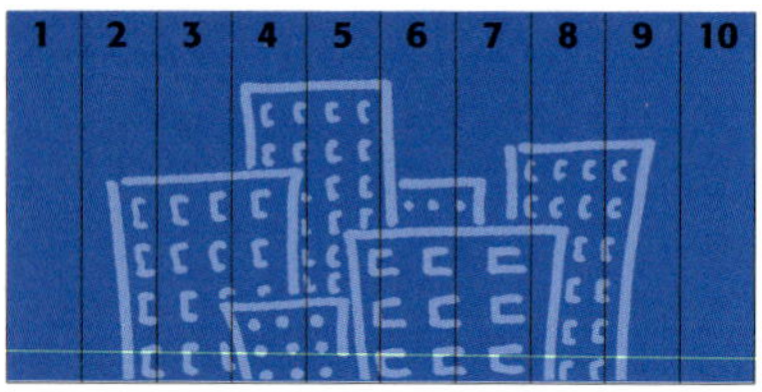

Häufige Krankheiten

Arthrose bei Überbeanspruchung des Junghundes, selten Epilepsie

Für Anfänger geeignet

DER KROMFOHRLÄNDER ist eine relativ junge Rasse, die in den fünfziger Jahren in Deutschland als Zufallsprodukt entstand und danach gezielt als Familienhund gezüchtet wurde. Er ist ein hochintelligenter, fröhlicher, lebhafter und anpassungsfähiger Begleithund, der dazu neigt, ein Ein-Mann-Hund zu sein, obwohl er den Rest seiner Familie schätzt – er wird ihnen nur nicht unbedingt gehorchen. Als Kinderhund ist er nur bedingt geeignet: Der Kromfohrländer läßt sich nicht alles gefallen und paßt daher besser zu Kindern, die schon gelernt haben, Hunde zu respektieren. Für die ist der aktive, verspielte Hund dann allerdings ein wundervoller Spielkamerad, immer bereit für Abenteuer und wilde Spiele. Er ist ein guter Wächter mit hervorragendem Gehör und bellt gerne. Fremden gegenüber ist er mißtrauisch, läßt sich aber schließlich überzeugen.

Der Kromfohrländer möchte viel laufen und muß unbedingt von Welpenalter an gut sozialisiert und konsequent erzogen werden. Er ist hochintelligent und lernt ausgesprochen schnell – Manieren und Kunststücke genauso, wie er die Schwächen seines Herrn sofort erkennt. Einmal vom Tisch gefüttert, wird er das Betteln bei Lebzeiten nicht mehr aufgeben. Er ist ein hervorragender Agility-Hund mit einem guten Sinn für Humor, der am besten zu aktiven, konsequenten Menschen paßt, die seinen Witz zu würdigen wissen – und denen er so schnell nichts übelnimmt.

Größe	70–76 cm
Gewicht	ca. 52 kg
Fell	lang, doppelt, leicht gewellt oder flach anliegend
Farbe	weiß oder elfenbeinfarben
Preis	€ 1000

DER KUVASZ war einmal der Liebling der ungarischen Aristokraten, die so sehr in Intrigen gegeneinander verwickelt waren, daß König Mathias I. über diese Hunderasse sagte, er traue seinen Hunden mehr, als den Menschen. Der Name »Kuvasz« stammt aus dem Türkischen und bedeutet »Schützer«, und das ist denn auch die Bestimmung dieses schönen weißen Hundes. Der Kuvasz hat angeblich einen untrüglichen Instinkt für Feinde seines Herrn. Er ist unglaublich loyal und beschützerisch: Man sagt, daß dieser Hund entweder Freund oder Feind fürs Leben sei. Er ist ein absoluter Arbeitshund, der sich leicht langweilt und viel Beschäftigung braucht, um nicht ruhelos und zerstörerisch zu werden. Er kann aggressiv mit anderen Hunden sein und muß vom Welpenalter an an andere Tiere und Menschen gewöhnt werden. Der Kuvasz stellt besondere Ansprüche an seinen Herrn: Er ist gerne klüger als sein Herr – eine Diskussion, die niemals aufkommen darf. Wer einen Kuvasz halten möchte, muß ruhig, stark, durchsetzungsvermögend und erfahren sein, um mit diesem eigenwilligen, unabhängigen Hund fertig zu werden: Ein Kuvasz, der nur im Geringsten außer Kontrolle gerät, ist nicht nur unangenehm, sondern potentiell gefährlich. Der Kuvasz ist kein Hund, den man einfach in den Garten sperrt – er braucht die Nähe zu seinen Menschen.

Fellpflege

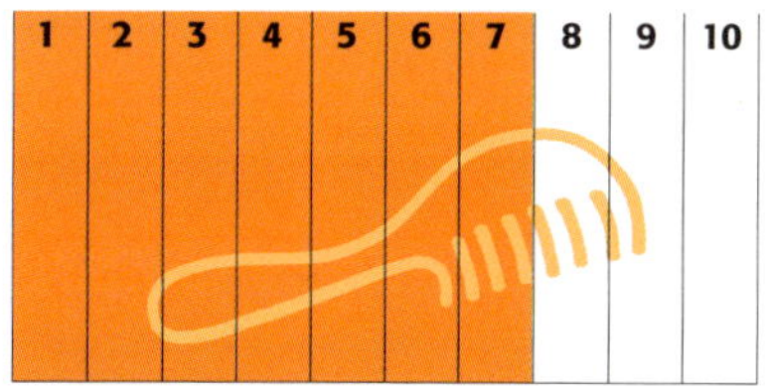

Benötigter Auslauf

Für Stadtwohnung ungeeignet

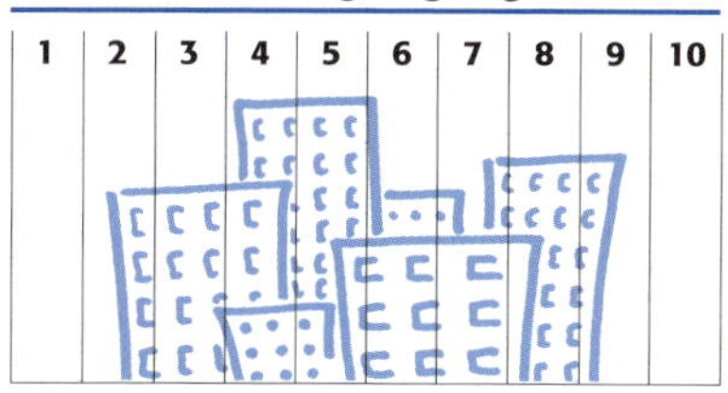

Häufige Krankheiten

Hüftgelenksdysplasie, Allergien, Ekzeme

Für Fortgeschrittene

LABRADOR RETRIEVER

Größe	Rüde 55–62 cm, Hündin 54–60 cm
Gewicht	Rüde 30–36 kg, Hündin 25–32 kg
Fell	hartes, dichtes Deckhaar mit wasserabweisender Unterwolle
Farbe	schwarz, chocolate, gelb
Preis	€ 1000

Fellpflege

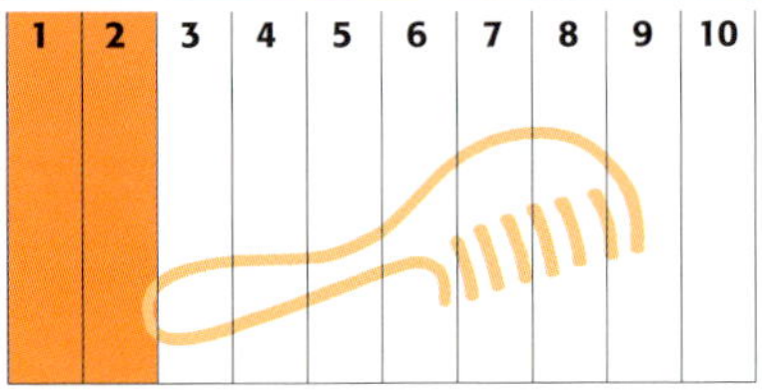

Benötigter Auslauf

Für Stadtwohnung geeignet

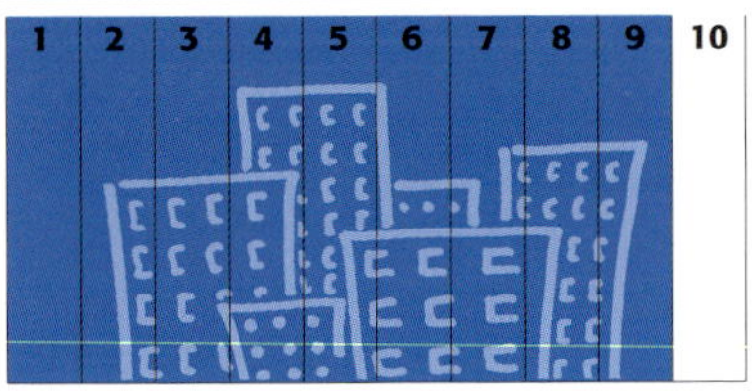

Häufige Krankheiten

Hüftgelenksdysplasie, Grauer Star, progressive Retinaatrophie, Epilepsie

Für Anfänger geeignet

DER LABRADOR RETRIEVER war früher reinschwarz und wurde für die Wasserarbeit gezüchtet – wozu er auch sein wasserdichtes Fell und die Schwimmhäute zwischen den Zehen braucht. Mittlerweile ist er einer der populärsten Begleithunde, besonders unter Geländewagenbesitzern. Er ist einer der besten Familienhunde der Welt, der in beinahe jeder Lebenssituation gehalten werden kann, weil er so feinfühlig, anpassungsfähig und unerschütterlich ist. Es liegt allein am Besitzer, diesem großartigen Hund gerecht zu werden; er selber wird es nur kaum einfordern. Ihn in eine kleine Stadtwohnung ohne genügend Auslauf einzusperren, ist ungerecht und gemein, ihn nicht regelmäßig schwimmen zu lassen, ebenso. Labradore wurden fürs Wasser »erfunden«, nach Stöcken zu tauchen, ist ihnen Lebensnotwendigkeit, egal bei welchem Wetter.

Der Labrador ist sehr gutmütig, lernwillig und verfressen, wobei Letzteres auch sein Niedergang sein kann: Überfüttert wird er zum langweiligsten Hund der Welt. Ein geforderter Labrador dagegen ist ein wunderbarer Kinderspielhund, ein hervorragender Behinderten-, Blinden- oder Drogensuchhund. Er eignet sich nicht zur Zwingerhaltung, weil er ohne menschliche Gesellschaft verloren ist. Als Wachhund ist er ein hoffnungsloser Fall: Seinem großen Herzen ist Mißtrauen fremd, und er wird jedem Einbrecher sofort den Weg zum Kühlschrank zeigen.

LAKELAND TERRIER

Größe	ca. 36 cm
Gewicht	Rüde 7,7 kg, Hündin 6,8 kg
Fell	hart, dicht, wasserfest mit dichter, weicher Unterwolle
Farbe	blau mit Lohfarbe, schwarz lohfarben, rot, weizenrot, rotgrizzle, leberfarben, blau und schwarz
Preis	€ 850 – 950

DER LAKELAND TERRIER ist einer der ältesten englischen Arbeitsterrier und hat immer noch einen sehr stark ausgeprägten Jagdinstinkt. Er ist absolut furchtlos, feurig und verspielt und wird niemals müde. Gleichzeitig ist er zuverlässiger als die meisten Terrier, ruhiger und sehr viel vernünftiger. Der Lakeland ist freundlich und gutmütig und wunderbar mit Kindern, die er kennt. Er betet seinen Herrn an, erwärmt sich allerdings nur langsam für Fremde: Der Lakeland scheint an oberflächlichen Beziehungen nicht interessiert, sondern mehr an Alles-oder-nichts-Freundschaften. Er ist handlich, wachsam und bellt nur, wenn es wirklich notwendig ist. Solange er genügend Spaziergänge, Gesellschaft und Spielstunden bekommt, läßt er sich ohne Probleme in der Stadt halten. Der Lakeland kann ausgesprochen stur sein und muß deshalb konsequent erzogen werden – wie alle Terrier darf er dabei allerdings nicht geschlagen oder herumgezerrt werden. Sein Fell muß zweimal im Jahr getrimmt werden. Der Lakeland Terrier ist ein sensibler, angenehmer, hochintelligenter Familienhund, der, selten wie er ist, viel mehr Beachtung verdient.

Fellpflege

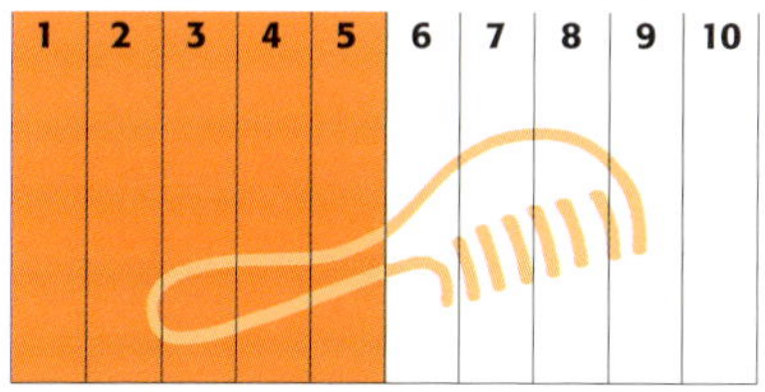

Benötigter Auslauf

Für Stadtwohnung geeignet

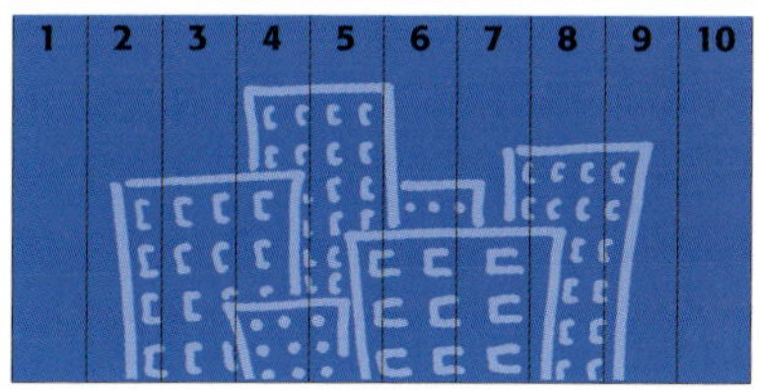

Häufige Krankheiten

keine

Für Anfänger geeignet

LANDSEER

Größe	67–80 cm
Gewicht	60–70 kg
Fell	lang, schwer, dicht
Farbe	weiße Grundfarbe mit schwarzen Platten, Kopf immer schwarz
Preis	€ 1200

Fellpflege

Benötigter Auslauf

Für Stadtwohnung geeignet

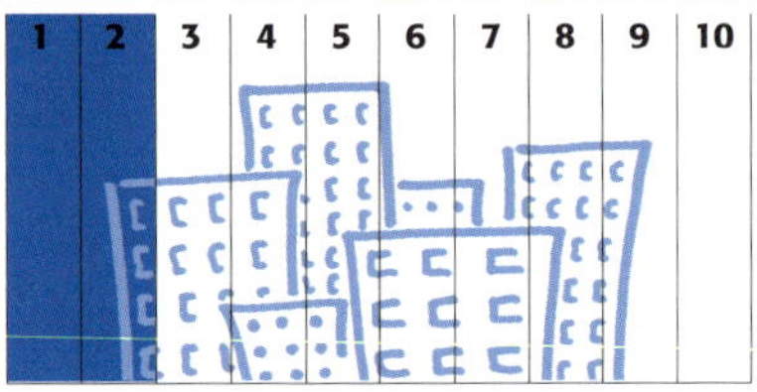

Häufige Krankheiten

keine

Für Anfänger geeignet

DER LANDSEER war einmal eine schwarz-weiße Ausführung des Neufundländers, benannt nach dem englischen Maler Sir Edwin Landseer. Als die schwarzen Hunde Mode wurden, verschwand der Landseer fast vollständig und tauchte erst in den dreißiger Jahren durch Bemühungen deutscher und schweizerischer Züchter wieder auf. Das Ergebnis war ein leichterer Hund als der Neufundländer, mit leichterem Haarkleid und dadurch einfacher zu pflegen. Der Landseer ist immer noch relativ selten, aber das tut ihm, wie allen Hunderassen, nur gut. Er ist ein ausgesprochener Familienhund, der am liebsten immerzu bei seinen Menschen auf dem Schoß säße, und kann deshalb nicht angeschafft und einfach im Garten geparkt werden. Als liebenswürdiger, treuer und gutmütiger Hausgenosse läßt er sich hundertprozentig auf seine Familie ein. Er ist zuverlässig, sehr intelligent und leicht zu erziehen – was bei einem Hund dieser Größe sehr angenehm ist. Der Landseer hat eine hervorragende Nase und ist ein sehr guter Wasser- und Apportierhund. Manche haben einen gewissen Jagdtrieb, der aber bei rechtzeitiger Erziehung absolut in den Griff zu bekommen ist. Der Landseer eignet sich überhaupt nicht zur Haltung in einer Etagenwohnung. Er braucht ein großes Grundstück und am besten ein paar Kinder darin, auf die er aufpassen darf. Er braucht Spaziergänge und, wenn man nicht gerade am Strand lebt, regelmäßig die Möglichkeit zum Schwimmen. Weil er schnell wächst, muß mit größter Sorgfalt auf die richtige Ernährung geachtet werden.

LEONBERGER

Größe	76–80 cm
Gewicht	über 40 kg
Fell	mäßig lang, dicht, mittelweich, wasserfest
Farbe	sand, hellgelb, gold oder rotbraun, immer mit schwarzer Maske
Preis	€ 1000

DER LEONBERGER ist ein edler, sanfter Riese. Er wurde 1846 von dem Leonberger Stadtrat Heinrich Essig aus Bernhardiner, Landseer und Pyrenäenberghund gezüchtet – wobei die genaue »Rezeptur« dessen Geheimnis blieb –, um einen Hund zu bekommen, der dem Löwen im Stadtwappen ähneln sollte. Der Leonberger ist ein wunderbarer Hund, freundlich, leicht zu handhaben, geduldig, zuverlässig, vielleicht etwas ernst, aber mit liebenswürdigem, großzügigem Wesen. Im Haus ruhig und zurückhaltend, ist er draußen lebhaft, verspielt und von großer Ausdauer. Obwohl er seinen Herrn und dessen Familie anbetet und sich möglichst jeder Situation anpaßt, um es ihnen recht zu machen, kommt der Leonberger eigentlich nur in ländlicher Umgebung wirklich auf seine Kosten, wo er genügend Platz zum Rennen und Laufen bekommt – und möglichst die Chance zum Schwimmen. Er ist relativ freundlich mit Fremden, und obwohl er im Alter von etwa drei Jahren, wenn er endgültig erwachsen wird, etwas diskriminierender im Umgang mit fremden Personen wird, ist er niemals aggressiv – der durchschnittliche Einbrecher weiß das aber nicht. Er ist immer willig, läßt sich leicht erziehen und ist hinreißend geduldig mit kleinen Kindern. Das Fell des Leonbergers ist pflegeleicht, obwohl er natürlich mit seinen großen, haarigen Pfoten Sand und Matsch ins Haus trägt – aber dafür sabbert er nicht.

Fellpflege

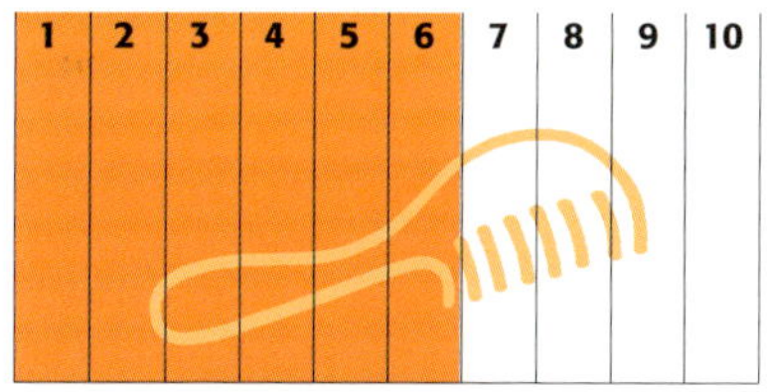

Benötigter Auslauf

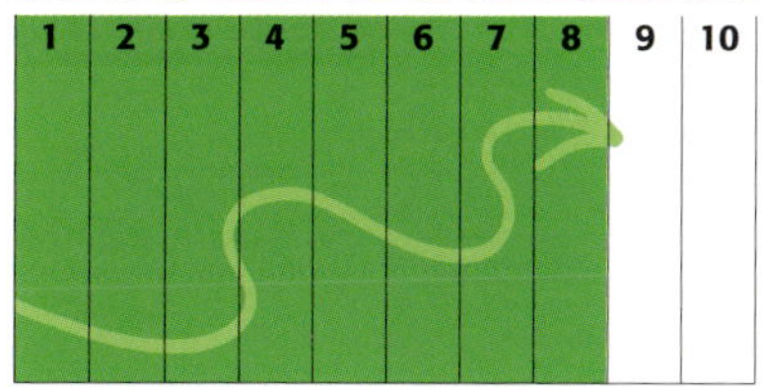

Für Stadtwohnung geeignet

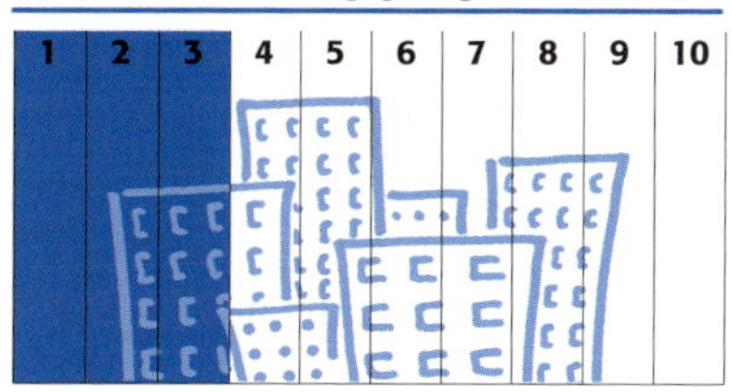

Häufige Krankheiten

Hüftgelenksdysplasie, Augenlidabnormalitäten

Für Anfänger geeignet

LHASA APSO

Größe	ca. 25 cm
Gewicht	ca. 6–10 kg
Fell	lang, schwer, gerade und ziemlich hart, mit mäßiger Unterwolle
Farbe	alle Farben bis hin zur Mehrfarbigkeit
Preis	€ 800 – 950

Fellpflege

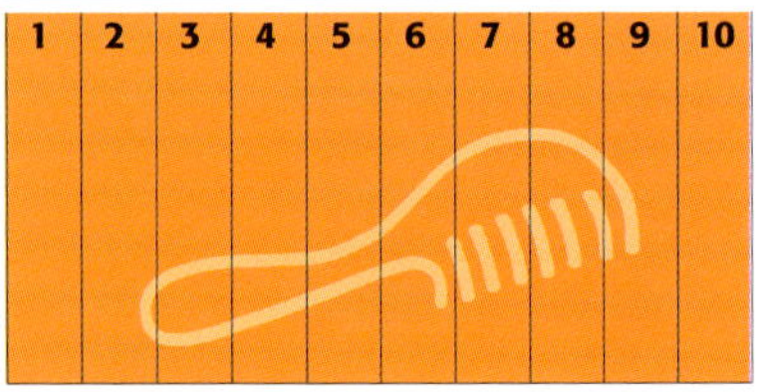

Benötigter Auslauf

Für Stadtwohnung geeignet

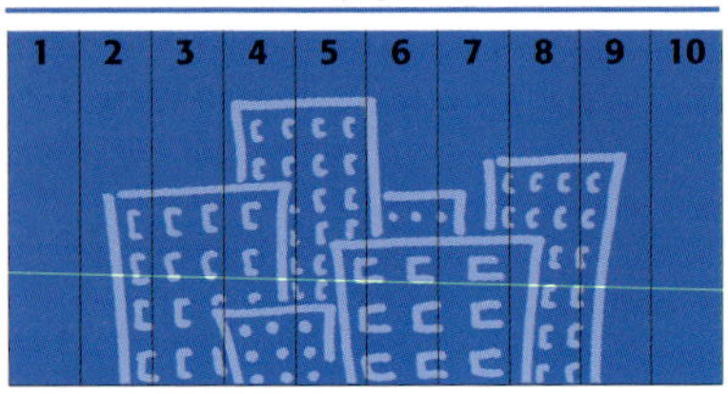

Häufige Krankheiten

Hüftgelenksdysplasie, Leberkrankheiten

Für Anfänger geeignet

DER LHASA APSO wurde von den buddhistischen Mönchen als Wachhund in den Klöstern gehalten. Außerdem waren die Lhasas Glücksbringer, die vom Dalai Lhama an besondere Auserwählte verschenkt wurden. Das bedeutet, daß sie seit Jahrhunderten sehr ernst genommen wurden – und das erwarten sie auch von ihrer Umgebung in der modernen westlichen Welt. Der Lhasa ist ein ausgesprochen selbstsicherer, lebhafter Hund, der seine Familie liebt, aber Fremden gegenüber sehr mißtrauisch ist – eine Eigenschaft, die noch aus seinen tibetanischen Tagen als Wachhund stammt. Wenn er sich allerdings erst einmal mit den neuen Personen angefreundet hat, ist er offen und ganz ohne Aggression. Der Lhasa ist ein Hund mit einer großen Persönlichkeit, eigenwillig und unabhängig – ein anspruchsvoller Hund, der absolut kein Schoßhund ist oder sein will. Er gilt nicht als idealer Hund für kleine Kinder – er ist nicht besonders duldsam und läßt sich nicht einfach so herumschubsen. Sein Herr muß von Anfang an klar stellen, wer der Herr im Haus ist, sonst kann der Lhasa Apso zu einem ausgewachsenen Despoten werden. Im Grunde ist er dabei verspielt und liebevoll und nimmt Erziehung gerne an. In den letzten Jahren wurde er sehr populär, weshalb man sich bemühen muß, einen Welpen von einem wirklich guten Züchter zu bekommen.

Größe	32 cm
Gewicht	5 kg
Fell	lang, gewellt, seidig-weich, aber durchaus griffig
Farbe	jede Farbe, jede Farbkombination
Preis	€ 800 – 1000

DAS LÖWCHEN findet das Leben grundsätzlich erst einmal fabelhaft. Das liegt vielleicht daran, daß es über Jahrhunderte als lebende Wärmflasche bei den Damen im Bett schlafen durfte und im übrigen, nach Löwenmuster geschoren, ausschließlich dem Pflege- und Zärtlichkeitsbedürfnissen seiner Besitzer diente. Obwohl der Optik nach ein Luxushund, ist das Löwchen im Grunde seines Herzens den Stürmen dieses Lebens absolut gewachsen. Die Rasse ist intelligent, pfiffig, sehr gesund und hat gute Instinkte, obwohl wegen ihrer Seltenheit viel Inzucht betrieben wurde. Das Löwchen gilt als ausgesprochen wachsam und muß früh korrigiert werden, wenn aus ihm kein Kläffer werden soll. Es ist sehr verspielt und ein so guter Kinderhund, daß es sich leicht schikanieren läßt. Löwchen sind sehr sportlich und lieben Spaziergänge, brauchen sie allerdings nicht dringend und sind auch mit Spielen im Garten zufrieden. Weil Löwchen als Welpen so hinreißend niedliche Flauschbällchen sind, kann dem Besitzer die Erziehung schwer fallen. Sie sind sehr gewitzt darin, nicht zu gehorchen, und wickeln ihre Umgebung mit ihrem Charme ohne weiteres um den Finger, ordnen sich bei konsequenter Erziehung aber leicht unter. Das Löwchen muß regelmäßig gekämmt werden. Die Löwenschur bleibt dem Geschmack des Besitzers überlassen, sollte aber keinesfalls ausgeführt werden bei Temperaturen, in denen man nicht selber auch mit kurzen Hosen herumlaufen würde.

Fellpflege

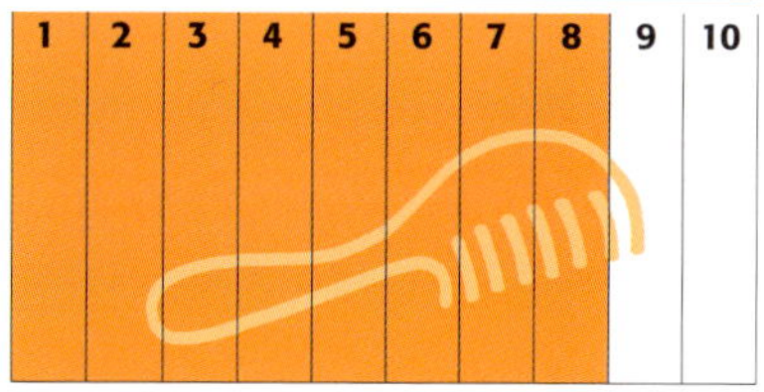

Benötigter Auslauf

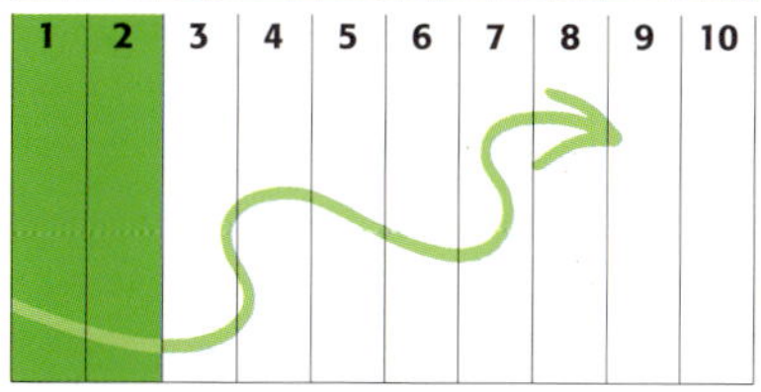

Für Stadtwohnung geeignet

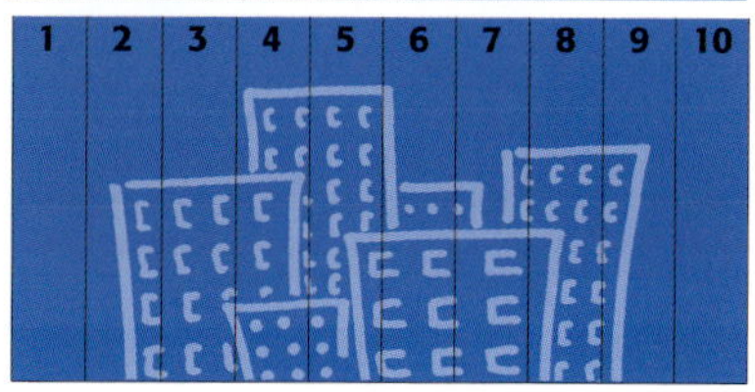

Häufige Krankheiten

Zahnprobleme, Patellaluxation

Für Anfänger geeignet

MALTESER

Größe	20–25 cm
Gewicht	1,8–3 kg
Fell	lang, seidig, üppig
Farbe	reinweiß
Preis	€ 850 – 1500

Fellpflege

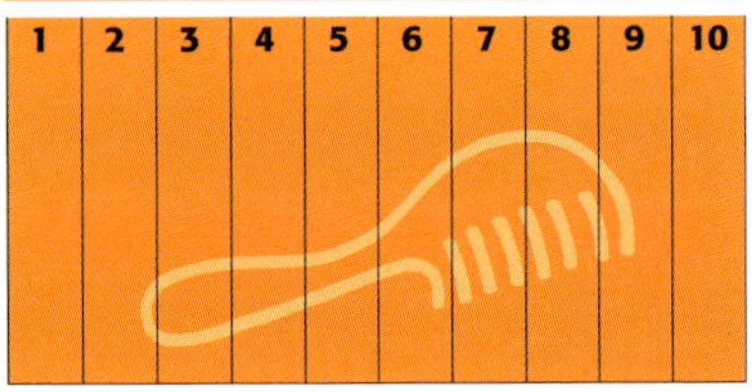

Benötigter Auslauf

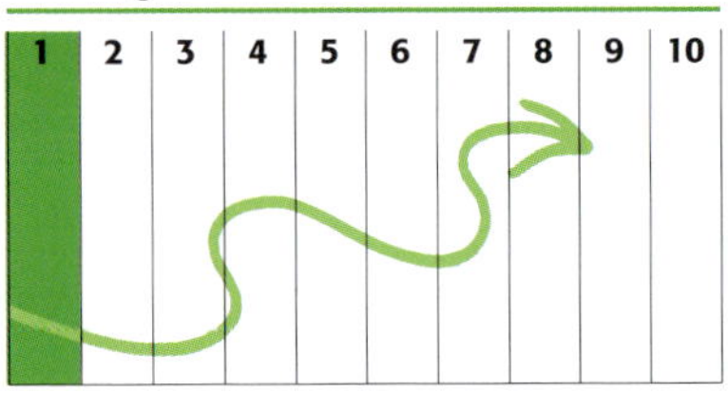

Für Stadtwohnung geeignet

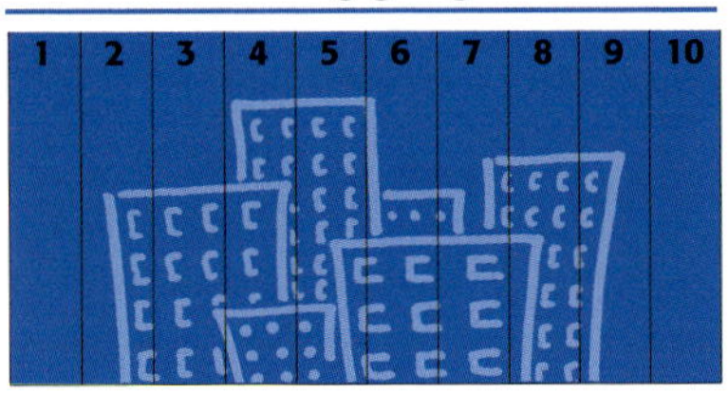

DER MALTESER ist wohl eine der ältesten Hunderassen überhaupt. Er war ein beliebter Hund der Oberklasse im Alten Rom und Griechenland und der ständige Begleiter der adeligen Damen in der Zeit von Elisabeth I. Noch vor 500 Jahren wurden diese Hunde für ungeheure Summen verkauft, die dem Jahreseinkommen eines ganzen Dorfes von Arbeitern entsprächen.

Der Malteser ist wie ein Kind, und das sollte niemand vergessen, der sich überlegt, einen Malteser anzuschaffen. Er ist liebevoll, von großer Persönlichkeit, verspielt, intelligent und betet seinen Herrn an, gleichzeitig ist er ein oft schwieriger Fresser mit einem etwas komplizierten Verdauungssystem, ganz abgesehen von seinem wunderschönen Fell, das ständig gepflegt werden muß. Er kann sehr zerbrechlich sein und möchte es gerne warm und trocken haben, obwohl er tägliche Spaziergänge verlangt. Insgesamt träumt der Malteser aber eher von Samtkissen als von Schafherden. Er wurde vor zweitausend Jahren als Schoßwärmer gezüchtet, und das ist mittlerweile in seine Genetik übergegangen. Er kann schnippisch und unfreundlich mit Fremden sein, sogar denen, die er kennt, weshalb es wichtig ist, ihn von Welpenalter an an Fremde und neue Umgebungen zu gewöhnen.

Häufige Krankheiten

Augenentzündungen, Zahnfleischschwächen, Rückenwirbelprobleme

Für Anfänger geeignet

Größe	77–76 cm
Gewicht	70–90 kg
Fell	kurz, hart
Farbe	falb, apricot oder gestromt, mit schwarzer Maske und dunkleren Ohren
Preis	€ 1500 – 2500

Fellpflege

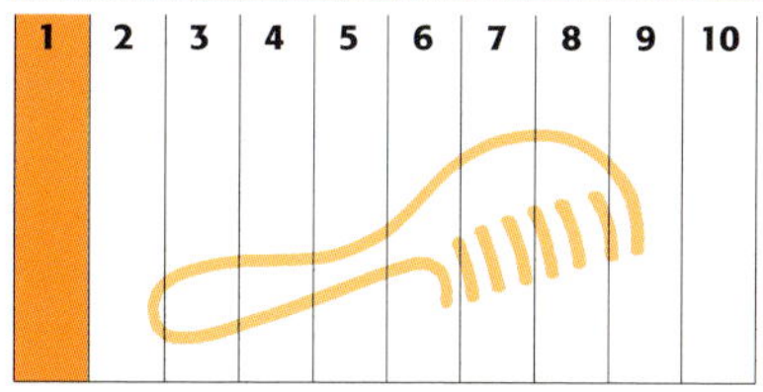

Benötigter Auslauf

Für Stadtwohnung ungeeignet

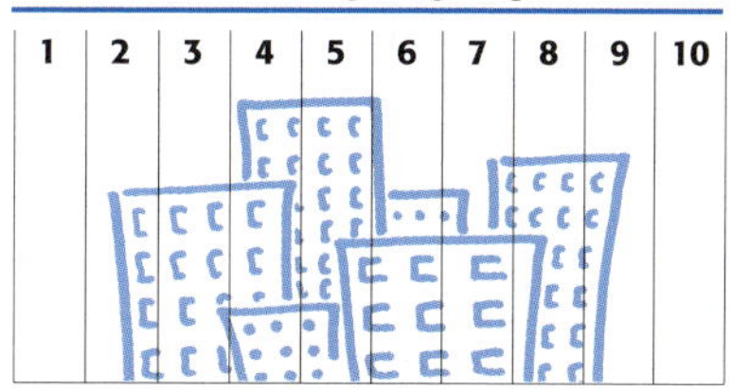

Häufige Krankheiten

Hüftgelenksdysplasie, Entropium, Schilddrüsenfunktionsstörungen, Blasenstörungen

Für Fortgeschrittene

DER MASTIFF ist sozusagen der Löwe unter den Hunden. Trotz seiner ungeheuren Größe ist er ein wunderbarer Familienhund, gutmütig, liebevoll, ausgeglichen und sehr kinderfreundlich. Er gehört dabei in ländliche Umgebung, weil dieser gewaltige Hund viel Platz und Auslauf braucht – ob er die Bewegung nun zu wollen scheint oder nicht. Er braucht seine Menschen und kann daher nicht einfach im Garten oder auf dem Hof geparkt werden. Er ist gewöhnlich von Natur aus gehorsam und dementsprechend leicht zu erziehen und nimmt alles, was er gebeten wird, sehr ernst. Seine Erziehung sollte aus viel Lob und wenig Korrekturen bestehen; niemals darf ein Mastiff geschlagen werden. Man sollte ihn von klein auf gut mit Menschen und anderen Tieren sozialisieren, damit er ein sicheres Gespür für die eigene Körpergröße bekommt. Die meisten Mastiffs sind Fremden gegenüber freundlich, und das ist gut so: Hunde erkennen Gefahr gewöhnlich von ganz alleine, ohne besondere Ausbildung. Ein aggressiver Mastiff ist absolut nicht zu tolerieren: Seine Größe allein dürfte jeden Einbrecher verschrecken. Er benötigt praktisch keine Fellpflege, sabbert dafür allerdings unaufhaltsam. Der Mastiff gehört, wie die meisten Hunde aus der Molosser-Familie, spätestens seit 2000 in die „Liste 2 der Kampfhundeverordnung" der meisten Bundesländer Deutschlands. Das bedeutet, daß die Haltung dieser Hunde nur unter Erfüllung sehr hoher Auflagen erlaubt ist.

MASTINO NAPOLETANO

Größe	60–75 cm
Gewicht	bis 70 kg
Fell	kurz, kräftig, glänzend
Farbe	blaugrau, schwarz, braun, rotgelb, hirschrot, gestromt
Preis	€ 2000

Fellpflege

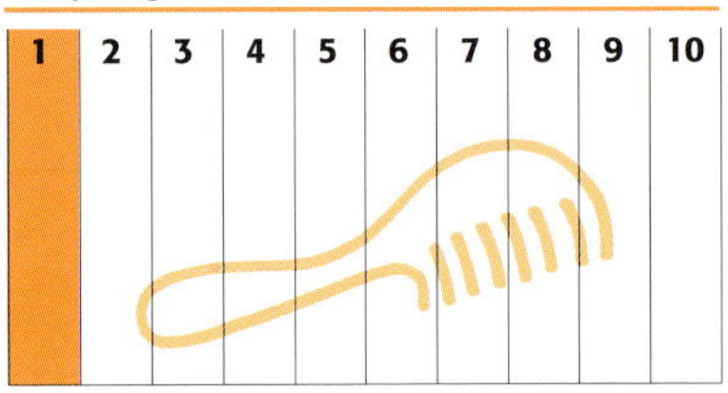

Benötigter Auslauf

Für Stadtwohnung geeignet

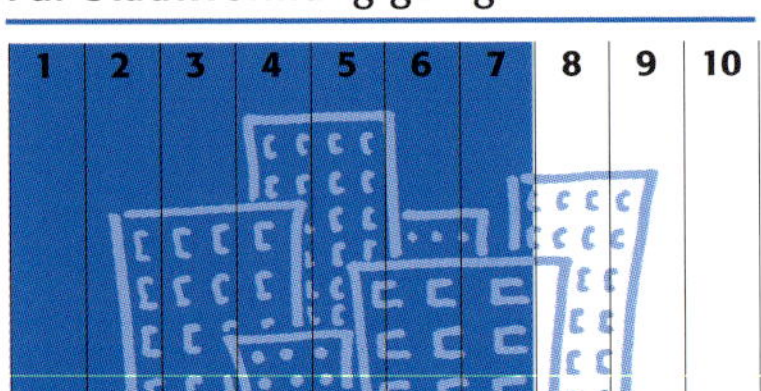

Häufige Krankheiten

Hüftgelenksdysplasie, Entropium, Ektropium

Für Fortgeschrittene

DER MASTINO NAPOLETANO ist ein direkter Abkomme der römischen Molosserhunde. Er wurde als Kriegs- und Kampfhund der Gladiatoren gehalten, als Zug-, Begleit- und Schutzhund. Seit einigen Jahren gehört er in weiten Teilen Deutschlands und Europas in die Liste 2 der Kampfhundeverordnung, was seine Haltung untersagt. Die Auflagen bei einer Sondergenehmigung zur Haltung sind außerordentlich hoch und praktisch unmöglich zu erfüllen. Trotz seines gefährlichen Äußeren ist er ein anhänglicher, ruhiger, freundlicher Begleiter und ein Kinderhund von absolut stoischer Geduld. Er liebt seinen Herrn und dessen Freunde und bellt nur, wenn es ihm wirklich wichtig scheint. Der Mastino ist ein Hund von ungeheurer Masse und deshalb nichts für Menschen, die wenig Kraft haben. Für besonders aktive Hundefreunde eignet er sich auch nicht: Er hat einen langsamen, bärenhaften Gang und läßt sich nicht so leicht aus seinem bedächtigen Konzept bringen. Der Mastino braucht am Tag wenigstens eine Stunde Bewegung, ob er sie zu wollen scheint oder nicht. Man muß sehr darauf achten, daß er nicht fett wird. Respektvolle, konsequente Erziehung zur Unterordnung ist unvermeidlich, wenn man über diesen ungeheuer starken Hund nicht vollständig die Kontrolle verlieren will. Niemals darf dieser Hund scharfgemacht oder zum Schutzhund ausgebildet werden: Seine Präsenz ist so eindrucksvoll, daß sie jeden Eindringling sowieso abhalten wird. Scharfgemacht ist der Mastino, wie alle besonders großen Rassen, schlicht lebensgefährlich.

Größe	ca. 25–30 cm
Gewicht	zwischen 6,3 und 8 kg
Fell	glatt, dicht, glänzend, weich
Farbe	silber, schwarz, beige; jeweils mit schwarzer Maske
Preis	€ 1050

DER MOPS ist kein normaler Hund, das sieht man auf den ersten Blick. Er paßt zu psychisch stabilen Menschen, die sich nicht daran stören, daß ihr bester Freund schnarcht, grunzt, haart und mit völliger Selbstverständlichkeit immer den besten Platz auf dem Sofa für sich beansprucht. Der Mops ist ein Klassiker. Er hat eine gespaltene Persönlichkeit. Sein Gesichtsausdruck wirkt, als laste auf seinen Schultern das Elend dieser Welt, aber sein Blick ist feurig. Er ist ruhig und freundlich, andererseits wild, verspielt und von ungeheurem Sportsgeist.

Wahrscheinlich stammt der Mops aus China: Er besitzt die eingedrückte Nase und den Ringelschwanz, die Chinesen bei ihren Palasthunden so schätzen. Angeblich brachte ihn Dschingis Khan mit nach Europa; im 17. Jahrhundert jedenfalls war der Mops auf einmal da und wurde der Hund der Fürstenhäuser, Snobs und späten Mädchen. Entgegen aller Vorurteile ist der Mops gar kein dicker, dummer, ungelenker Hund: Er ist ein idealer kleiner Gefährte, handlich, riecht und sabbert nicht und reagiert im allgemeinen recht gut auf eine Grunderziehung. Einem Mops etwas zu verbieten, was er sich in den Kopf gesetzt hat, bedarf allerdings einiger Ausdauer. Er ist kinderlieb, intelligent, fröhlich und paßt sich jeder Situation an, fühlt sich in einer kleinen Wohnung genauso wohl wie auf einem Landschloß. Er ist mit einer halben Stunde Auslauf zufrieden, schafft aber auch spielend fünf. Er schnappt nicht, schnarcht dafür aber entsetzlich. Der Mops hatte nie eine andere Aufgabe, als geliebt zu werden. Die erfüllt er hervorragend.

Fellpflege

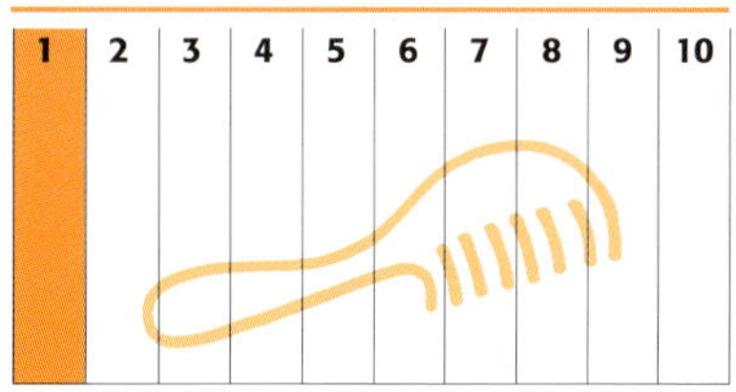

Benötigter Auslauf

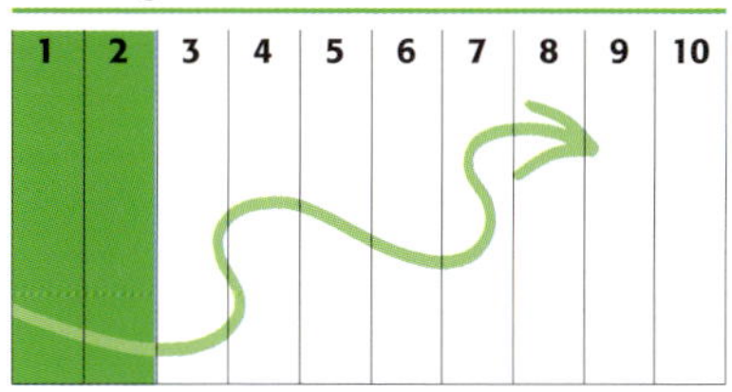

Für Stadtwohnung geeignet

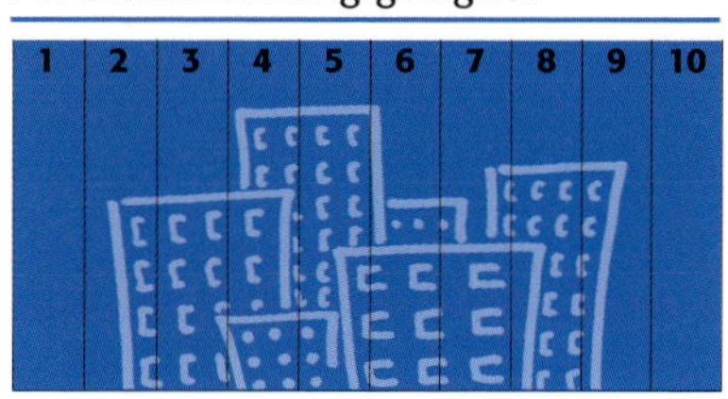

Häufige Krankheiten

Spondylose, Kniescheibenluxation, Hornhautgeschwüre, Demodex

Für Anfänger geeignet

NEUFUNDLÄNDER

Größe	65–70 cm
Gewicht	45–68 kg
Fell	lang, schwer, glänzend, flach anliegend, leicht gewellt
Farbe	schwarz, braun
Preis	€ 850 – 1020

Fellpflege

Benötigter Auslauf

Für Stadtwohnung ungeeignet

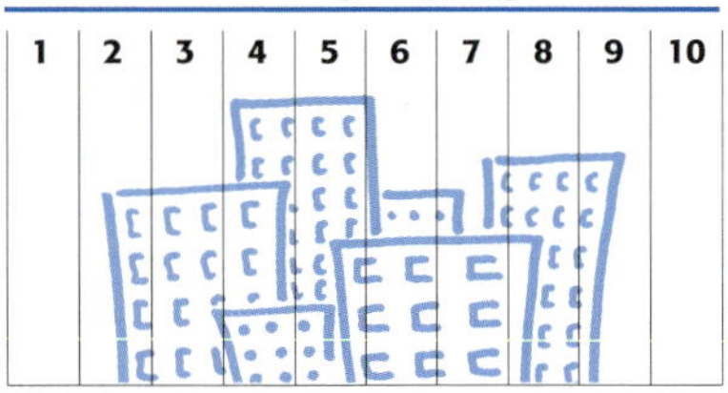

Häufige Krankheiten

Hüftgelenksdysplasie, Augenlid-abnormalitäten, Herzkrankheiten

Für Anfänger geeignet

DER NEUFUNDLÄNDER ist ein Riese unter den Hunden, der in Aussehen und Wesen einem Teddybären gleicht. Über seine Hekrunft gibt es unendliche Theorien, aber Genaues weiß man nicht. Wahrscheinlich geht seine Abstammung auf den Tibet Mastiff zurück. Er wurde als Arbeitshund gehalten; es wurde von ihm erwartet, Netze einzuziehen, Karren zu ziehen und Lasten zu tragen, und ganz nebenbei wurde er zum legendären Lebensretter im Wasser. Heute ist dieser Hund vor allem ein hinreißender Familienhund. Er ist angenehm im Umgang mit Fremden und sehr freundlich, wenn er das Gefühl hat, daß seine Familie nicht bedroht ist. Obwohl er kein mißtrauischer Hund ist, ist der Neufundländer sehr beschützerisch, was man bei einem Hund dieser Größe undbedingt bedenken sollte: Niemals sollte ein solcher Hund zum Schutzhund ausgebildet werden; seine Gestalt allein dürfte auch den mutigsten Einbrecher abschrecken. Der Neufundländer ist dabei sehr offen und ausgeglichen und daher ein ideales Familienmitglied, das mit unendlicher Geduld Kinder auf sich reiten läßt und Spielzeugautos in seinen Ohren erträgt. Das einzige, was dieser Hund nicht aushalten kann, ist zuwenig menschliche Zuwendung.

Der Neufundländer wurde fürs Wasser gezüchtet und hat sogar Schwimmhäute zwischen den Zehen – ihm das Schwimmen aus Sauberkeitsgründen zu verbieten, grenzt an Grausamkeit. Sein Fell benötigt aufwendige Pflege, er trägt besonders bei schlechtem Wetter pfundweise Sand ins Haus und sabbert außerdem beträchtlich.

NORFOLK TERRIER

Größe	25 cm
Gewicht	5 kg
Fell	hart, drahtig, gerade, dicht am Körper anliegend, mit kurzer, dichter Unterwolle
Farbe	rot, weizenfarben, schwarzlohfarben und grizzle
Preis	€ 1000

DER NORFOLK TERRIER hat den gleichen Ursprung wie der Norwich Terrier – beide waren Arbeitshunde, nämlich harte kleine Rattenfänger. Seit 1964 sind sie separat anerkannte Rassen und unterscheiden sich in mehr Punkten als den Kippohren des Norfolks und den Stehohren seines Vetters. Der Norfolk Terrier ist einer der kleinsten Terrier, was die Schulterhöhe betrifft, und einer der größten im Wesen. Er ist unglaublich anpassungsfähig, was Umwelt und Familie betrifft: Vom Ein-Mann-Hund bis zum Familienclown tut er, was man von ihm erwartet, solange er genügend Bewegung und Beschäftigung bekommt. Der Norfolk ist sehr neugierig, aktiv und will überall dabei sein. Er läßt sich leicht erziehen, was ihn sowieso von den meisten Terrierarten unterscheidet, und hält Gehorsamsübungen für die unterhaltsamste Beschäftigung, die man sich denken kann. Seiner ausgezeichneten Ohren wegen wird der Norfolk sogar als Therapiehund für Hörgeschädigte eingesetzt. Der Norfolk Terrier besitzt ungeheuren Charme und erobert sich schnell alle Herzen seiner Umgebung. Er ist klein und handlich und eignet sich deshalb gut als Reisehund, außerdem ist er selbstbewußt und kann mit neuen Situationen gut umgehen. Er ist ein wacher kleiner Wachhund, ohne ein Kläffer zu sein, hat relativ wenig Jagdtrieb und ist überhaupt nicht streitsüchtig. Sein hartes Fell wird selten wirklich schmutzig, er muß allerdings zweimal im Jahr per Hand getrimmt werden – auf keinen Fall geschoren, davon wird das Fell zu weich.

Fellpflege

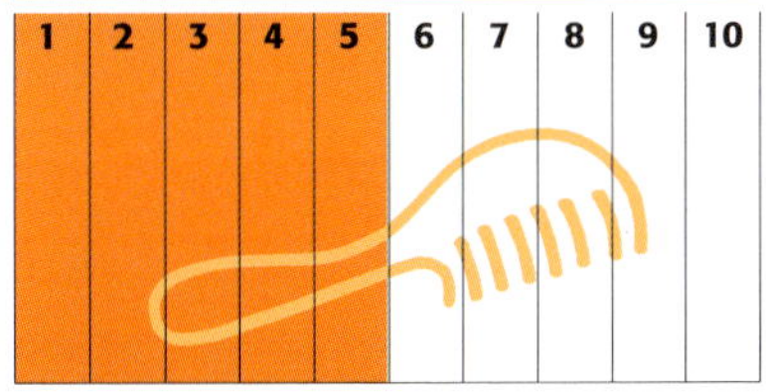

Benötigter Auslauf

Für Stadtwohnung geeignet

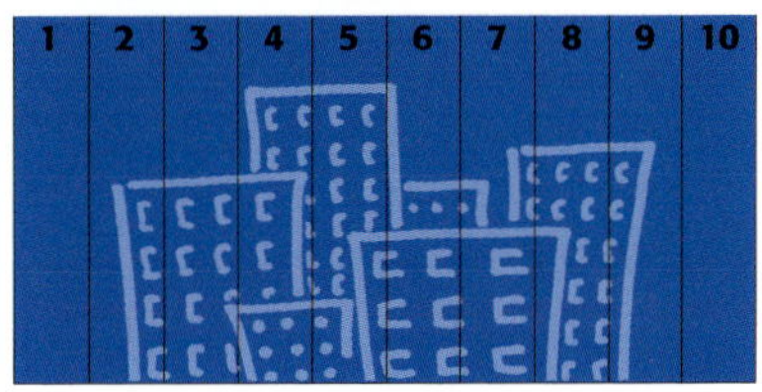

Häufige Krankheiten

Atemprobleme

Für Anfänger geeignet

NORWICH TERRIER

Größe	25–30 cm
Gewicht	5 kg
Fell	hart, drahtig, gerade, dicht anliegend, mit kurzer, dichter Unterwolle
Farbe	rot, weizenfarben, schwarzlohfarben, grizzle
Preis	€ 1500

Fellpflege

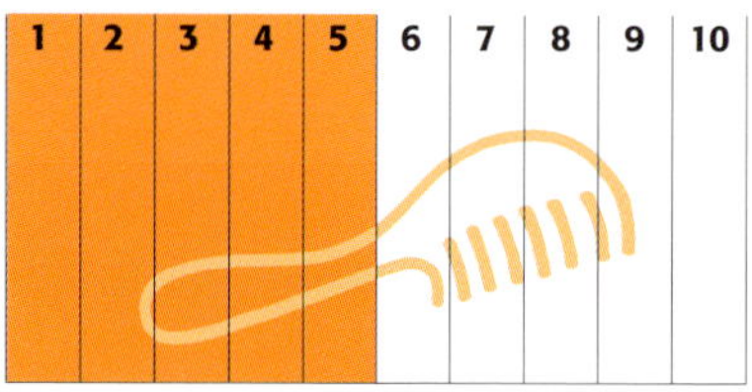

Benötigter Auslauf

Für Stadtwohnung geeignet

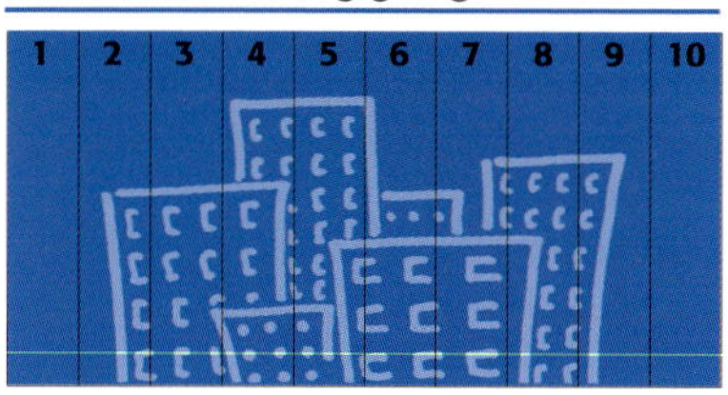

Häufige Krankheiten

leichte Herzstörung, Atemprobleme, Cramps (eine Art Epilepsie)

Für Anfänger geeignet

DER NORWICH TERRIER ist eng verwandt mit dem Norfolk Terrier und wurde erst 1964 als eigenständige Rasse anerkannt. Er hat, im Gegensatz zu seinem Vetter, kleine Stehohren. Er ist einer der kleinsten Terrier, dafür aber mit einer ungeheuren Persönlichkeit. Ein echter Repräsentant für die Terrierrasse, wie sie sein soll: Hart, mutig, fröhlich, aufrichtig, feurig, selbstbewußt, aber dabei absolut umgänglich, treu, leicht erziehbar und ohne Aggression oder Nervosität. Er wurde dazu gezüchtet, sich jeder Situation anzupassen und ist ein idealer kleiner Familienhund, der Abenteuer und Aufregung liebt, überall dabei sein will und es als seinen Job ansieht, seine Umgebung zu entzücken und zu unterhalten. Er braucht Spaziergänge und Beschäftigung, läßt sich aber leicht erziehen, weil er es als herrliches Amüsement zusammen mit seinem Herrn betrachtet, und läßt sich jedes Kunststück beibringen. Sein Fell ist pflegeleicht und relativ schmutzabweisend; er muß allerdings zweimal im Jahr getrimmt werden – nicht geschoren, sonst wird das Fell zu weich. Der Norwich Terrier ist der ideale Hund für alle Lebenssituationen. Das einzige, was er nicht aushalten kann, ist zuwenig Ansprache: Der Norwich klebt buchstäblich an seinen Menschen.

PAPILLON

Größe	20–29 cm
Gewicht	4–4,5 kg
Fell	üppig, fein, seidig, Ohren und Hinterläufe gut befranst, dichte Halskrause
Farbe	überwiegend weiß mit Flecken jeder Farbe, außer leberfarben, auch dreifarbig
Preis	€ 650 – 800

DER PAPILLON ist im Grunde seines Herzens gar kein Schoßhund, obwohl er schon seit dem 16. Jahrhundert als »Damenhündchen« auf vielen Porträts adeliger Damen auftauchte und der Lieblingshund Marie Antoinettes war. Sein Name – »Schmetterlingshündchen« – enstand durch seine Ohren, die der Form eines Schemtterlings ähneln sollen. Der Papillon ist viel robuster, als er eigentlich wirkt: Dieser Zwergspaniel ist sehr intelligent und fröhlich, ein harter Rattenfänger und eignet sich hervorragend zu Agility. Er fühlt sich auf dem Land genauso wohl wie in der Stadt. Behandelt man ihn wie einen normalen Hund, ist er selbstbewußt und offen, verwöhnt und verhätschelt man ihn, wird er leicht nervös, ängstlich und unsicher. Bei aller Eleganz liebt er lange Spaziergänge und Abenteuer aller Art und ist deshalb ein guter Reisehund, der sich jedem Klima und allen Umständen anpaßt. Der Papillon ist ruhig und liebevoll, lernt leicht Kunststücke und verträgt sich gut mit anderen Haustieren. Der Schmetterlingshund ist anschmiegsam, gehorcht seiner Familie gut und ist außerdem ein sehr guter kleiner Wachhund.

Fellpflege

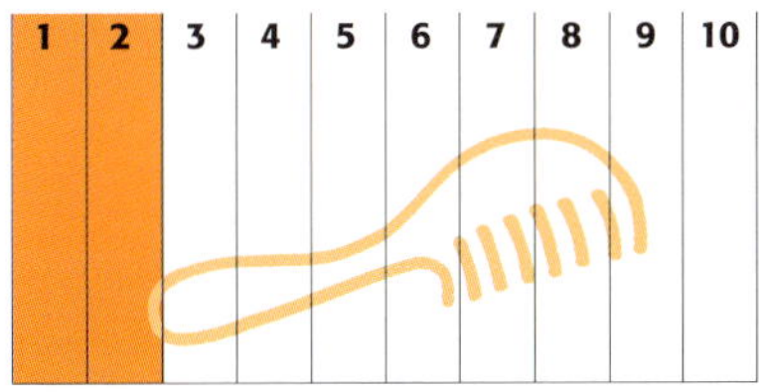

Benötigter Auslauf

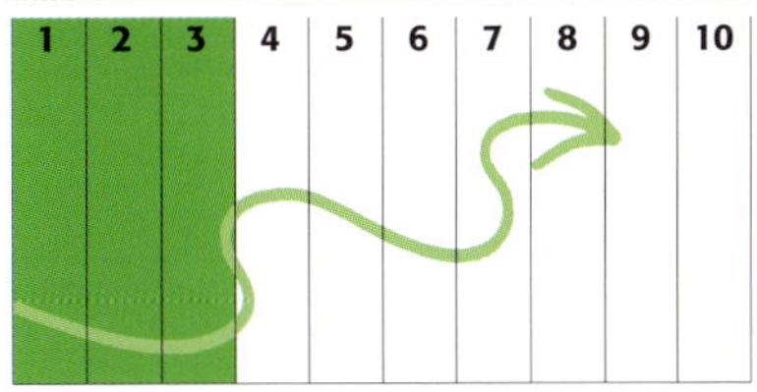

Für Stadtwohnung geeignet

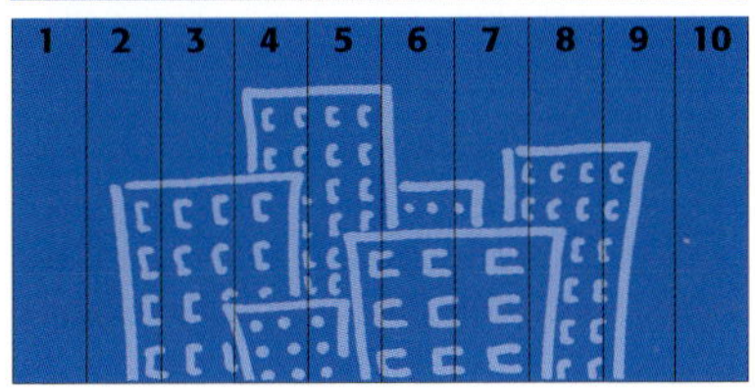

Häufige Krankheiten

neigt zu Knochenfrakturen (nicht von Möbeln springen lassen)

Für Anfänger geeignet

PEKINGESE

Größe	ca. 18 cm
Gewicht	4,5–6 kg
Fell	lang, gerade, üppig, mit ausgeprägter Mähne um den Hals
Farbe	alle Farben erlaubt außer leberfarben, immer mit schwarzer Maske
Preis	€ 850 – 1000

Fellpflege

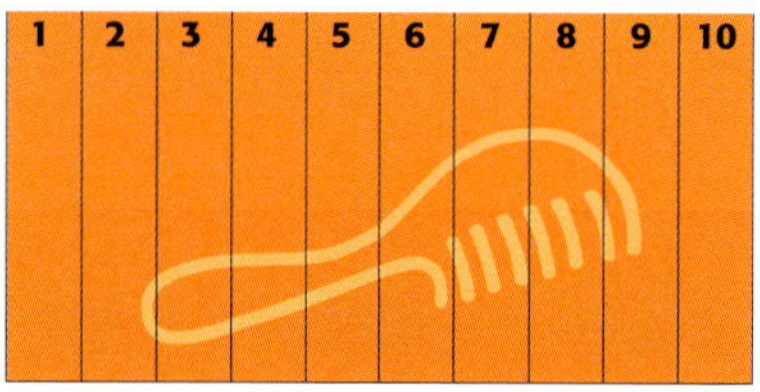

Benötigter Auslauf

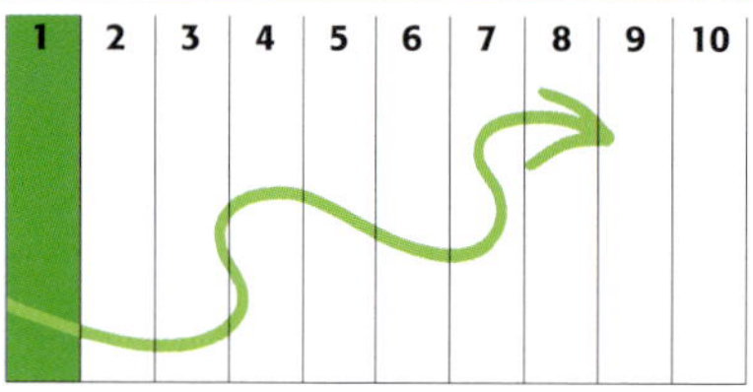

Für Stadtwohnung geeignet

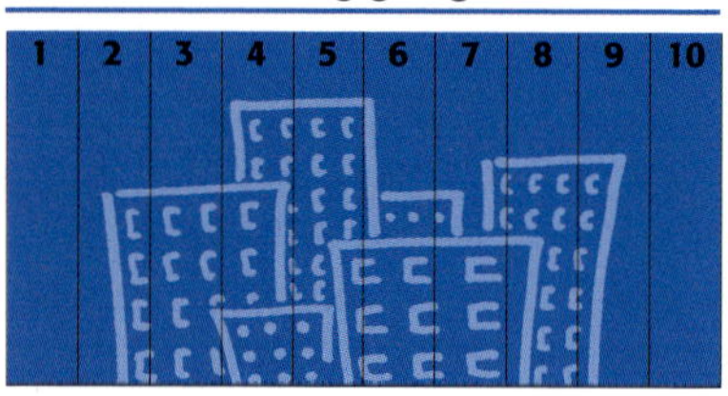

Häufige Krankheiten

Harnsteine, Augeninfektionen, Kurzatmigkeit, Heraustreten des Augapfels, Kieferprobleme, Wolfsrachen

Für Anfänger geeignet

DER PEKINGESE (auch: Pekinese) entstand, als sich im Alten China ein Löwe in eine Äffin verliebte und einen Heiligen bat, seine Größe irgendwie seiner Angebeteten anzupassen: Der Sproß dieser glücklichen Verbindung war der kaiserliche Pekingese, der von nun an in den Gemächern der chinesischen Paläste gezüchtet und verwöhnt wurde. Jeder Versuch, ihn der Außenwelt näherzubringen, wurde mit der Todesstrafe bestraft. Um 1860 gelangten fünf Pekingesen durch englische Offiziere nach England. Einer von ihnen wurde Queen Victorias Lieblingshund.

Der Pekingese ist also ein Palasthund, und seiner Auffassung nach hat sich daran trotz heute herrschenden Palastmangels nichts geändert. Er ist ein würdevoller kleiner Hund, zurückhaltend, selbstbewußt, anschmiegsam und mit dem Mut eines Löwen, sobald es an der Tür klingelt. Er ist kein Spielhund und kann giftig werden, weshalb er kein geeigneter Kinderhund ist. Der Pekingese ist eigenwillig, dickköpfig und gleichzeitig hochsensibel, was seine Erziehung praktisch unmöglich macht. Glücklicherweise benimmt er sich dabei von ganz alleine sehr manierlich. Wenn er ersteinmal entschieden hat, wer sein Herr ist, ist es ein Vergnügen, einen Pekingesen als Lebensgefährten zu haben: Sind es doch gerade Unabhängigkeit, Kühnheit und Selbstbewußtsein, die den Löwen ausmachen.

PEMBROKE WELSH CORGI

Größe	25,4–30,5 cm
Gewicht	10–12 kg
Fell	kurz, hart, dicht; wetterfeste Unterwolle
Farbe	rot, braun, falb, schwarz-loh, einfarbig oder mit weißen Abzeichen
Preis	€ 1000

DER PEMBROKE WELSH CORGI hat einen völlig anderen geschichtlichen Hintergrund als der Cardigan Welsh Corgi. Als Henry I. im Jahre 1107 flämische Weber ins Land brachte, begleitete dieser kleine Hund sie nach Wales und wurde zum Hütehund für Rinder. Im Gegensatz zum Cardigan hat der Pembroke Welsh Corgi spitze Ohren und eine sehr kurze Rute. Er ist ein freundlicher, sanfter, ausgeglichener Hund für alle Lebenslagen: Er fühlt sich auf einem Bauernhof genauso wohl wie in einer Stadtwohnung. Obwohl liebevoll, kann er ein guter Wachhund sein, ist aber dabei niemals streitsüchtig oder hinterlistig. Er hat das Herz und die Souveränität eines großen Hundes und ist sehr nahe daran, ein wirklich idealer Hund zu sein: Der Pembroke hat Feuer, Charme und ist von Natur aus gehorsam, absolut robust und ein handlicher Reisehund und so angenehm im Umgang, daß man ihn wirklich überall hin mitnehmen kann. Im übrigen wird er ziemlich alt: fünfzehn, sechzehn oder siebzehn Jahre sind für den Pembroke keine Seltenheit. Verglichen mit dem Cardigan Welsh Corgi ist er etwas ruhiger und ernster und tut sich etwas schwerer mit fremden Personen oder Hunden. Die englische Königsfamilie hält dabei immer mehrere von ihnen gleichzeitig, und was für die Windsors gut genug ist, kann auch uns genügen.

Fellpflege

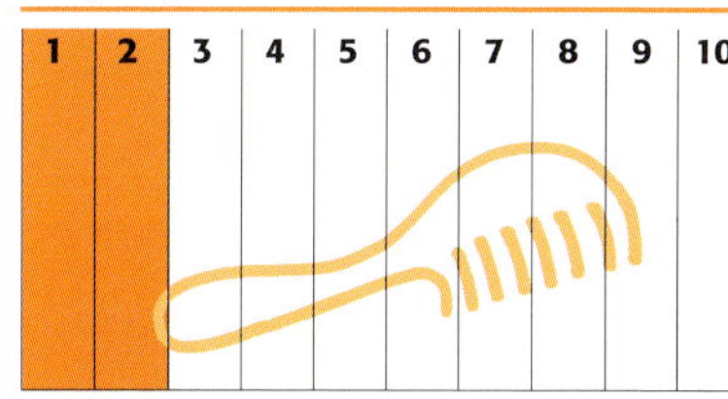

Benötigter Auslauf

Für Stadtwohnung geeignet

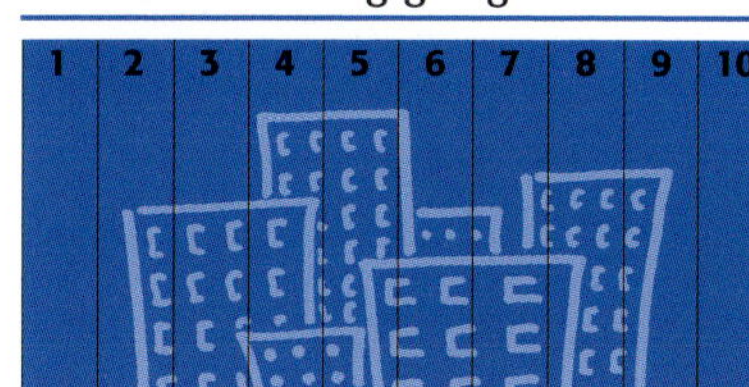

Häufige Krankheiten

keine

Für Anfänger geeignet

PHARAONENHUND

Größe	Rüde 58–63 cm, Hündin 53–61 cm
Gewicht	20–25 kg
Fell	kurz, glänzend, glatt
Farbe	alle Farben von leuchtender Lohfarbe bis Kastanie mit verschiedenen weißen Markierungen
Preis	ca. € 950

Fellpflege

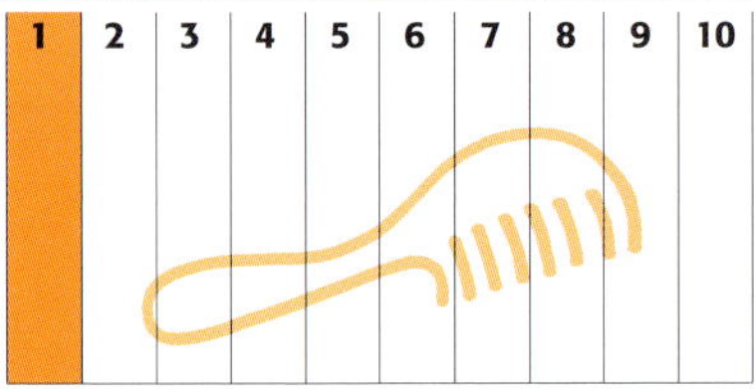

Benötigter Auslauf

Für Stadtwohnung geeignet

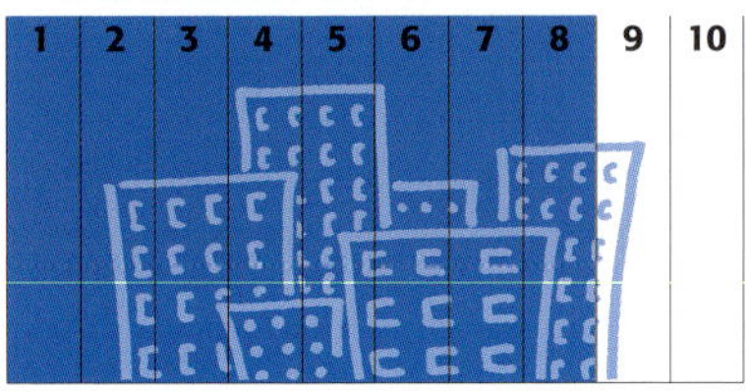

Häufige Krankheiten

keine

Für Anfänger geeignet

DIE GESCHICHTE DES PHARAONENHUNDES reicht bis 3000 v. Chr. zurück. Die Rasse wurde ursprünglich in Ägypten zur Gazellenjagd gezüchtet. Der Pharaonenhund gehörte der reichen ägyptischen Oberklasse und wurde zusammen mit seinem Besitzer im Sarg beigesetzt. Heutzutage ist er ein ausschließlicher Begleithund von statuesker Eleganz: Immerhin war er mal das Modell für den Gott Anubis. Er jagt mit Nase und Auge und ist außerordentlich schnell und aufmerksam. Seine Bewegung ist frei und fließend mit hocherhobenem Kopf.

Der Pharaonenhund ist freundlich und liebevoll, sehr verspielt und viel zu intelligent, als daß man ihn nicht beachten könnte. Er sucht die Nähe zu seinen Menschen, was für die meisten Windhunde ungewöhnlich ist, und will bei jeder Unternehmung dabei sein: Und mit »dabei« ist gemeint, »mitten drin«. Der Pharaonenhund kann es nicht aushalten, ignoriert zu werden und mischt sich in wirklich alles ein. So dekorativ er sein mag, verlangt er vom Leben sehr viel mehr, als nur diese Aufgabe zu erfüllen: In Wirklichkeit will er jedermanns Leben bestimmen. Gleichzeitig ist er – trotz ausgeprägtem Jagdinstinkt – leicht zu erziehen, solange nicht an ihm »herumgezerrt« wird, weil er seinem Besitzer unbedingt gefallen möchte: Eine weitere Möglichkeit für ihn, wieder ganz im Mittelpunkt stehen zu können.

Größe	40–48 cm
Gewicht	11–16 kg
Fell	kurz, hart, kräftig, glänzend, anliegend
Farbe	einfarbig schwarz, schwarz mit lohfarbenen Abzeichen, rehbraun bis hirschrot, braun, schokoladenfarben, blaugrau mit roten oder gelben Abzeichen, Pfeffer und Salz
Preis	€ 900 – 1200

DER PINSCHER ist eigentlich eine sehr alte Rasse, auf vielen alten Gemälden zu sehen und war auf Bauernhöfen in Deutschland als Rattenfänger so verbeitet, daß man sich kaum um ihn kümmerte. Erst, nachdem Ende des 19. Jahrhunderts Hundesausstellungen modern wurden, wurde ein Standard engeführt. Sein Name »Pinscher« geht auf das englische Wort »to pinch« (= kneifen, schnappen) zurück. Dabei ist der Pinscher gar nicht bissig, sondern ein fabelhafter, pflegeleichter Begleithund – wenn auch ein grimmiger Kläffer und als Wachhund immer auf dem Posten. Er ist hochintelligent, anhänglich, ergeben, vital und leicht zu erziehen – solange man freundlich, geduldig und gerecht ist. Sein elegantes Exterieur erinnert an den Dobermann, aber tatsächlich wurde dieser erst viel später aus dem Pinscher gezüchtet. Der Pinscher ist ein nachdenklicher Hund – damit ein hervorragender Aufgabenlöser – und Fremden gegenüber immer erst sehr mißtrauisch, weshalb er von früh an gut sozialisiert werden sollte. Er ist sehr sportlich, braucht Auslauf und ist sehr gut als Agility-Hund geeignet. – Ein Pinscher eignet sich übrigens hervorragend als ausdauernder Pferde-Begleithund, dessen geringer Jagdtrieb absolut kontrollierbar ist. Er hat es nicht verdient, daß man ihn nur so selten sieht: Er ist verläßlich und in Charakter, Ernsthaftigkeit, Größe und Pflegeaufwand ein beinahe idealer Hund – wenn es denn so etwas gibt.

Fellpflege

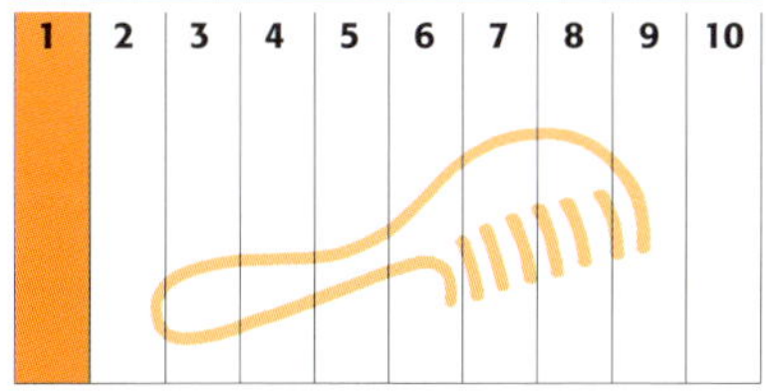

Benötigter Auslauf

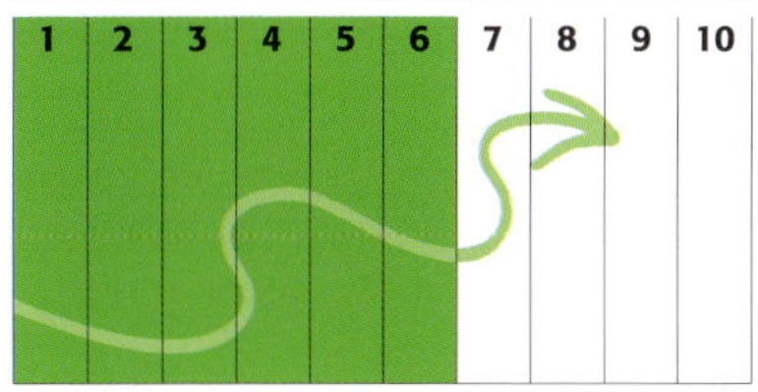

Für Stadtwohnung geeignet

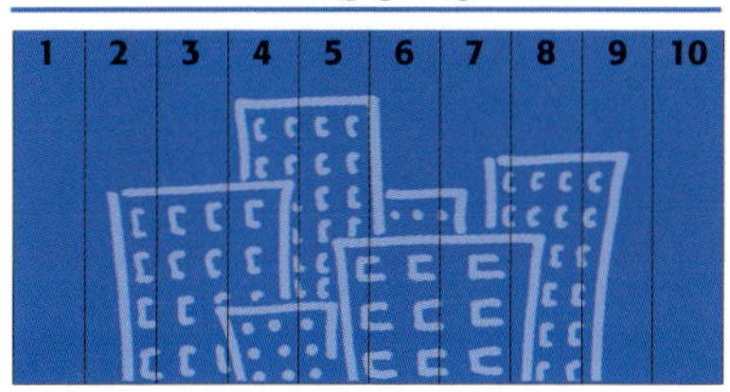

Häufige Krankheiten

keine

Für Anfänger geeignet

PODENCO IBICENCO

Größe	Rüde 60–66 cm, Hündin 57–63 cm
Gewicht	Rüde ca. 22,5 kg, Hündin ca. 19 kg
Fell	glatt, hart, dicht, eng anliegend, Kurzhaar oder Rauhhaar
Farbe	rot, rot-weiß, oder »löwenartig« rot; Füße, Rutenspitze, Brust, Schnauze und Blesse weiß
Preis	€ 800

DER PODENCO IBICENCO ist eine Jahrtausende alte Rasse, die man in letzter Zeit in größerer Konzentration vor allem auf den Balearen fand. Er gehört zu den Windhunden und braucht deshalb ausgesprochen viel Auslauf. Solange der gegeben ist, läßt er sich auch gut in der Stadt halten: Im Haus gilt der Podenco Ibicenco als außerordentlich sauberer und stiller Hund. Im Freien allerdings ist dieser würdevolle, graziöse Hund unglaublich schnell und agil, kann ohne Anlauf sehr hoch springen und hat außerdem einen ziemlich ausgeprägten Jagdinstinkt. Er jagt, wie die meisten windhundartigen, auf »Sicht«. Wer sich einen Podenco Ibicenco anschaffen möchte, muß sich darüber im Klaren sein, daß dieser in erster Linie ein Athlet ist – und ein ziemlich großer dazu: Ein solcher Hund kann nicht einfach in einer kleinen Wohnung geparkt werden. Seiner Familie gegenüber ein zuverlässiger Freund, ist er Fremden gegenüber ziemlich freundlich, weiß aber genau, wo sein Grund und Boden an- und aufhört. Deshalb sollte niemand einfach ohne Begrüßung durch den Hausherrn in das Haus eines Ibicencos eintreten. Der Podenco hat einen sehr eigenen Kopf und muß deshalb vom Welpenalter an konsequent, aber sehr ruhig erzogen werden, wobei ihn Wiederholungen schnell langweilen und er Strafen nur schlecht verträgt.

Fellpflege

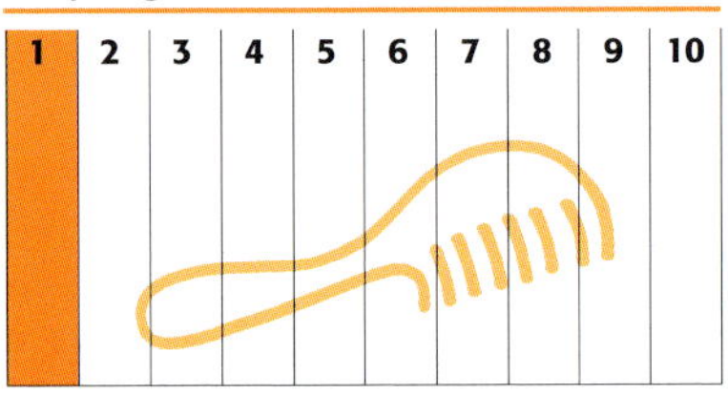

Benötigter Auslauf

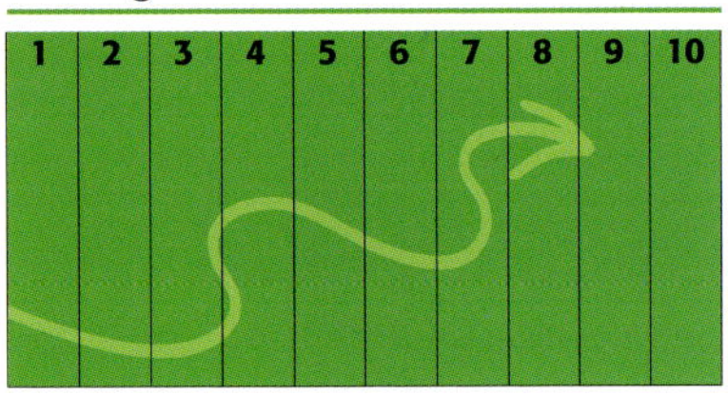

Für Stadtwohnung geeignet

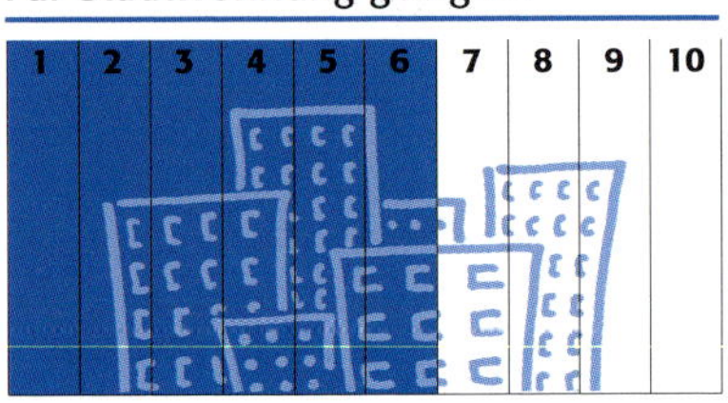

Häufige Krankheiten

keine

Für Anfänger geeignet

POINTER

Größe	Rüde 63–71 cm, Hündin 58–66 kg
Gewicht	20–32 kg
Fell	fein, kurz, glatt anliegend, glänzend
Farbe	leberfarben, orange, schwarz oder zitronenfarben, mit weiß kombiniert; einfarbige Hunde sind sehr selten
Preis	€ 500 – 800

Fellpflege

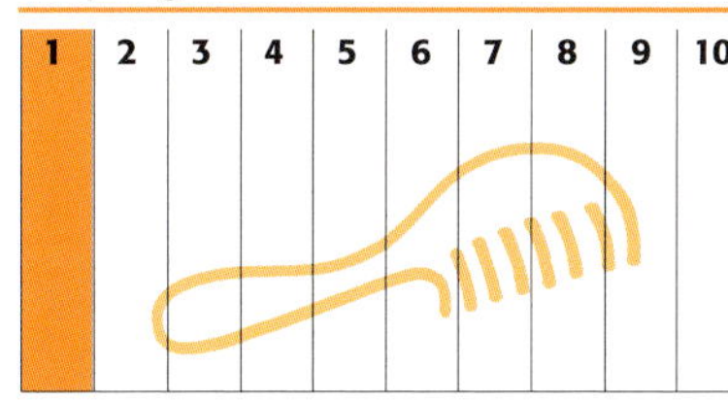

Benötigter Auslauf

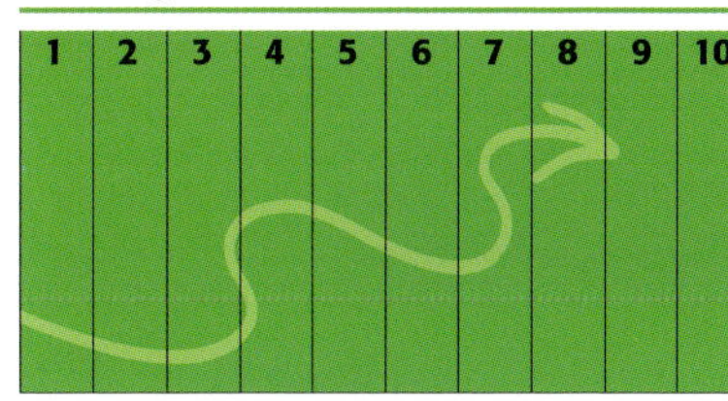

Für Stadtwohnung ungeeignet

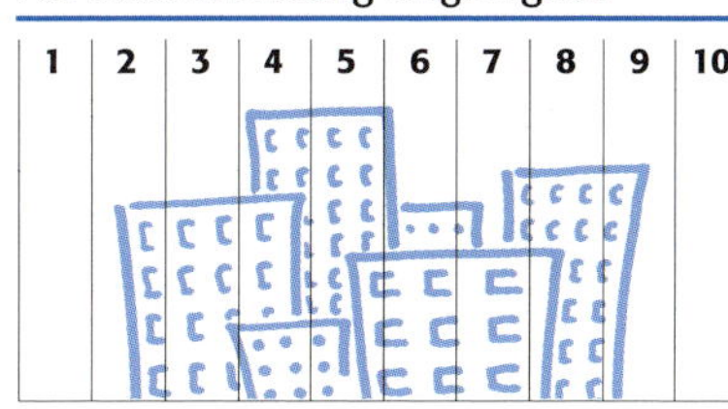

Häufige Krankheiten

Hüftgelelnksdysplasie, Schilddrüsenkrankheiten

Für Fortgeschrittene

DER POINTER ist der Jagdhund der klassischen Gemälde seit 1650 und wahrscheinlich der älteste der Vorstehhunde. Er ist ein kraftvoller, zäher, würdevoller und ausgesprochen liebenswürdiger Hund, der Aristokrat unter den Vorstehhunden. Solange er von klein an als Haushund gehalten wurde, ist er ein wunderbares Familienmitglied, geduldig mit Kindern, gehorsam und sehr bemüht, seinem Herrn zu gefallen. Allerdings strotzt der Pointer gleichzeitig vor Energie und braucht ungeheuer viel Auslauf, weshalb er absolut ungeeignet für das Leben in der Stadt ist: Ein eingesperrter Pointer explodiert fast, wenn er endlich nach draußen darf. Es gibt kaum etwas Schöneres, als den Pointer beim Arbeiten zu beobachten: mit waagerechter Rute, breiten Nüstern, in festgefrorener Pose witternd. Der Pointer gehört in Jägerhände, und dann ist er auch ein ausgeglichener Haushund. Dieser Hund wurde über Jahrhunderte hinweg als ultimativer Jagdhund auf Vögel gezüchtet, und er wird sich nur sehr schwer an einen anderen Lebensstil gewöhnen.

PUDEL

Größe	Toypudel: 25 cm; Zwergpudel: 28–35 cm; Mittelpudel: 35–45 cm; Großpudel: 45–58 cm
Gewicht	Toy: unter 5 kg; Zwerg: 7 kg; Mittel: 12 kg; Groß: 22 kg
Fell	doppelt, üppig, wollig, gut gekräuselt
Farbe	schwarz, weiß, braun, silber und apricot
Preis	€ 800 – 1000

Fellpflege

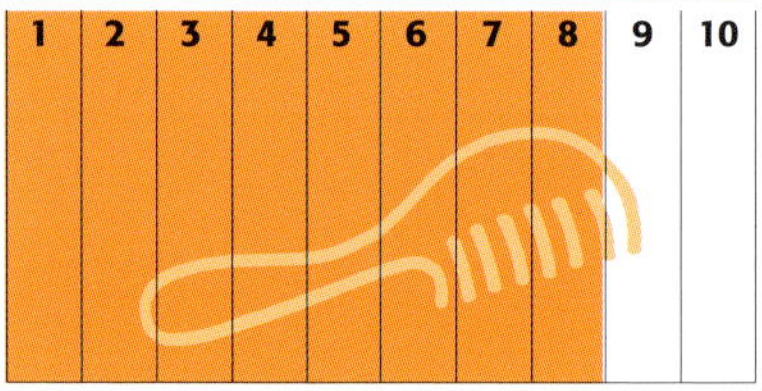

Benötigter Auslauf

Für Stadtwohnung geeignet

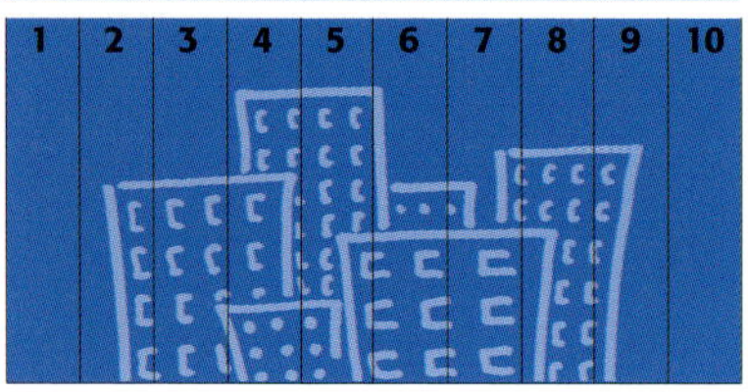

Häufige Krankheiten

Hüftgelenksdysplasie, progressive Retinaatrophie, Epilepsie, Hautprobleme, Magenumdrehung (beim Großpudel), Neigung zum Star

Für Anfänger geeignet

DER PUDEL ist ein wunderbarer Hund. Wenn er zum Idioten frisiert wird, dafür kann er nichts, für zuviel Liebe auch nicht. Vor langer Zeit, als die Menschen noch keine Schermaschinen erfunden hatten, war der Pudel ein ausgezeichneter Jagdhund für die Wasserarbeit: Das Wort »Pudel« stammt von »Pfudel«, altdeutsch für »Pfütze«. Geschoren wurde er nur ein bißchen, um ihm die Wasserarbeit zu erleichtern. Unter den französischen Aristokraten wurde der Pudel schließlich sehr populär, und das hat sich bis heute in kaum einem Land der Welt verändert. Das Geheimnis seiner Beliebtheit liegt wahrscheinlich in seiner Intelligenz: Der Pudel ist mit jeder Frisur und in jeder Größe der wohl intelligenteste aller Hunderassen, ein unermüdlicher Clown, zuverlässig, loyal und leicht zu erziehen, der jedes Kunststück lernt und sich gerne noch ein paar weitere selbst beibringt, ein hinreißender Kinderhund, der sich stundenlang pubertäre Witze erzählen läßt und die albernsten Verkleidungen mit Würde erträgt (das wird in Form der Pom-Pom-Schur ja schon seit Jahrhunderten mit ihm geübt), sportlich und athletisch. Es gibt nichts, was der Pudel nicht lernen kann und will. Er hat ein sehr gutes Gehör und einen hervorragenden Orientierungssinn. Schwierigkeiten macht der Pudel nur bei gewaltsamer Erziehung, oder wenn er zu sehr verwöhnt wird: Dann kann er leicht dickköpfig und beleidigt werden. Wenn man den Pudel als den robusten, intelligenten Hund behandelt, der er ist, hat er praktisch keine Schwächen. (Außer dem Toy-Pudel. Bei ihm scheinen Persönlichkeit und Gehirnkapazität zusammen mit der Größe geschrumpft zu sein.)

Größe	60–65 cm
Gewicht	25–35 kg
Fell	mittellang, drahtig, hart
Farbe	schwarz oder braun, dürrlaub- bis weizenfarben; weiß oder gestromt gilt als unzulässig
Preis	€ 500

Fellpflege

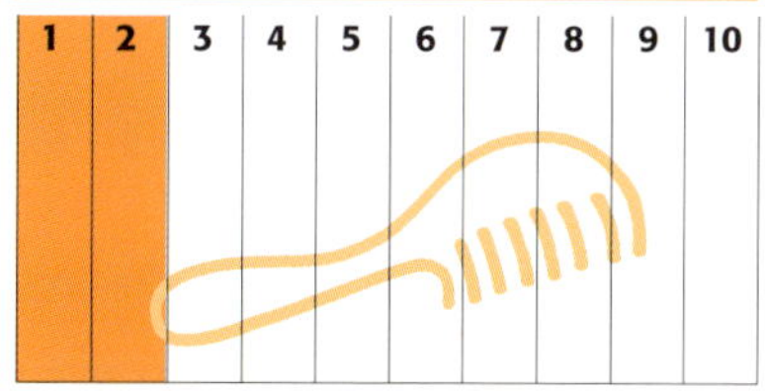

Benötigter Auslauf

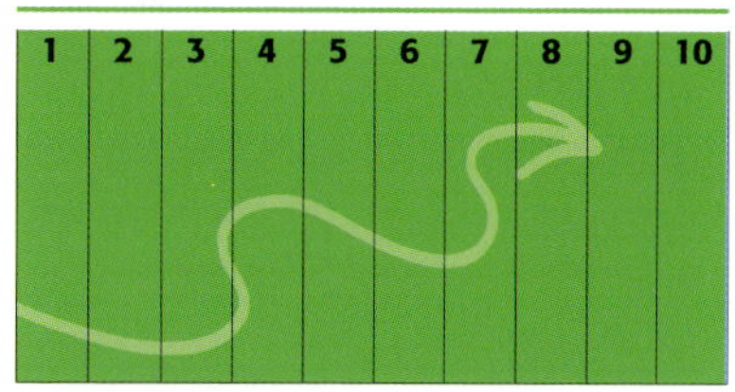

Für Stadtwohnung ungeeignet

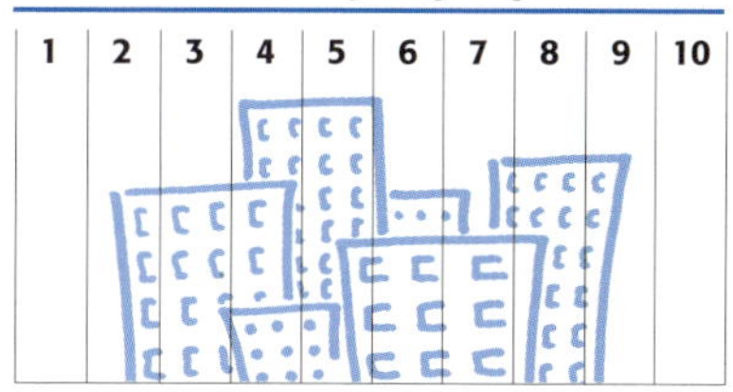

DER PUDELPOINTER ist eine seltene deutsche Jagdhundrasse, die Ende des 19. Jahrhunderts aus Pointern, Großpudel und wahrscheinlich Deutsch Drahthaar entstand. Letzterem ähnelt er auch so sehr, daß er kaum zu unterscheiden ist. Der Pudelpointer ist ein ausgesprochen vielseitiger Hund, Laufhund und Retriever, bei jeder Temperatur einsetzbar und durch pudelsches Erbe ein leidenschaftlicher Wasserhund. Seine Spezialität sind Rebhuhn, Sumpfvögel und Wildkaninchen. Der Pudelpointer ist sehr lebhaft, vielleicht etwas fröhlicher als sein Drahthaar-Vetter und ausgesprochen energisch und intelligent. Er nimmt seinen Beruf sehr ernst und vergeudet seine Zeit nicht gerne mit anderen Dingen, weshalb er ausschließlich in Jägerhand gehört. Das heißt nicht, daß er nicht ein freundlicher Haushund ist – das sicherlich auch, aber er gehört eben zu einem Hausherrn mit besonderen, jagdlichen Qualitäten.

Häufige Krankheiten

selten Hüftgelenksdysplasie

Für Fortgeschrittene

PULI

Größe	Rüde 43 cm, Hündin 40,5 cm
Gewicht	13–15 kg
Fell	Pusztabehaarung: lange, schmale Schnüren- und Filzplatten, die den ganzen Körper bedecken
Farbe	einfarbig schwarz, rostrot, grau oder weiß
Preis	€ 750 – 900

Fellpflege

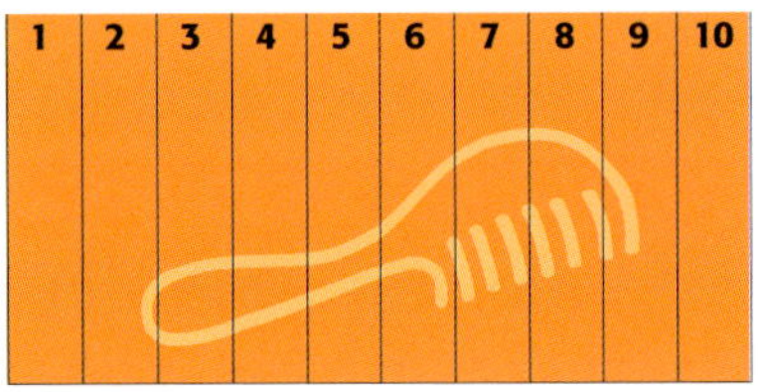

Benötigter Auslauf

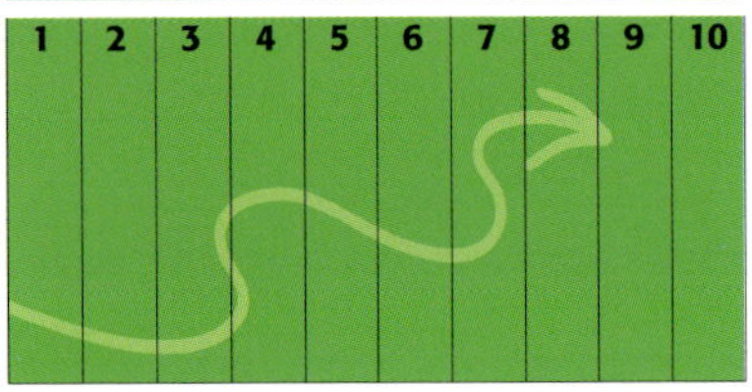

Für Stadtwohnung geeignet

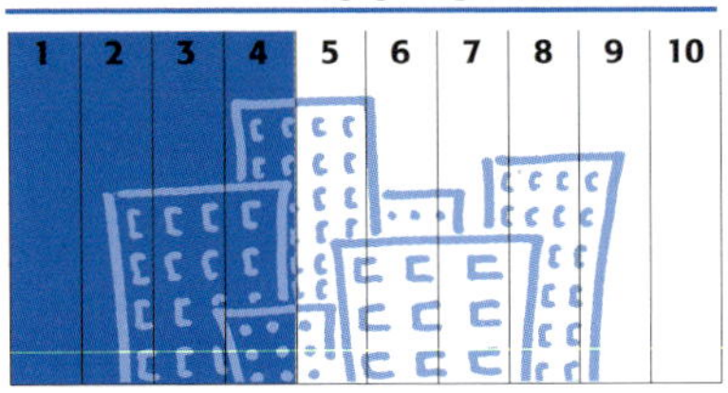

Häufige Krankheiten

selten Retinadysplasie

Für Fortgeschrittene

DER PULI ist einer der hervorragenden ungarischen Hütehunde, ein Job, den er seit über tausend Jahren erfüllt hat. Er ist ein agiler, ausgesprochen aktiver Hund, der nichts von seinen Hüte-Instinkten eingebüßt hat. Taff und hochintelligent, muß der Puli sehr gut erzogen werden von jemandem, der genau weiß, was er da tut: Der Puli ist kein Hund für nachlässige oder zufällige Hundebesitzer. Er ist gegenüber Fremden nicht nur zurückhaltend, sondern äußerst mißtrauisch. Das macht ihn zum erstklassigen Wachhund. Gleichzeitig muß man diesen Instinkt gut im Griff behalten, damit aus Wachsamkeit nicht Aggressivität wird.

Der Puli ist zweifellos ein spezieller Hund für spezielle Aufgaben. Sein Fell ist ein weiteres besonderes Merkmal und ungeeignet für zart besaitete Hausfrauen: Es verfilzt zu langen Schnüren und schützt den Puli so gegen jedes Wetter, wobei er damit aber auch allen möglichen Unrat von den Straßen geschickt ins Haus trägt. Als Erst-Hund überfordert der Puli wahrscheinlich seine Besitzer: Solange man ihn nicht wirklich gut im Griff hat und ihn für seine außerordentliche Lernfähigkeit zu schätzen weiß, ist der Puli nicht nur verschwendet, sondern wird zu einer Zumutung. Diese Rasse ist eigenwillig, selbstsicher und ein Experte auf seinem Gebiet: andere Tiere in Schach halten und das Gelände des Herrn bewachen. Der Puli ist angeblich einer der intelligentesten aller Hunde.

Größe	Rüde 68,5–81 cm, Hündin 63,5–74 cm
Gewicht	40–56 kg
Fell	doppelt, sehr dicht, lang oder halblang; an Hals, Rute und Hosen etwas länger
Farbe	reinweiß; graue, loh- oder dachsfarbene Abzeichen zulässig
Preis	€ 1000

Fellpflege

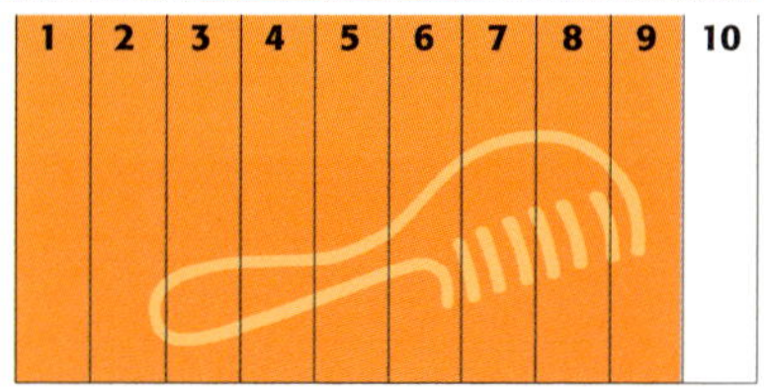

Benötigter Auslauf

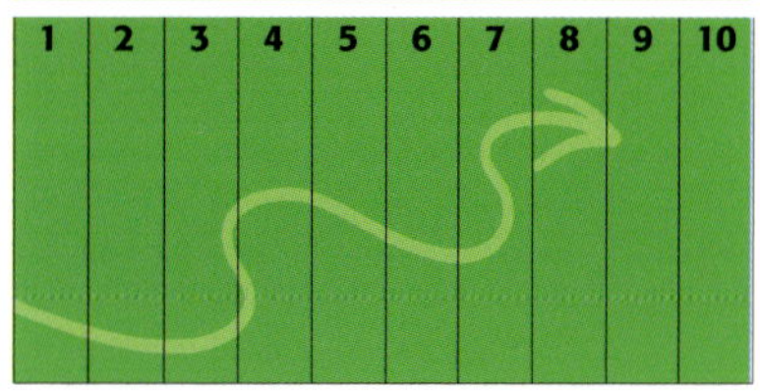

Für Stadtwohnung ungeeignet

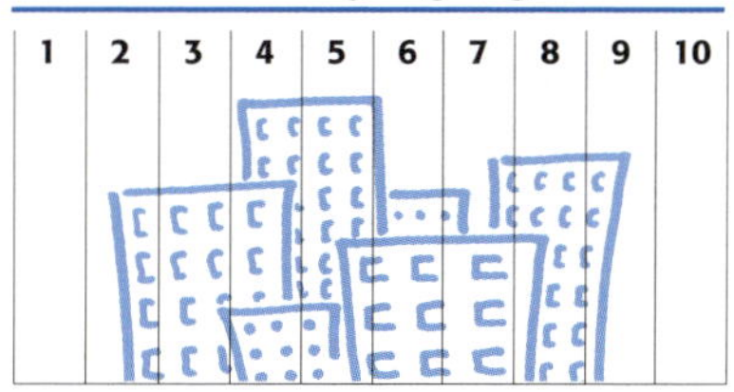

Häufige Krankheiten

Hüftgelenksdysplasie, Augenliddefekte, Epilepsie

Für Fortgeschrittene

DER PYRENÄEN-BERGHUND hat eine lange, edle Geschichte als Wach- und Hütehund und als Kampfhund gegen Wolf und Bär. Er ist ein riesiger Hund mit ungewöhnlich vielen Qualitäten: Er wird seine Familie bis in den Tod verteidigen und alles angreifen, was sie bedroht. Er ist ausgesprochen liebevoll und sehr sensibel gegenüber menschlichen Launen, ungeheuer geduldig mit Kindern und ein erstklassiger Babysitter. Er ist ruhig, ernsthaft und sehr gewissenhaft, braucht aber soviel Platz und Bewegung, daß er wirklich auf ein großes Grundstück auf dem Land gehört. Überhaupt liebt er die Kälte und will meistens gar nicht im Haus leben. Er ist freundlich, angenehm mit Fremden und normalerweise nicht streitlustig. Manche Pyrenäen-Berghunde neigen allerdings so sehr dazu, Ein-Mann-Hunde zu sein, daß es sehr wichtig ist, seinen Hund von klein auf gut zu sozialisieren.

Der Pyrenäen-Berghund ist fraglos ein ausgesprochen schöner Hund und unwiderstehlich als Welpe, aber jeder werdende Besitzer muß sich bewußt sein, daß dieser Hund sehr viel Auslauf braucht und wenigstens irgendjemand in der Familie lange, lange Spaziergänge lieben muß. Er ist ausgesprochen unabhängig und vertraut am ehesten seinem eigenen Urteil (besonders Rüden), weshalb seine Erziehung zum Gehorsam viel Zeit, Aufwand und Geduld erfordert.

RHODESIAN RIDGEBACK

Größe	Rüde max. 69 cm, Hündin 61–66 cm
Gewicht	Rüde 33,9 kg, Hündin 29,4 kg
Fell	kurz, dicht, glatt, glänzend
Farbe	weizengelb bis fuchsrot
Preis	€ 1500 – 2000

Fellpflege

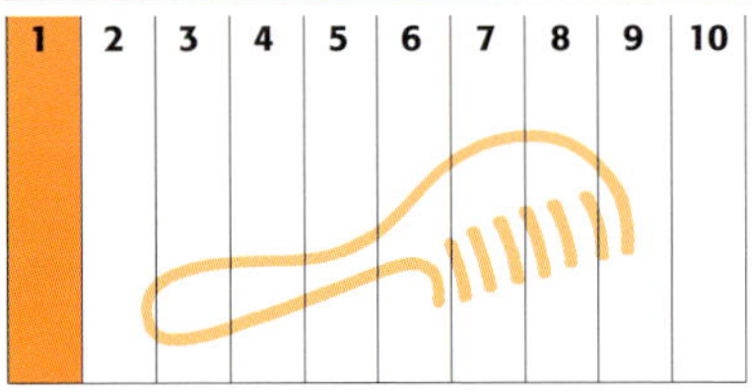

Benötigter Auslauf

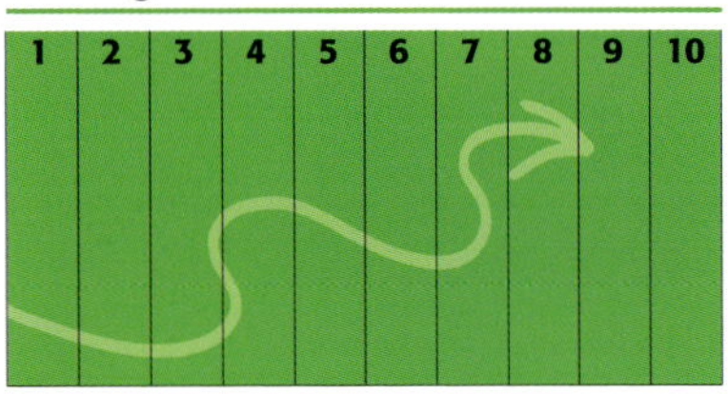

Für Stadtwohnung geeignet

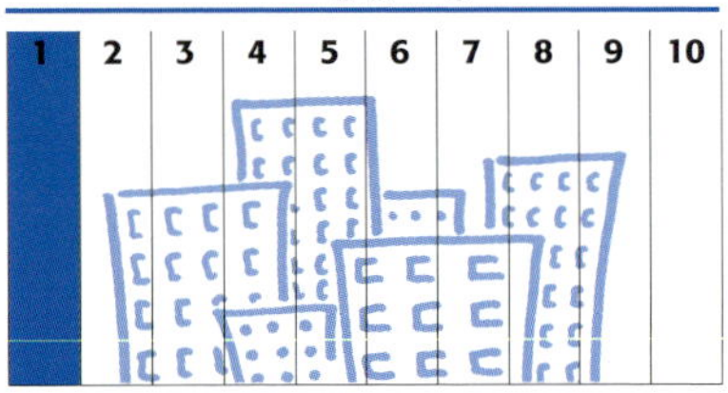

Häufige Krankheiten

Hüftgelenksdysplasie, Osteochondrose, Dermoidismus

Für Fortgeschrittene

DER RHODESIAN RIDGEBACK hat seinen Namen von einem Streifen »ridge« auf dem Rücken, in dem die Haare in die entgegengesetzte Richtung wachsen. Er ist ein kraftvoller Wach- und Jagdhund aus Südafrika, der seinen Herrn vor allen Ankömmlingen schützen sollte, inklusive Bewaffneter und streunender Großkatzen: Der Ridgeback läßt sich nicht so leicht einschüchtern. Er ist ein vollendeter Gentleman gegenüber seiner Familie, wenn auch manche Ridgebacks ausgesprochene Ein-Mann-Hunde sein können.

Ein Ridgeback ist meistens sehr stur und eigenwillig. Er akzeptiert zwar gewisse Führungsqualitäten seines Herrn, aber so sehr er ihn auch liebt, wird er immer wieder versuchen, die Oberhand zu gewinnen. Konsequente, umfangreiche Erziehung ist deshalb vom Welpenalter an absolut notwendig: Die Belohnung ist ein hervorragender Wächter und Familienhund. Diese Rasse ist zu stark, klug und zu aktiv, um nicht absolut gehorsam zu sein: Ein schlecht erzogener Ridgeback ist einfach unhaltbar. Versuche, den Rhodesian Ridgeback als Wohnungshund zu halten, sind normalerweise eine schlechte Idee, weil der Hund die Wesensmerkmale, für die er gezüchtet wurde, gar nicht entfalten kann. Am besten paßt er in ländliche Umgebung, wo er Grund und Boden zu beschützen hat.

RIESENSCHNAUZER

Größe	65–70 cm
Gewicht	ca. 35 kg
Fell	drahtig, hart, mit weicher Unterwolle
Farbe	schwarz, Pfeffer und Salz
Preis	€ 800 – 1000

DER RIESENSCHNAUZER ist eine Vergrößerung des Mittelschnauzers und führt wie alle Schnauzer seinen Namen auf den eleganten Bart zurück. Er ist etwas ruhiger als der Mittelschnauzer, dafür aber auch etwas schärfer und mutiger, mit ausgeprägtem Schutzinstinkt. Er sieht respekteinflößend aus, was durch seine Größe noch unterstrichen wird, und ist ein hervorragender Polizei- und Schutzhund. Der Riesenschnauzer paßt sich seiner Familie wunderbar an. Solange er bei allem mitmachen darf, ist er glücklich. Da ruhig und sehr tolerant gegenüber Kindern, ist er ein idealer Haus- und Familienhund: quadratisch, praktisch und gut. Er muß zweimal jährlich getrimmt werden, bedarf aber die übrige Zeit keiner besonderen Pflege. Er ist hochgradig aktiv und liebt Menschen und deren Unternehmungen, ist aufmerksam, robust und zäh und sieht sich alle Neuankömmlinge sehr gut an. Der Riesenschnauzer ist wie seine kleineren Vettern sehr intelligent und ausgesprochen arbeitsfreudig und gelehrig, kann aber bei zu harter Hand leicht scharf werden. Seine Erziehung muß früh beginnen und intensiv und konsequent sein. Gegen Ungerechtigkeiten rebelliert er, aber bei freundlicher und überzeugender Führung kann der Riesenschnauzer einfach alles lernen, was ein Familienmitglied zu seiner und der Unterhaltung anderer beherrschen sollte.

Fellpflege

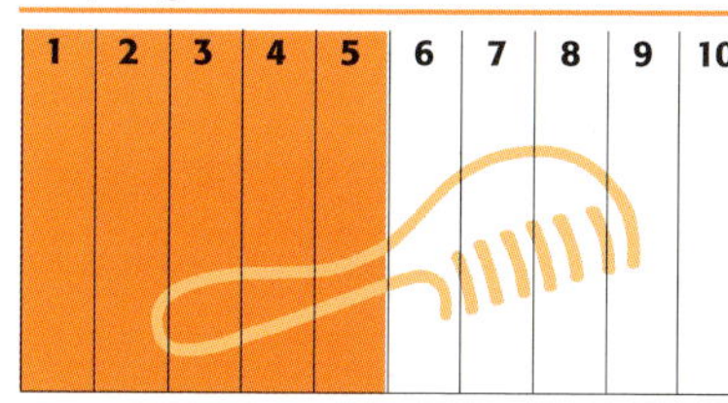

Benötigter Auslauf

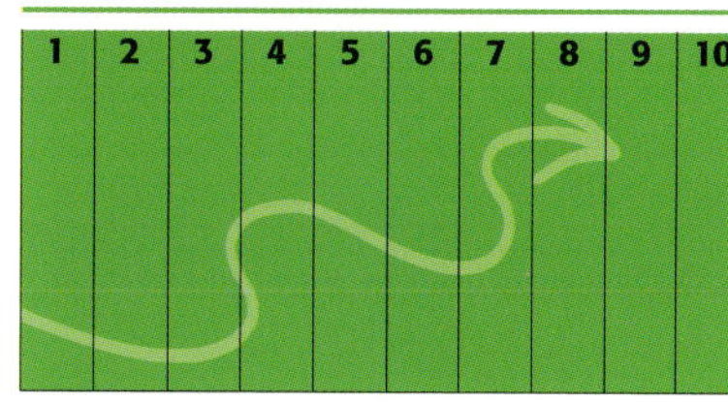

Für Stadtwohnung geeignet

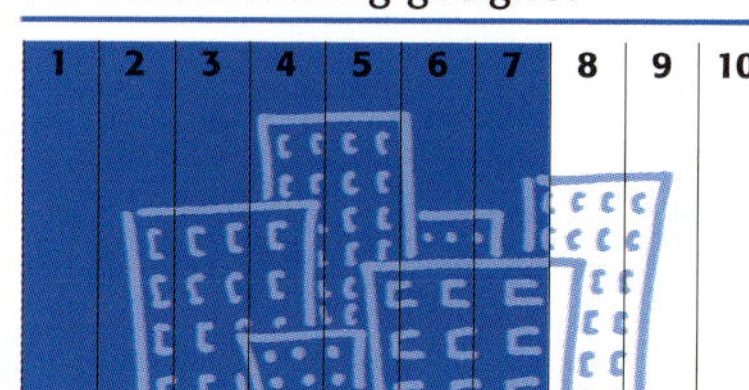

Häufige Krankheiten

Hüftgelenksdysplasie

Für Anfänger geeignet

ROTTWEILER

Größe	Rüden 61–68 cm, Hündin 56–63 cm
Gewicht	Rüde ca. 50 kg, Hündin ca. 42 kg
Fell	derb, kurz, anliegend
Farbe	schwarz, mit rostbraunen Abzeichen an Backen, Schnauze, Brust, Läufen, über den Augen und unter der Rutenwurzel
Preis	€ 800 – 1200

Fellpflege

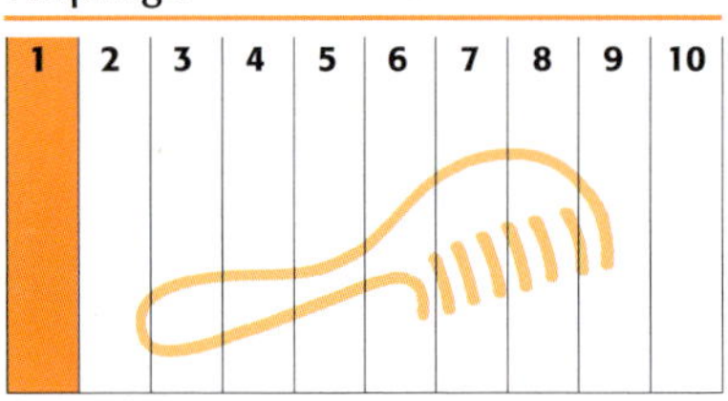

Benötigter Auslauf

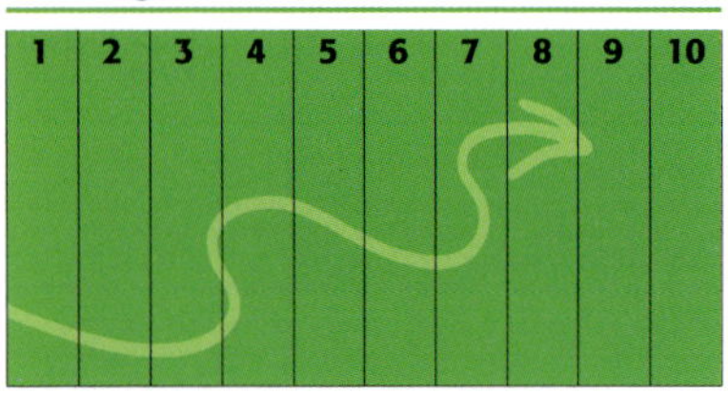

Für Stadtwohnung geeignet

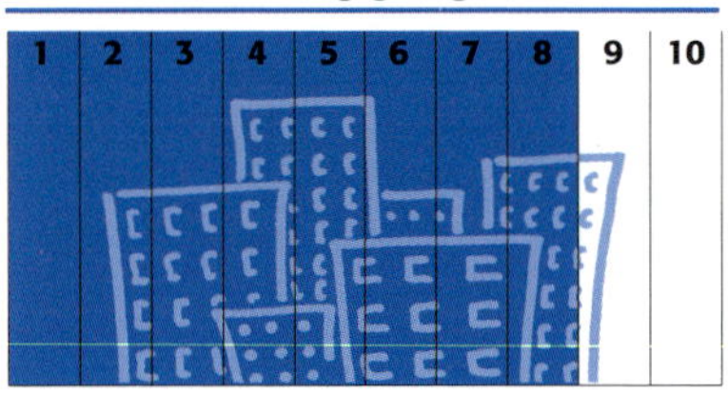

Häufige Krankheiten

Hüftgelenksdysplasie, Krebs, Herzerkrankungen, Kreuzbandrisse.

Für Fortgeschrittene

DER ROTTWEILER ist ein deutscher Hund – und dementsprechend ernst. Idealerweise ist er ruhig, ausgeglichen, folgsam, gelehrig und mutig. Er ist ein sehr kraftvoller Hund mit einem ausgeprägten Sinn für gut oder schlecht und wird seinen Herrn und dessen Familie ohne zu zögern verteidigen, wenn er es für notwendig hält. Aus diesem Grunde ist es sehr wichtig, den Rottweiler von klein auf gut zu sozialisieren. Angeblich gibt es nichts, was diese Rasse nicht lernen kann: Er braucht zwar seine Zeit, aber was der Rottweiler einmal gelernt hat, vergißt er nie wieder. Er ist hochintelligent, freundlich und ohne Hysterie. Rottweiler sind harte, robuste Hunde, die ohne weiteres draußen leben können, und nur bedingt tauglich als Wohnungshunde. Sie selbst verstehen sich vor allem als Arbeitshunde. Gezüchtet als Viehtreibe-, Polizei-, Wach- und Schutzhunde, werden sie als Prestigehunde ohne genügend Auslauf und Aufgaben leicht unausgeglichen, angespannt und dementsprechend nicht ungefährlich. Der richtige Züchter für Rottweiler will gut ausgewählt sein: Scharfe Wachhundzüchter sollte man meiden, weil die Familienqualitäten dieser Hunde meist vernachlässigt werden und die Tiere ausgesprochen gefährlich werden können.

Größe	58,5–71 cm
Gewicht	13–30 kg
Fell	glatt, seidig; bei Langhaarigen mit leichter Befederung an Läufen und der Unterseite der Rute
Farbe	weiß, cremefarben, rehbraun, goldfarben, rot, grau mit Lohfarbe, dreifarbig, schwarz-lohfarben und mehrfarbig
Preis	€ 1100

Fellpflege

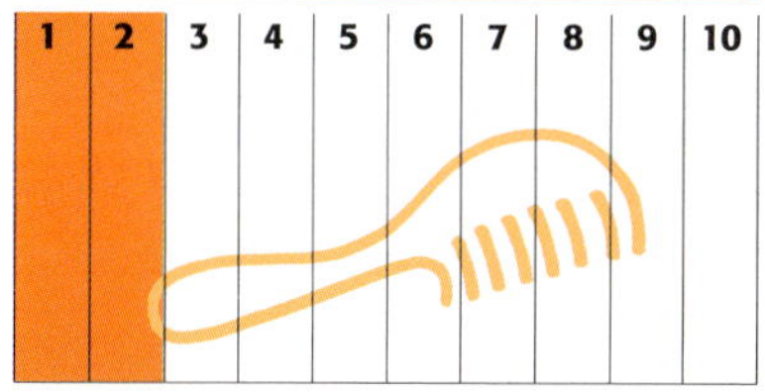

Benötigter Auslauf

Für Stadtwohnung geeignet

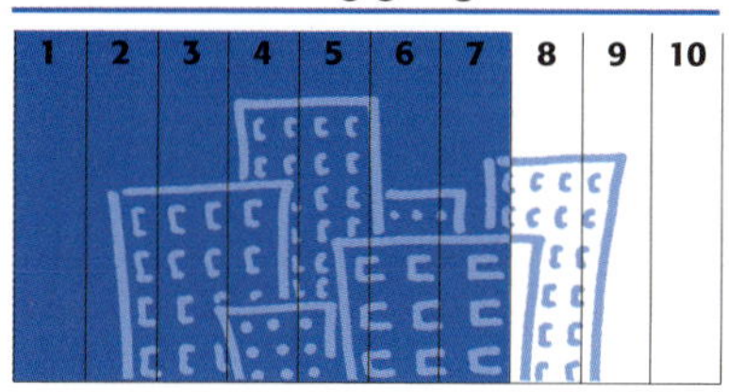

Häufige Krankheiten

keine

Für Fortgeschrittene

DER SALUKI trägt den Namen der verschwundenen arabischen Stadt Saluk. Er ist eine der ältesten Hunderassen, gilt als ein Geschenk Allahs und wurde dementsprechend als einziger heiliger Hund von den Moslems betrachtet, und man fand viele mumifizierte Salukis in ägyptischen Gräbern. Der Saluki ist ein unglaublich schneller Hund, der früher als Hetzhund für Gazellen eingesetzt wurde, ausdauernd und sehr robust – kein Wetter kann ihm etwas anhaben, kein Gelände ist ihm zu rauh. Er ist ein stiller, aristokratischer Hund und nicht gerade ausschweifend in seinen Liebes oder Abneigungsbekundungen, obwohl er seinem Herrn gegenüber sehr loyal ist. Allerdings ist der Saluki mehr mit sich selber beschäftigt, als irgendeine andere Rasse: Er braucht Menschen nicht wirklich. Er ist freundlich zu Menschen, die er kennt, wenn auch kleine Kinder und der Saluki nicht unbedingt die glücklichste Kombination sind. Er ist ein ausgesprochen eigenwilliger Hund, der seit Tausenden von Jahren immer seinen eigenen Kopf durchgesetzt hat, und jeder neue Saluki-Besitzer muß sich das vor Augen halten: Die Erziehung eines Salukis – stur, sensibel und schreckhaft – ist schwierig und kostet viel Geduld, Zeit und vor allem Lob. Gleichzeitig ist Erziehung zur Unterordnung ein wunderbares Mittel, das Selbstbewußtsein des Hundes zu stärken. Ob ein Saluki in der Stadt jemals genügend Bewegung bekommt, ist die große Frage: Er muß täglich viele, viele Kilometer laufen und rennen. Exotisch, eigenwillig und elegant ist der Saluki ein sehr spezieller Hund für Besitzer mit sehr speziellen Qualitäten.

SAMOJEDE

Größe	Rüde 50–55 cm, Hündin 48–53 cm
Gewicht	20–30 kg
Fell	weich, mittellang; mit dichtem, wolligen Unterfell und härterem, wetterfesten Deckhaar
Farbe	weiß, cremefarben
Preis	€ 800 – 1000

Fellpflege

Benötigter Auslauf

Für Stadtwohnung geeignet

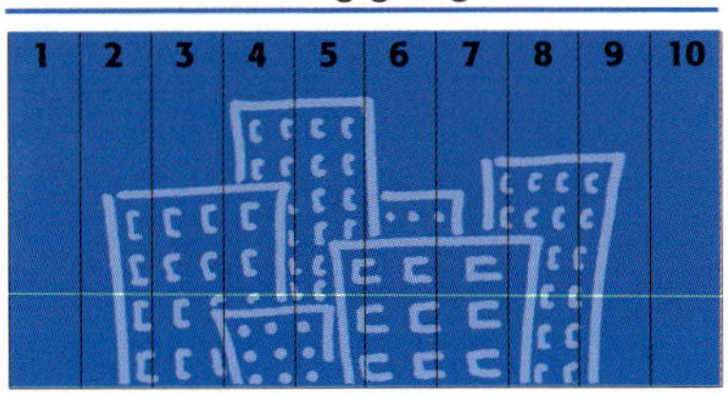

Häufige Krankheiten

Hüftgelenksdysplasie

Für Anfänger geeignet

DER SAMOJEDE mit seinen großen braunen Augen und dem lächelnden Gesichtsausdruck ist fast unwiderstehlich. Dabei ist er weit entfernt vom ausgestopften Teddybären: Er ist zuallererst ein Arbeitshund. Abenteurer wie Scott und Amundsen verließen sich bei ihren Polar-Ausflügen auf den Überlebensinstinkt dieser Hunde; wobei Samojeden nichts von der üblichen Aggressivität anderer Schlittenhunde haben, sondern ihrer Sanftheit wegen hervorragende Therapiehunde sind. Samojeden lieben Menschen und besonders Kinder und brauchen unbedingt engen Kontakt zu ihrer Familie. Sie sind würdevoll, folgsam und anhänglich. Ihr Ruf, stur und dickköpfig zu sein, kommt von einem Mißverständnis: Samojeden müssen eine Übung verstehen, um sie auszuführen. Einen Samojeden mit einem Würgehalsband herumzuzerren hat höchstens zur Folge, daß er sich wehrt oder hysterisch wird. Arbeitet man stattdessen mit Belohnungen, folgt einem der Samojede bis zum Nordpol und wirft sich ohne zu zögern zwischen seine Bezugsperson und jeden Eisbären. Samojeden stellen sehr hohe Ansprüche in jeder Beziehung. Sie wollen immer wieder neue Aufgaben gestellt bekommen, brauchen sehr viel Auslauf und intensive Fellpflege: Wer den Fellwechsel beim Samojeden erlebt, ist erstaunt, wie unglaublich viele dieser weißschimmernden Haare dieser Hund verliert. Übrigens kann man sie spinnen und daraus Pullover stricken lassen.

SCHNAUZER

Größe	Mittelschnauzer 45–50 cm; Zwergschnauzer 30–35 cm
Gewicht	Mittelschnauzer 15 kg; Zwergschnauzer 5–8 kg
Fell	hart, rauh, mit dichter Unterwolle
Farbe	Pfeffer und Salz (alle Grautöne), schwarz
Preis	€ 800

DER SCHNAUZER ist eigentlich ein rauhhaariger Pinscher und verdankt seinen Namen seinem prächtigen Schnauzbart. Der Mittelschnauzer war eine beliebte Rasse im Schwabenland und lebte dort in einfachen Verhältnissen: Vor Jahrhunderten war er Wachhund und Rattenfänger auf deutschen Bauernhöfen. Dementsprechend hat er sich auch als Zwergmodell ein ganz unprätentiöses Wesen bewahrt: Der Schnauzer ist ehrlich, mutig, anhänglich, kühn und treu. Er ist ein sehr lebhafter Hund, ohne dabei unruhig oder nervös zu sein, braucht allerdings lange Spaziergänge bei jedem Wetter und Beschäftigung: Er liebt Spielen und Arbeiten und widmet sich jeder Situation mit grenzenlosem Enthusiasmus. Der Schnauzer ist ausgesprochen intelligent, aber auch schlau, eigenwillig und stur und hat einen wirklich auserlesenen Sinn für Humor. Er braucht immer wieder konsequente Unterordnung, die fest, aber gleichzeitig freundlich und überzeugend ist; gegen Härte oder Herumzerren an der Leine lehnt er sich sofort auf. Der Schnauzer lebt nach dem Motto »Dabeisein ist alles« und paßt sich dementsprechend allen Lebenslagen an. Er macht das Beste aus allem, solange seine Menschen ihn genauso ernst nehmen, wie er sich selber. Er ist ein hervorragender Wachhund und kann einfach alles lernen, was ein Familienmitglied so können muß.

Fellpflege

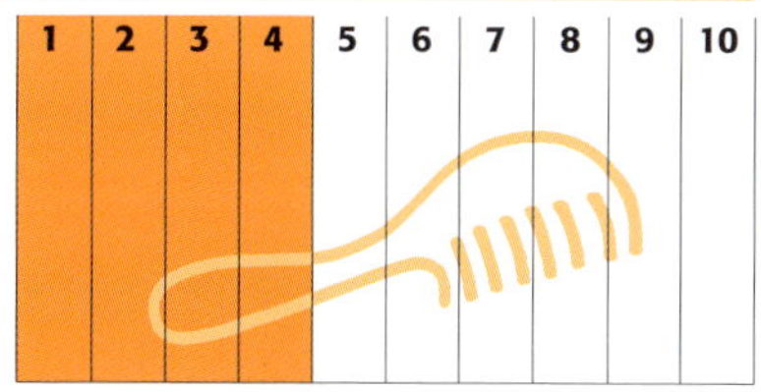

Benötigter Auslauf

Für Stadtwohnung geeignet

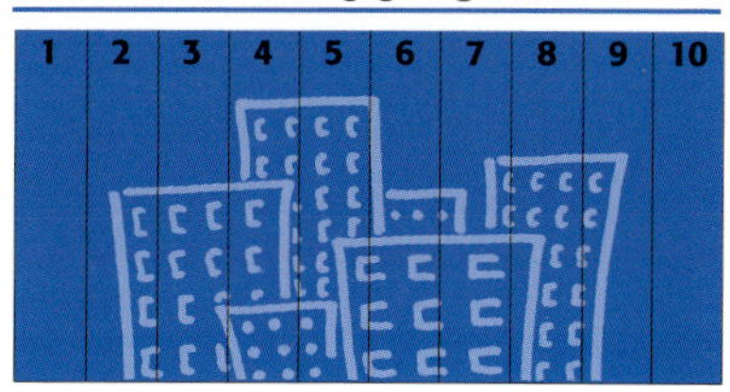

Häufige Krankheiten

Hüftgelenksdysplasie beim Mittelschnauzer

Für Anfänger geeignet

SCOTTISH TERRIER

Größe	25–28 cm
Gewicht	9,5 kg
Fell	hart, dicht, rauh, mit weicher Unterwolle
Farbe	schwarz, gestromt, weizenfarben
Preis	€ 750 – 950

DER SCOTTISH TERRIER war der Hund der dreißiger Jahre, schmückte Whiskyflaschen, Schokoladentafeln und Glückwunschkarten, und dann verschwand er beinahe. Der Scottie ist ein Hund für Individualisten. Er ist ein Wichtigtuer, der immer ungeheuer viel zu tun hat, ein großer Hund auf kurzen Läufen, ein harter Rattenfänger, absolut furchtlos und wenig zu beeindrucken. Er liebt und verteidigt seine Familie, ist aber allem Neuem gegenüber skeptisch, Fremden gegenüber sogar ausgesprochen arrogant – er ignoriert sie einfach. Wenn er mit Kindern aufwächst, ist er ein hinreißender Kinderhund, der alles mitmacht, sich stundenlang verkleiden und in Puppenwagen setzen läßt und das alles mit stoischer Ruhe erträgt. Der Scottie hat ein intensives Eigenleben, weshalb man von ihm keinen unbedingten Gehorsam verlangen kann: Er kommt zwar, wenn gerufen wird, aber nicht auf direktem Weg, sondern betrachtet unterwegs noch die ganzen anderen Dinge, die ihm vorher gar nicht aufgefallen waren, wie Steinchen, Kronkorken und andere interessante Dinge. Der Scottish Terrier ist nicht einfach zu erziehen – er überlegt immer erstmal, ob es sich lohnt, dieser Aufforderung jetzt Folge zu leisten. Seine Erziehung muß deshalb früh und konsequent, aber ausgesprochen freundlich stattfinden: Ein Scottie ist nicht dressierbar und wird bei zu großer Strenge introvertiert.

Fellpflege

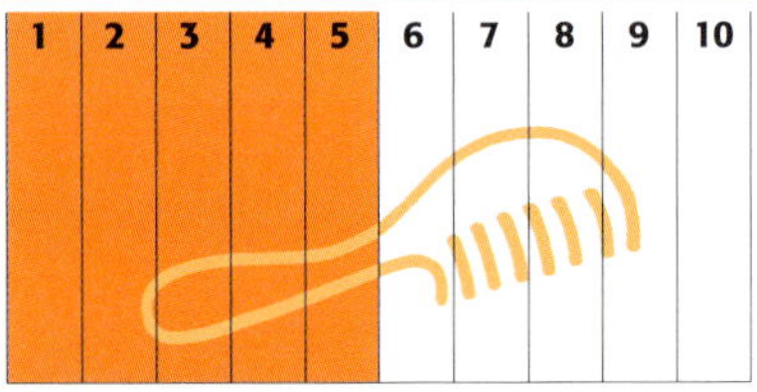

Benötigter Auslauf

Für Stadtwohnung geeignet

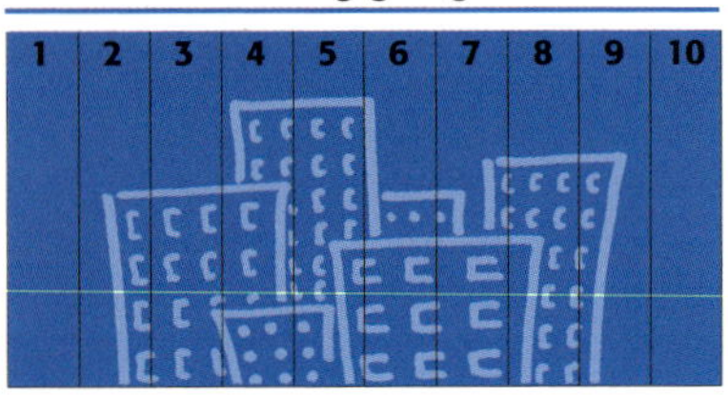

Häufige Krankheiten

Scottie Cramps, Epilepsie

Für Anfänger geeignet

SEALYHAM TERRIER

Größe	ca. 26 cm
Gewicht	10–11 kg
Fell	hartes, langes Deckhaar mit weicher Unterwolle
Farbe	reinweiß, farbige Abzeichen am Kopf erlaubt
Preis	€ 1000

DER SEALYHAM TERRIER ist ein Hund für Individualisten. Er ist ein Witzbold mit ungeheurer Persönlichkeit, eigenwillig, unabhängig, kraftvoll und sehr zielstrebig. Der Sealyham ist einer der wenigen Terrier, die sich im Haus ruhig verhalten, obwohl er ein guter Wachhund ist und niemand seiner Aufmerksamkeit entgeht, der sich seinem Haus nähert. Er liebt seine Familie und ist Fremden gegenüber ausgesprochen zurückhaltend. Weil er praktisch nicht haart, ist der Sealyham Terrier ein fabelhafter Haus- und Stadthund, wobei sein Fell regelmäßig getrimmt – niemals geschoren, dann wird es zu weich – werden muß. Der Sealyham Terrier ist ein sehr robuster, harter und kämpferischer kleiner Hund, der lange Spaziergänge braucht, wobei man seinen Jagdtrieb nicht vergessen darf, wenn man ihn auf dem Land oder in der Nähe von Kaninchen-Hochburgen frei laufen läßt. Seine Erziehung erfordert einige Geduld: Der Sealyham ist ausgesprochen eigensinnig und hat sofort heraus, wo die Schwächen seines Befehlsgebers liegen, erkennt seinen Herrn aber an, wenn er dessen Qualitäten erst einmal deutlich erfahren konnte. Immerhin demonstriert er ungeheuren Humor, wenn er nicht gehorcht, muß aber dennoch früh und konsequent erzogen werden.

Fellpflege

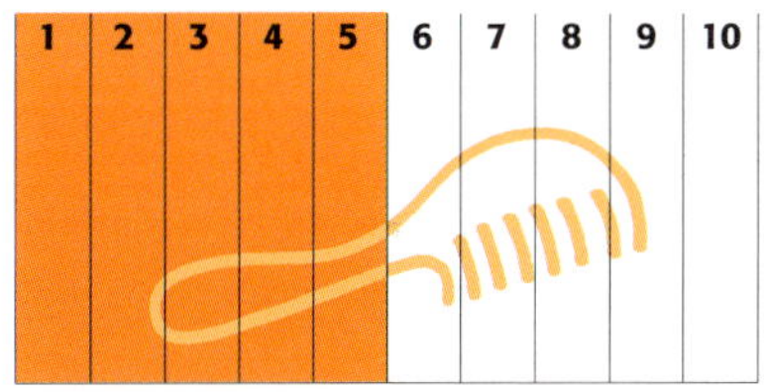

Benötigter Auslauf

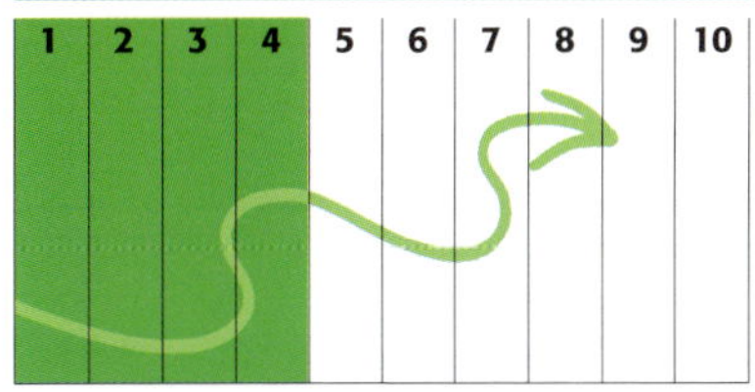

Für Stadtwohnung geeignet

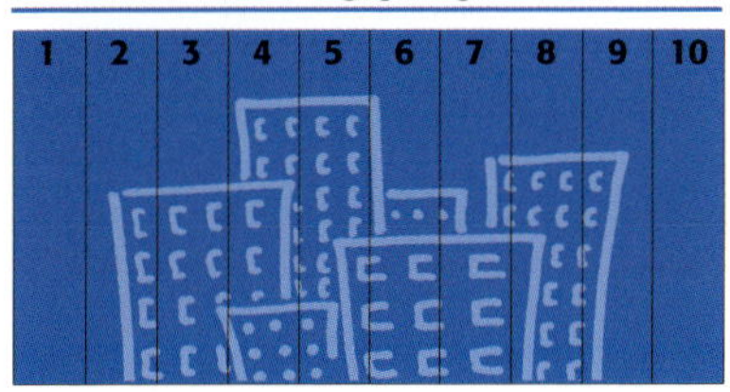

Häufige Krankheiten

Hautkrankheiten, Taubheit

Für Anfänger geeignet

SHAR-PEI

Größe	45–50 cm
Gewicht	20–25 kg
Fell	kurz, hart
Farbe	falb, zobel, creme, schwarz, rot, silber, schokoladenfarben
Preis	€ 1250 – 1500

Fellpflege

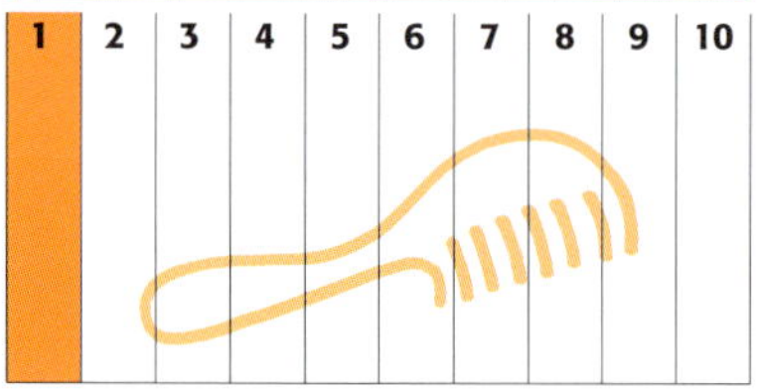

Benötigter Auslauf

Für Stadtwohnung geeignet

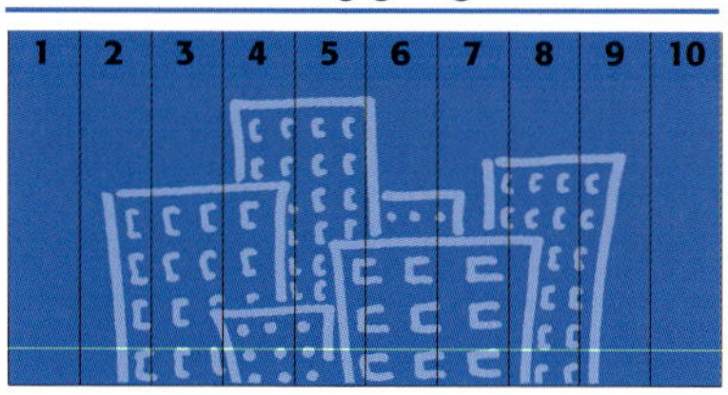

Häufige Krankheiten

Hauterkrankungen, Augenlidabnormalitäten, Hüftgelenksdysplasie.

Für Fortgeschrittene

DER SHAR-PEI war ursprünglich eine sehr alte chinesische Kampfhundrasse und als solcher ein schwieriger Gegner, weil er sich, hatte sich ein anderer Hund in seiner losen Haut festgebissen, praktisch um sich selbst drehen konnte. Seine Ursprünge sind nicht bekannt; seine blauschwarze Zunge deutet darauf hin, daß er dieselben Ahnen wie der Chow Chow hat. Der Shar-Pei ist eine starke Persönlichkeit und hat ein liebenswertes, ruhiges und würdevolles Wesen, ist ernst, unabhängig und sehr sauber. Er ist wachsam und zurückhaltend mit Fremden, weshalb er von Welpenbeinen an gut sozialisiert werden muß. Er braucht eine feste, erfahrene Hand, die jedem Anflug von Aggression entgegenwirkt und ganz klar festsetzt, wer der Anführer ist: Wer diesen Moment verpaßt, kann einen ausgesprochen sturen, dominanten Hund bekommen. Der Shar-Pei wurde in China auch als Jagd- und Hütehund eingesetzt und muß deshalb in ländlichen Gegenden beaufsichtigt werden, weil manche Shar-Peis Wild und andere Tiere hetzen. Überhaupt kann er anderen Tieren gegenüber leicht aggressiv sein und macht sich deshalb am besten als Einzelhund in der Familie. Der Shar-Pei wird immer noch als seltene Rasse gehandelt, obwohl er längst von schlauen Züchtern entdeckt wurde, die ihn ohne Rücksicht auf Gesundheits- und Wesenverluste munter »produzieren« und teuer verkaufen.

Größe	33–40 cm
Gewicht	6–7 kg
Fell	langes, hartes Deckhaar mit weicher Unterwolle
Farbe	zobel, tricolor (schwarz, lohfarben, weiß), blue-merle, schwarz, mit jeweils verschiedenen Weiß-Anteilen
Preis	€ 800

Fellpflege

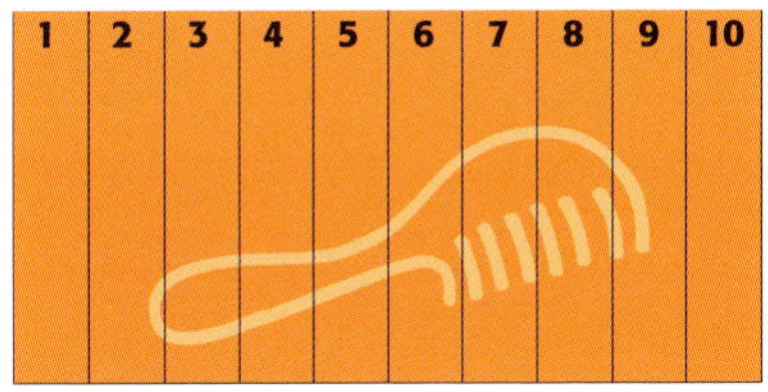

Benötigter Auslauf

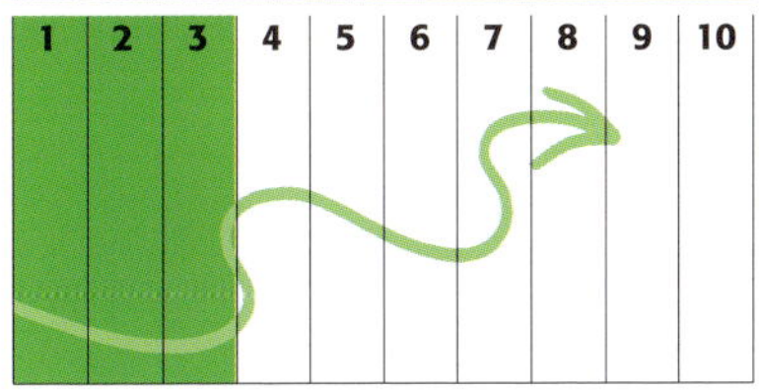

Für Stadtwohnung geeignet

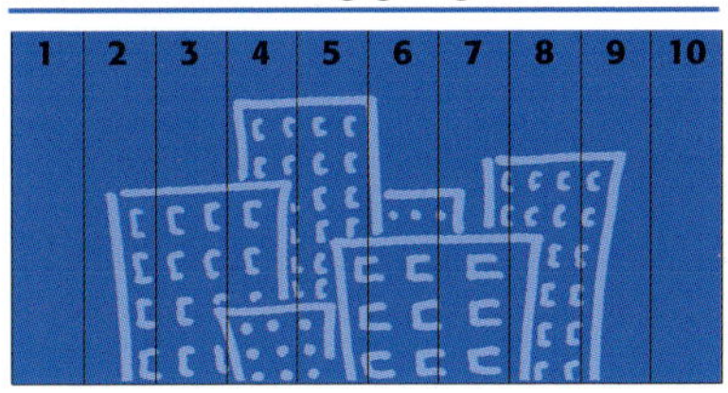

Häufige Krankheiten

Collie-Augenkrankheit, Epilepsie, Taubheit bei Blue-Merles, Herzkrankheiten

Für Anfänger geeignet

DER SHELTIE (Shetland Sheepdog) stammt wahrscheinlich vom Collie ab, jedenfalls sieht er genauso aus wie eine Miniatur-Ausgabe seines schottischen Vetters. Der Sheltie ist ein Hütehund der Shetland Inseln, heute allerdings ein wunderschöner und sehr sympathischer Familienhund: klug, sanft, gehorsam und hochsensibel – weshalb manche Exemplare auch sehr nervös sein können. Er ist lebhaft, läßt sich bei genügend Auslauf oder Fahrradtouren aber ohne Weiteres in der Stadt halten. Da er Zurückhaltend und oft sogar scheu mit Fremden ist, sollte man ihn bereits im Welpenalter an viele verschiedene Menschen, Krach und neue Situationen gewöhnen. Der Sheltie verträgt sich gut mit anderen Tieren, lernt schnell und versucht, es seinem Herrn immer recht zu machen. Deshalb reagiert er sehr gut auf positive Grunderziehung. Der Sheltie ist ein liebevoller, williger kleiner Hund und sollte niemals herumgerissen werden: Er reagiert viel besser auf Zusammenarbeit und Motivation als auf Strafen. Wer sich einen Sheltie anschaffen möchte, muß seine Hausaufgaben gut machen, was Recherche nach einem wirklich guten Züchter betrifft, weil es auch ziemlich schreckliche, schüchterne, kläffige oder hyperaktive Exemplare dieser wunderbaren Rasse gibt.

SHIBA INU

Größe	Rüde 39,5 cm, Hündin 36,5 cm
Gewicht	10–13 kg
Fell	doppelt, mit weicher, dichter Unterwolle und hartem, geraden Deckhaar
Farbe	rot, sesamfarben, schwarz-loh-farben und Aka Goma (rot mit schwarzer Überlagerung)
Preis	€ 1000

Fellpflege

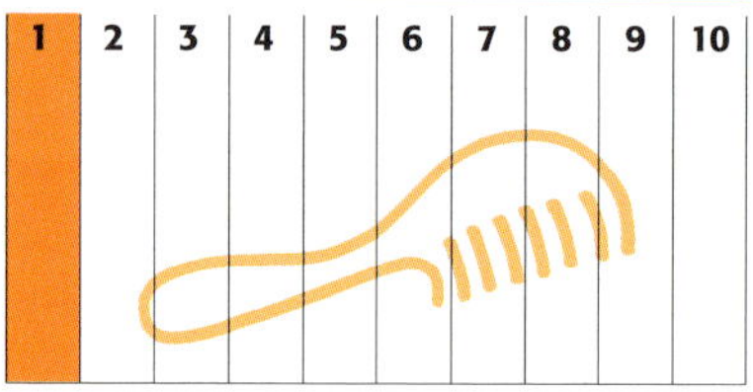

Benötigter Auslauf

Für Stadtwohnung geeignet

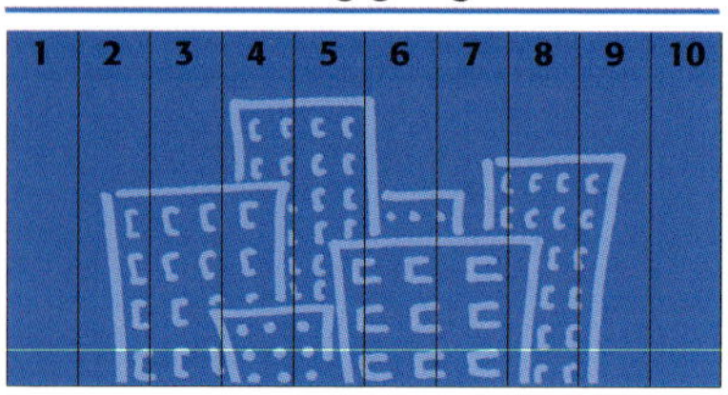

Häufige Krankheiten

Hüftgelenksdysplasie

Für Fortgeschrittene

DER SHIBA INU ist eine der ältesten Hunderassen Japans, deren Geschichte bis ins 4. Jahrhundert v. Chr. zurückverfolgt werden kann. Sein Name bedeutet »kleiner Buschhund«, was auf seine Verwendung als kleiner Jagdhund zurückgeht. Der Shiba Inu ist kein Hund für Leute, die sich einen unauffälligen Hund wünschen. Er fürchtet sich vor nichts und niemandem auf der Welt, verhält sich hinreißend zu Menschen, die er kennt und liebt, oft aber ziemlich aggressiv gegenüber anderen Hunden. Er ist ausgesprochen territorial und damit ein fabelhafter Wachhund, der mit großer Lautstarke mitteilt, wenn etwas nicht in Ordnung ist.

Der Shiba Inu erregt sich leicht, und wer das erlebt, kann sich nur wundern: Er kann nämlich jodeln. Er jodelt, wenn er Aufmerksamkeit möchte, und kreischt, wenn ihm etwas nicht paßt: Er neigt sozusagen etwas zu Überreaktionen. Sein Krach läßt alles Blut in den Adern gefrieren, und damit hat er erst einmal Reaktionsaufschub erreicht. Er hat noch einen anderen Trick auf Lager, um allen Gehorsam zu verweigern: Er erstarrt einfach zur Salzsäule, angefroren, die Rute senkrecht gestreckt. Wenn er allerdings einem Menschen sein Vertrauen geschenkt hat, ist er ein einziges Liebesbündel, neugierig, einfühlsam und hundertprozentig bereit, sich auf seinen Menschen einzustellen. Der Shiba Inu ist ein seltener, sehr besonderer Hund – sozusagen ein Abenteuer an sich.

Größe	ca. 27 cm
Gewicht	ca. 9 kg
Fell	lang, dicht, mit kurzer, dichter Unterwolle
Farbe	alle Farben zulässig
Preis	€ 850

DER SHIH-TZU gehört zu den tibetischen Rassen, ist aber in Wirklichkeit ein Chinese. Hervorgegangen ist er wahrscheinlich aus einer Liasion eines Pekingesen und eines Lhasa Apsos am chinesischen Hof, dort jedenfalls war er Lieblingshund seit dem 7. Jahrhundert n. Chr. Wer ein gutes Exemplar dieser Rasse kennenlernt, wird dies gut verstehen können: Der kleine Shih-Tzu ist perfekter Begleithund für Stadtmenschen, die ihren Pflegetrieb befriedigen möchten. Er ist voller Charme und Persönlichkeit, liebevoll, selbstsicher und sehr verspielt. Er bevorzugt die Aspekte einer angenehmen Wohnung gegenüber furchtbar langen Spaziergängen – obwohl er sehr robust ist. Aber für den Shih-Tzu liegt sein Herz dort, wo seine Familie ist und Streicheleinheiten, Sicherheit und Verwöhnung gewährleistet ist. Er verträgt heißes Wetter nicht sehr gut und sein Fell bedarf regelmäßiger Pflege. Der Shih-Tzu wurde für nichts anderes gezüchtet, als um geliebt zu werden – und das kann er auch am besten.

Fellpflege

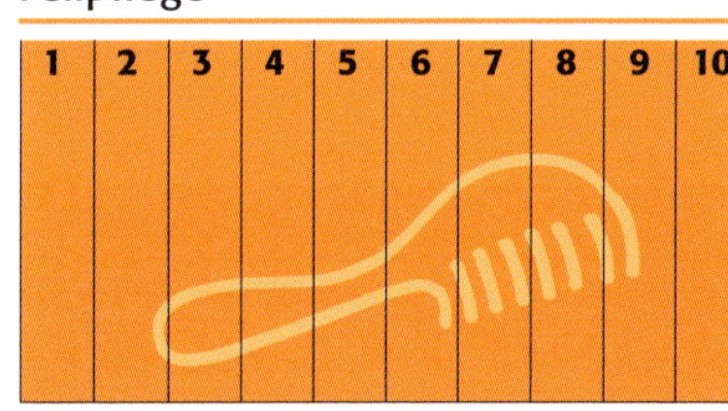

Benötigter Auslauf

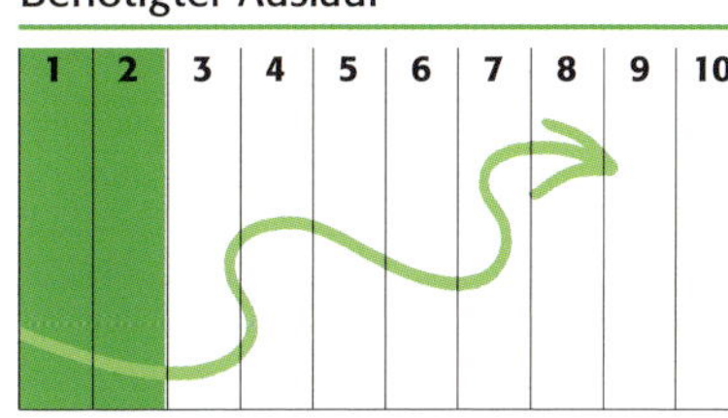

Für Stadtwohnung geeignet

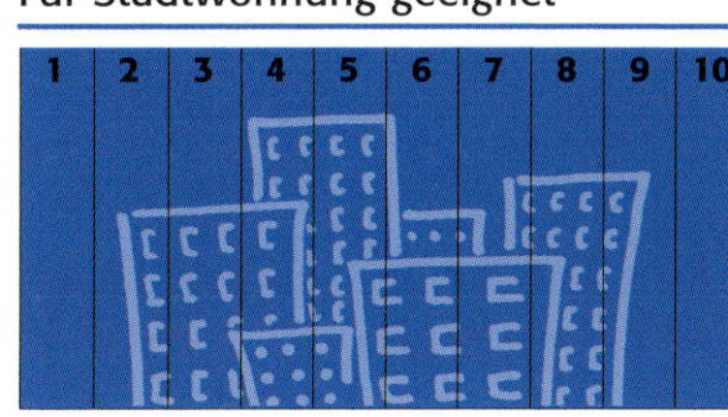

Häufige Krankheiten

Atemwegsprobleme, Nierenerkrankungen, Entropium, Ektropium, Ohreninfektionen

Für Anfänger geeignet

SIBIRISCHER HUSKY

Größe	Rüde 53–60 cm, Hündin 51–56 cm
Gewicht	Rüde 20,5–27 kg, Hündin 16–22,5 kg
Fell	dicht, doppelt, wollig
Farbe	alle Farbe und Musterungen
Preis	€ 800 – 1000

Fellpflege

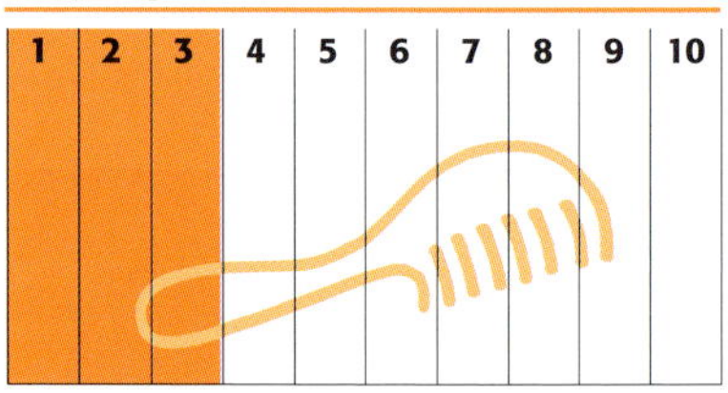

Benötigter Auslauf

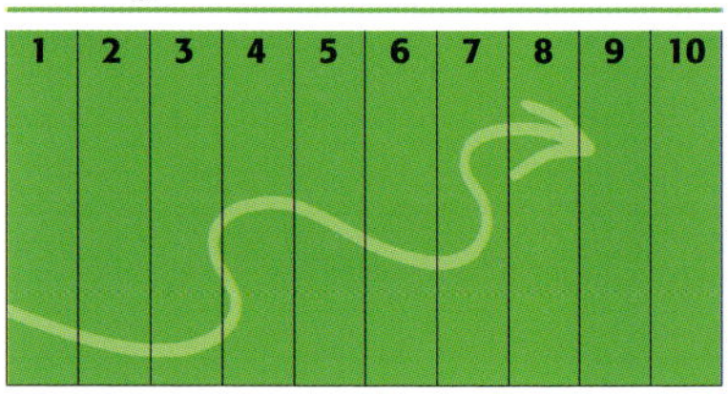

Für Stadtwohnung geeignet

Häufige Krankheiten

Hüftgelenksdysplasie, Schilddrüsenschwäche, Allergien

Für Fortgeschrittene

DER SIBIRISCHE HUSKY ist ein sehr auffälliger Hund. Das ist wahrscheinlich auch der Grund, weshalb ihn auch viele Leute halten, die ihm dabei gar nicht gewachsen sind: Der Husky ist ein echter Schlittenhund, d. h. er ist ein Arbeitstier, das sehr viel Beschäftigung und vor allem Auslauf braucht. Weil er so unglaublich menschenorientiert ist, eignet der Husky sich dennoch sehr gut als Familienhund: Er ist aufmerksam, sehr verspielt, freundlich und normalerweise wunderbar mit Kindern. Der Husky ist allerdings kein einfacher Hund. Er ist ausgesprochen aktiv, langweilt sich schnell und gehört nach draußen in einen ausbruchsicheren Garten – zuwenig Beschäftigung und Bewegung lassen ihn nervös und zerstörerisch werden. Seine Erziehung ist zeitintensiv und muß sehr konsequent sein – Huskies waren Nomadenhunde und scheinen dieses Gen immer noch mit sich herumzutragen. Viele von ihnen haben einen ausgeprägten Jagdinstinkt, was fatal für Nachbars Katzen oder Hühner sein kann. Der Husky wird von Anfang an austesten, wer der Herr ist, und sofern der Besitzer unsicher oder unentschlossen wirkt, ohne zu zögern den obersten Platz einnehmen. Der Husky braucht einen Herrn, der mit seinem Hund arbeitet, möglichst wagenfährt, ihm gute Manieren beibringt und ihn daran hindert, seine Kreise allein zu ziehen. Ein Husky ist nicht einfach nur ein Haushund. Er kann hinreißend sein, oder ein destruktiver Höllenhund. Der Unterschied liegt meistens am Besitzer.

Größe	25 cm
Gewicht	4,5–5 kg
Fell	lang, seidig, glänzend
Farbe	blau oder silbergrau mit lohfarbenen Abzeichen
Preis	€ 850 – 1000

DER AUSTRALIAN SILKY TERRIER ist wahrscheinlich eine Kreuzung aus Yorkshire und Australian Terrier, aber genau weiß das keiner. Trotz seiner geringen Größe ist er durch und durch ein Terrier. Er ist aktiv und braucht viel Bewegung. Der Silky kann etwas anstrengend sein, weil er so viel Aufmerksamkeit und Unterhaltung verlangt, aber die meisten Leute, die mit dieser Rasse zu tun haben, sind der Meinung, daß sich die Mühe lohnt. Der Silky gilt hauptsächlich als Begleithund, obwohl er auch hervorragend als Ratten- und Schlangenjäger geeignet ist. Er ist hochintelligent, sehr schnell – mit Körper wie im Geiste – und, obwohl eigensinnig, reagiert er recht positiv auf faire Grunderziehung. Wenn man alle diese Qualitäten zusammenzählt, erhält man als Ergebnis eine kleine Action-Maschine: Der Silky Terrier ist nicht gerade ein ruhiger Hund; er ist die Antwort für aktive Stadtmenschen, die nur einen kleinen Hund halten wollen, aber einen mit energischem Charakter. Niemand hat ihm gesagt, wie klein er ist, und der Silky ist tatsächlich ein Riesenhund in einem kleinen Körper. Damit sein Fell glänzend und gepflegt aussieht, bedarf der Silky regelmäßiger Pflege. Es ist wichtig, seinen Silky Terrier von einem Züchter zu kaufen, der diese Rasse schon lange züchtet: Manchmal bekommt man Yorkshires statt Silkys verkauft, und umgekehrt.

Fellpflege

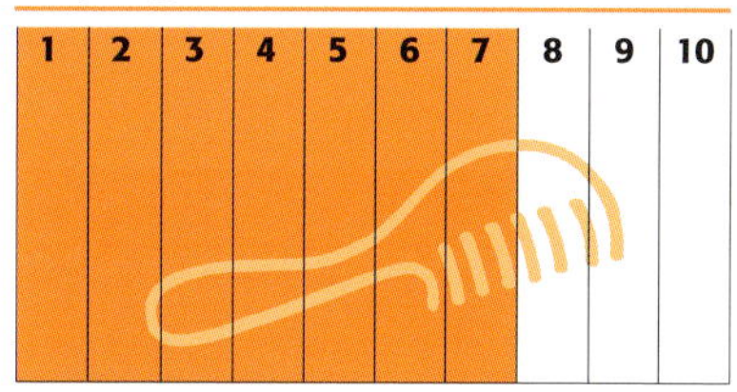

Benötigter Auslauf

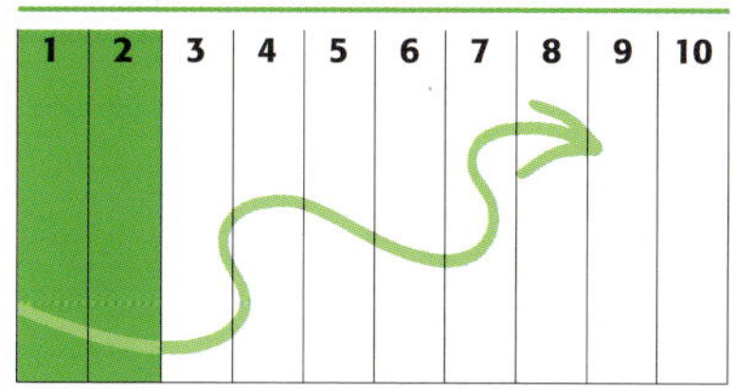

Für Stadtwohnung geeignet

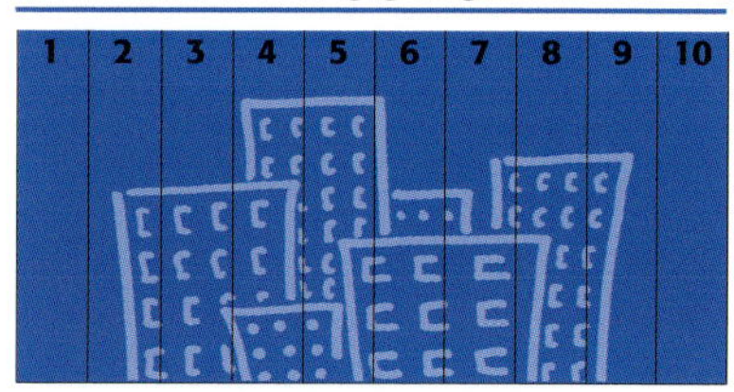

Häufige Krankheiten

keine

Für Anfänger geeignet

SKYE TERRIER

Größe	25–26 cm (aber doppelt so lang)
Gewicht	11,5 kg
Fell	lang, schwer, gerade, mit weicher Unterwolle
Farbe	schwarz bis grau und silber, cremefarben; mit schwarzen Fellspitzen an Ohren, Fang und Rutenspitze
Preis	€ 850 – 1000

Fellpflege

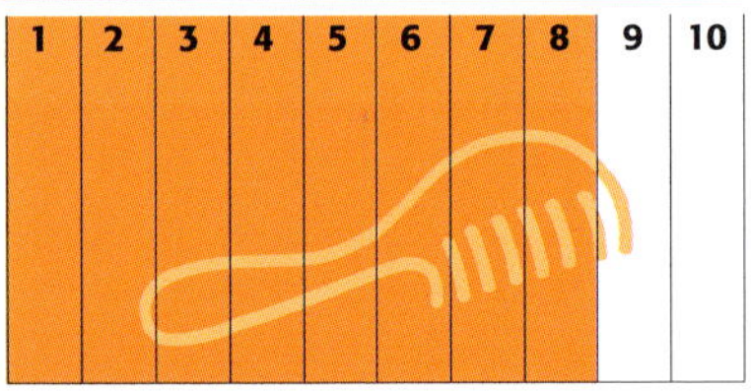

Benötigter Auslauf

Für Stadtwohnung geeignet

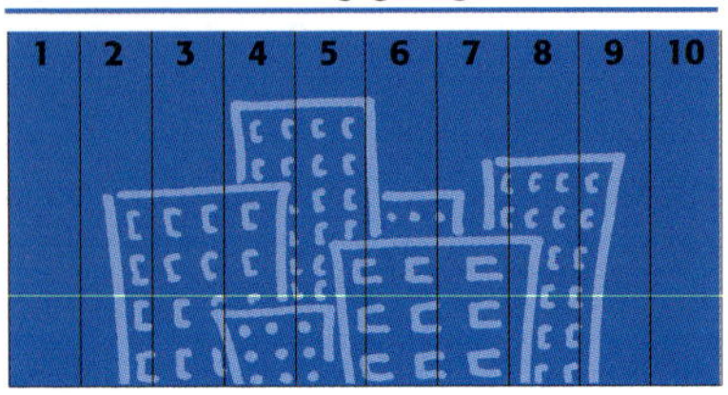

Häufige Krankheiten

keine

Für Anfänger geeignet

DER SKYE TERRIER taucht in englischen Hundebüchern das erste Mal um 1570 auf und wurde von niemand Geringerem als Queen Victoria persönlich gezüchtet. Zweihundert Jahre lang regierte er in Londoner Salons, bis er ganz plötzlich wieder verschwand – wahrscheinlich, weil kurzhaarigere, pflegeleichtere Terrier ihn in der Beliebtheit ablösten. Der Skye Terrier wurde wahrscheinlich zur Jagd von kleinem Raubzeug gezüchtet. Er ist ein harter, mutiger Hund mit viel Feuer und Zielbewußtsein, wobei er gleichzeitig einer der wenigen Terrier ist, die sich im Haus ganz ruhig verhalten. Sein Fell benötigt viel Pflege und kann keinesfalls sich selbst überlassen werden. Der Skye Terrier ist ausgeglichen, mag keine Hektik und braucht sehr viel Aufmerksamkeit von seinem Herrn: Er darf nicht ignoriert werden, möchte immer dabeisein und das Gefühl haben, gebraucht zu werden, um nicht zu verkümmern. Er ist friedlich, steht aber seinen Mann, wenn er angegriffen wird. Seine Familie ist für ihn das Wichtigste auf der ganzen Welt und er paßt sich ihr vollständig an: Er ist zufrieden mit dem Auslauf, den er bekommt, hat praktisch keinen Jagdtrieb mehr, ist kein Kläffer und damit ein angenehmer Wohnungshund. Der Skye Terrier ist sehr selten geworden, weshalb es nur noch wenige Würfe pro Jahr gibt, aber das ist – wie für alle Rasssen – nur gut für ihn.

SOFT-COATED WHEATEN TERRIER

Größe	über 40 cm
Gewicht	15,8 kg
Fell	seidenweich, ohne Unterwolle, gewellt oder gekräuselt
Farbe	weizenfarben
Preis	€ 900 – 1000

DER SOFT-COATED WHEATEN TERRIER war Allround-Arbeitshund der Iren, zuständig für Herdenführung, Bewachung und Jagd auf Wildtiere. Wie viele Terrier ist er ausgesprochen lebhaft, schlau und verspielt. Obwohl er ein wirklich hervorragender Arbeitshund ist, ist er gleichzeitig ein wunderbarer Begleit- und Kinderhund und paßt sich mit seiner idealen Größe Stadt- oder Landleben gleichermaßen gut an, solange er nahe bei seiner Familie sein kann. Er ist zuverlässig, sanfter und freundlicher als die meisten Terrier. Wheatens brauchen unbedingt viel Bewegung, um nicht hyperaktiv zu werden. Sie brauchen viel Ansprache und das Gefühl, mittendrin zu sein und können daher nicht lange alleine gelassen werden, sonst werden sie unglücklich. Der Soft-Coated Wheaten Terrier ist im allgemeinen freundlich zu Fremden, denen er vorgestellt wird, kann allerdings streitsüchtig mit anderen Rüden sein. Er ist intelligent und hat dabei eine typische Terriereigenschaft: Eigensinn gepaart mit ungeheurer Energie. Es kann schwierig sein, ihn zu erziehen: Wenn der niedliche, bärige Wheatenwelpe einen erst einmal überzeugt hat, daß er ein wirklich wunderbarer Schoßhund ist, wird man für den Rest seines Lebens Probleme haben, Ihn wieder aus dem Bett zu bekommen. Entscheiden Sie sich also früh, was Sie tolerieren können, und bleiben Sie bei Ihrer Entscheidung.

Fellpflege

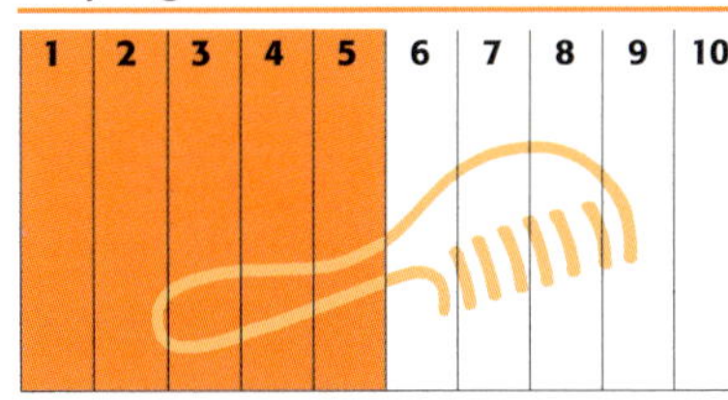

Benötigter Auslauf

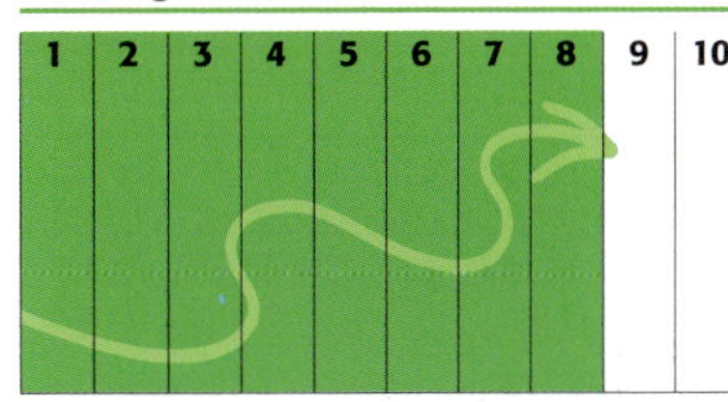

Für Stadtwohnung geeignet

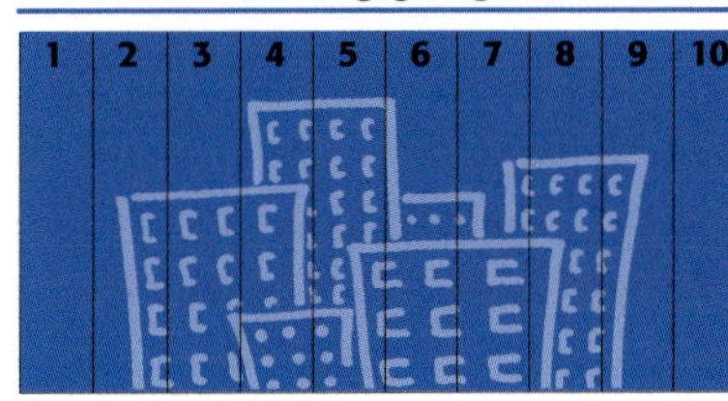

Häufige Krankheiten

Hüftgelenksdysplasie, PRA, Flohallergien

Für Anfänger geeignet

STAFFORDSHIRE BULL TERRIER

Größe	35,6–40,6 cm
Gewicht	10,9–17,2 kg
Fell	kurz, glatt
Farbe	rot, falb, weiß, schwarz, blau oder gestromt; mit oder ohne weiße Abzeichen
Preis	Zucht und Import in Deutschland verboten

Fellpflege

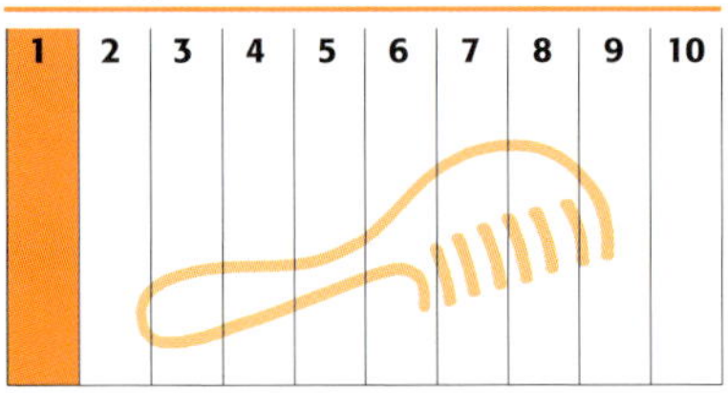

Benötigter Auslauf

Für Stadtwohnung geeignet

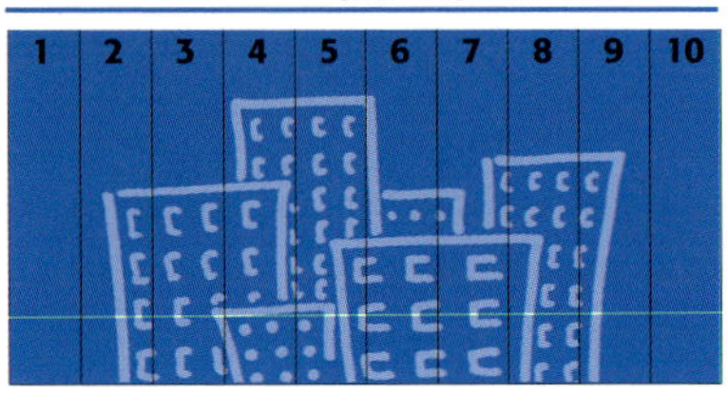

Häufige Krankheiten

Tumore

Für Fortgeschrittene

DER STAFFORDSHIRE BULL TERRIER fällt in die spätestens seit 2000 in den meisten deutschen Bundesländern wirksame Kampfhundeverordnung, was seine Haltung grundsätzlich untersagt. Für seinen schlechten Ruf sind – wie immer – vor allem seine Erfinder und Halter verantwortlich: Seit dem 19. Jahrhundert wurde er vor allem in England für den illegalen Einsatz in entsetzlichen, blutrünstigen Hundekämpfen gezüchtet. Nachdem diese Hundekämpfe heutzutage massiv von Gesetz und Tierschutz bekämpft wurden, besannen sich seriöse Züchter wieder auf die guten Charaktereigenschaften dieser Rasse und machten aus ihr einen fröhlichen, robusten, ruhigen und sehr sportlichen Hund. Der Staffordshire liebt wilde Spiele und viel Bewegung, kann aber auch ohne weiteres in der Stadt gehalten werden. Er ist einigermaßen stur, wird bei konsequenter, fester und fairer Erziehung aber zum gehorsamen Begleithund. Niemals darf dieser Hund geschlagen oder zur Schärfe aufgefordert werden. Der kleine, starke Staffordshire Terrier ist ein Hund mit exzellentem Urteilsvermögen, der dabei einen Besitzer braucht, der ihn im Griff behält und seiner Intelligenz gewachsen ist.

Größe	etwa 25 cm
Gewicht	4,1–6,8 kg
Fell	mäßig lang, seidig, doppelt; starke Befederung an Rute, Läufen und Ohren
Farbe	alle Farben und Kombinationen gestattet
Preis	€ 850 – 1000

DER TIBETSPANIEL ist genausowenig ein Spaniel, wie sein Verwandter, der Tibetterrier, ein Terrier ist. Der Tibetspaniel verbrachte in seinem Ursprungsland seine Tage damit, auf den Klostermauern zu sitzen und Fremde anzubellen und im Winter von den Mönchen unter ihren Kutten getragen zu werden, als lebende Wärmflaschen sozusagen. Er war immer Begleithund und Glücksbringer, und dieser Job liegt ihm noch heute am meisten. Dementsprechend ist der Tibetspaniel seinen Menschen herzlich verbunden, ist robust, fröhlich, lebhaft und verspielt und keinesfalls ein zerbrechlicher Schoßhund: Er liebt Toben und Rennen, was ihn zu einem guten Kinderhund macht. Gleichzeitig ausgesprochen eigenwillig und sensibel, läßt er sich mit fester, freundlicher Hand gut erziehen. Obwohl er mit Fremden nichts zu tun haben möchte, interessiert er sich außerordentlich für alles, was sich innerhalb seiner Familie abspielt: Der Tibetspaniel ist ganz sicherlich kein passiver Hund – wie auch, wenn er doch der Meinung ist, die Welt existiere ausschließlich zu seinem persönlichen Amüsement. Er ist ein hübscher kleiner Hund ohne jegliche Übertreibung: Sein Fell ist pflegeleicht, er ist klein, ohne zwergenhaft zu sein, er hat große Kinderaugen und eine kurze Nase, ohne Atemprobleme in Kauf nehmen zu müssen, er ist temperamentvoll und verspielt, ohne nervenaufreibend zu sein. Relativ selten, aber ein idealer kleiner Hund, verdient der Tibetspaniel alle Aufmerksamkeit, die er auch ganz in Anspruch nimmt.

Fellpflege

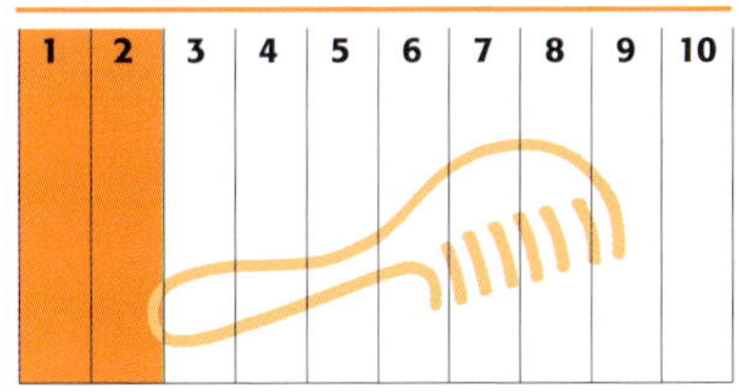

Benötigter Auslauf

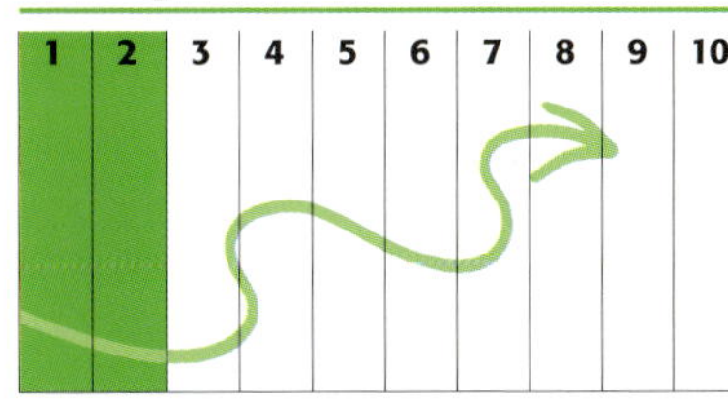

Für Stadtwohnung geeignet

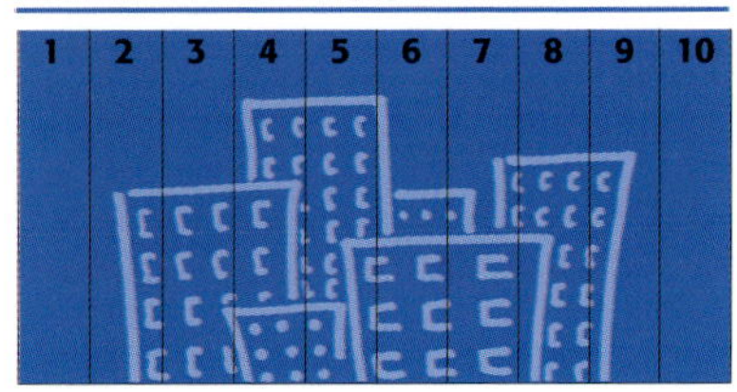

Häufige Krankheiten

keine

Für Anfänger geeignet

TIBETTERRIER

Größe	35–41 cm
Gewicht	8–14 kg
Fell	lang, üppig, gerade oder gewellt, niemals gelockt, mit dichter Unterwolle
Farbe	Gold, weiß, schwarz, grau, goldfarben; mit oder ohne weiße oder lohfarbene Abzeichen
Preis	€ 800 – 950

Fellpflege

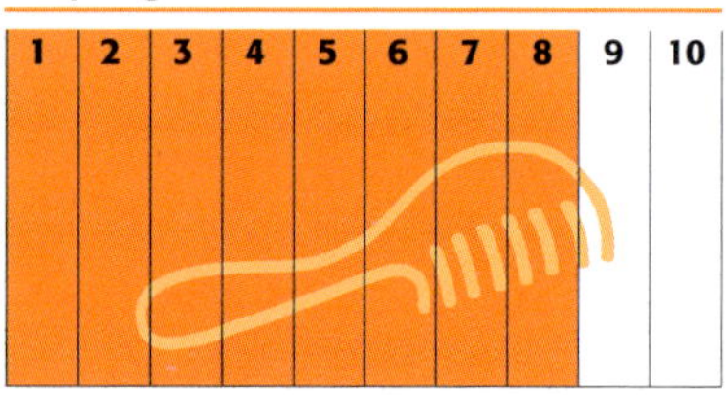

Benötigter Auslauf

Für Stadtwohnung geeignet

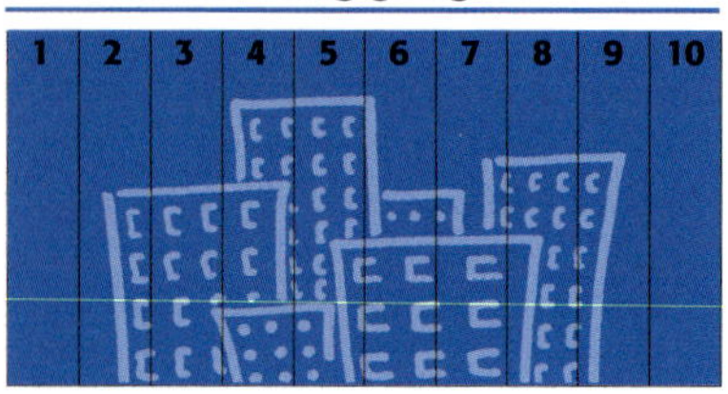

Häufige Krankheiten

Hüftgelenksdysplasie

Für Anfänger geeignet

DER TIBETTERRIER ist gar kein Terrier, sondern ein Hütehund, aber das stört keinen großen Geist. Auf seinen Schultern trägt er ungeheure Legenden, Geschichte und Romantik, war ein Liebling der tibetischen Mönche und hochgeschätztes Präsent an wichtige Besucher. In jedem Falle ist er lebhaft, gutmütig, verspielt und liebenswürdig. Als guter Wachhund wird er oft nur sehr langsam warm mit Fremden. Solange er interessante Spaziergänge, Aufmerksamkeit und Spiel und Spaß geboten bekommt, paßt er sich jeder Umgebung an. Auf keinen Fall will er jemals ausgeschlossen werden, was ihn übrigens zu einem fabelhaften Reisebegleiter macht. Er kann sehr stur sein, reagiert aber im allgemeinen gut auf faire, konsequente Erziehung. Sein üppiges Fell bedarf einiger Pflege. Außerdem trägt er darin geschickt allerlei Unrat und gerade an feuchten Tagen erstaunliche Mengen an Sand und Mutterboden ins Haus, den er nach dem Trocknen seines Fells als kleine Häufchen hinterläßt an den Stellen, an denen er sich von seinem Spaziergängen ausgeruht hat. Er muß täglich gebürstet werden, damit das Fell nicht verfilzt.

Größe	53–64 cm
Gewicht	20–30 kg
Fell	glatt, fein; Drahthaar: rauh, aber recht kurz, eng am Körper anliegend
Farbe	verschiedene Rottöne
Preis	€ 700 – 1000

DER VISZLA ist ein besonderer Hund für einen besonderen Besitzer. Dieser ungarische Jagdhund ist ein Aristokrat und ähnelt mit seinem kraftvollen, aber feinen und eleganten Äußeren und der Grazie eines Vollbluts. Der Viszla ist ausgesprochen eigenwillig und wild entschlossen, seinen Herrn wenigstens einmal gründlich zu testen: Einer von beiden, Hund oder Mensch, wird daraus endgültig als Boss hervorgehen. Um nicht vollständig Kontrolle über Haus und Sofa zu verlieren, muß man diese Punkte schon früh klären. Ein Viszla, der nicht ausgesprochen gut erzogen wurde, bleibt sein Leben lang eine unausstehliche Pest für alle Mitbewohner. Alleingelassen, kann es ihm ohne Weiteres einfallen, mal eben aus dem Fenster zu springen, um sich draußen zu amüsieren, bis er so etwas wie »Hoftreue« gelernt hat. Der Viszla ist eine schlechte Wahl für die Stadt und ganz sicher kein Hund für Phlegmatiker. Man muß kein Jäger sein, um einen Viszla zu halten, muß aber lange, lange Spaziergänge und viel Beschäftigung mit seinem Hund lieben. Er neigt zur Hyperaktivität, weshalb er am besten in eine ruhige, aber ausgesprochen athletische Familie paßt, die ihn gleichzeitig entspannt und beweglich hält. Er ist stur und läßt sich leicht ablenken, reagiert aber gut auf ruhige, feste Erziehung. Das Wort »viszla« bedeutet auf ungarisch aufmerksam und mutig – damit dürften doch weitere Fragen geklärt sein.

Fellpflege

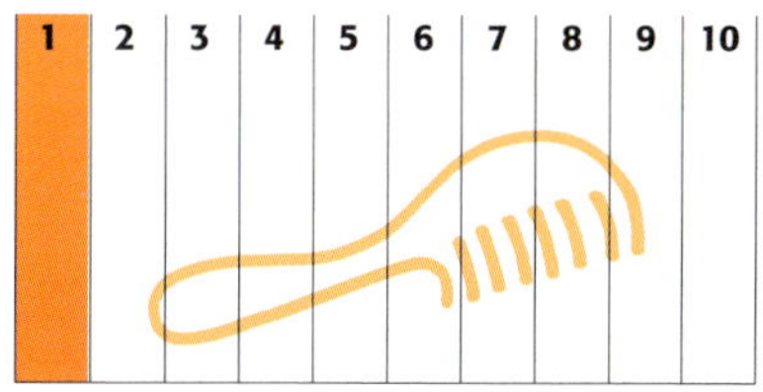

Benötigter Auslauf

Für Stadtwohnung ungeeignet

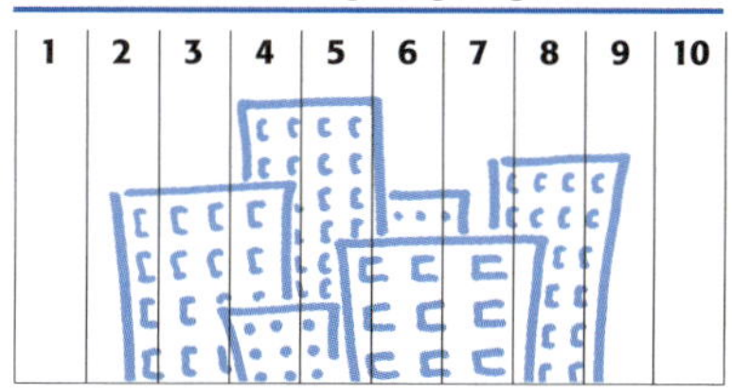

Häufige Krankheiten

Hüftgelenksdysplasie

Für Fortgeschrittene

WEIMARANER

Größe	Rüde 59–70 cm, Hündin 57–65 cm
Gewicht	Rüde ca. 38 kg, Hündin ca. 32 kg
Fell	kurzes, feines, dichtes, glänzendes Haar oder langhaariger Schlag
Farbe	maus-, silber- oder rehgrau
Preis	€ 500 – 950

Fellpflege

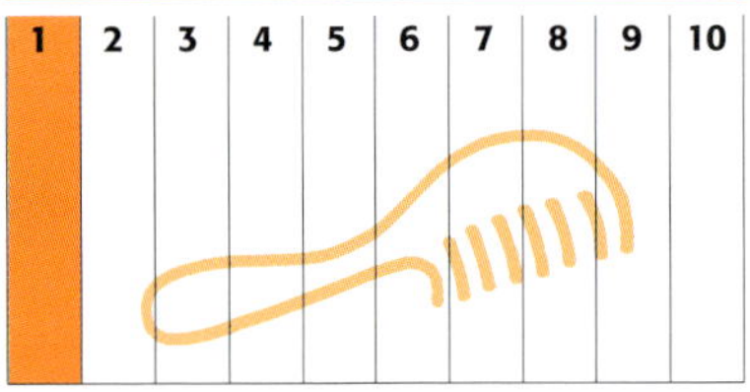

Benötigter Auslauf

Für Stadtwohnung ungeeignet

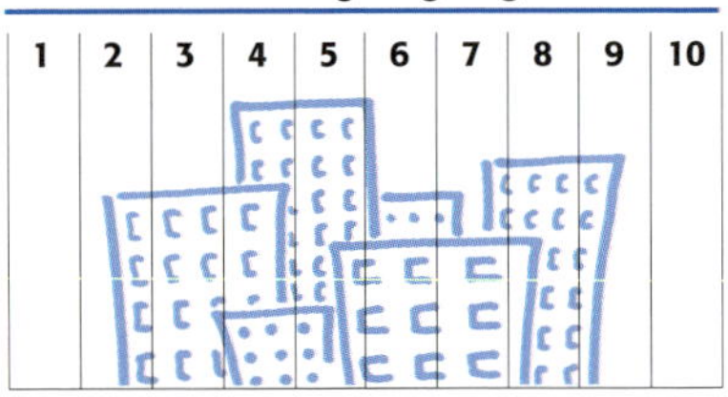

Häufige Krankheiten

Allergien, gelegentlich Hüftgelenksdysplasie

Für Fortgeschrittene

DER WEIMARANER ist ein hervorragender Jagdhund von vielseitiger Gebrauchsfähigkeit, und was den deutschen Weimaranerclub betrifft, so soll er das auch in aller Ausschließlichkeit bleiben.

Er ist einer der elegantesten Hunde, groß, selbstbewußt und hochintelligent, mit ausgezeichneter Nase, und bedarf eines Herrn mit besonderen Qualitäten. Er muß unbedingt konsequent erzogen werden: Er ist stur, hat einen starken Willen und probiert immer wieder, wie weit er gehen kann. Weil er ungeheuren Charme besitzt, kann es sehr schwer sein, ihm zu widerstehen, besonders dem Welpen. Wer seinem Weimaraner nicht regelmäßige Erziehung zur Unterordnung bieten kann, sollte eine Fremdausbildung zum Kaufpreis dazukalkulieren: Ein unerzogener Weimaraner ist absolut unerträglich und macht sich seine gesamte Umgebung zum Sklaven. Wohlerzogen dagegen ist er eine Bereicherung für seine Familie, die er liebt und verteidigt, ein fröhlicher, aufmerksamer Begleiter mit großem Witz und Humor und ein fabelhafter Spielkamerad für Kinder, der mit wilder Begeisterung tobt und ballspielt und mit stoischer Ruhe Legosteine in den Ohren erträgt. Er braucht die Nähe zu seinem Herrn und eignet sich daher nicht zur Zwingerhaltung.

Der Weimaraner ist einer der wenigen Jagdhundrassen, die sich als Wach- und Schutzhund eignen, manche ihrer Art neigen sogar zu ausgesprochener Schärfe. Er ist ein Hund von großer Aktivität und benötigt mindestens zweieinhalb Stunden Auslauf täglich.

WELSH TERRIER

Größe	39 cm
Gewicht	9–9,5 kg
Fell	hartes, drahtiges, sehr dichtes Deckhaar
Farbe	schwarz-lohfarben oder schwarz-grizzle
Preis	€ 750 – 950

Fellpflege

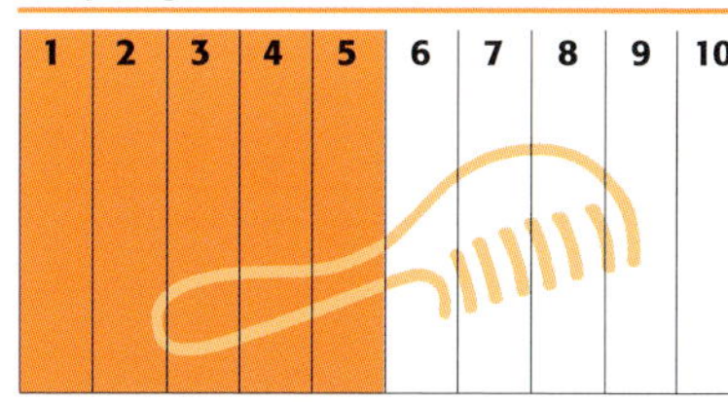

Benötigter Auslauf

Für Stadtwohnung geeignet

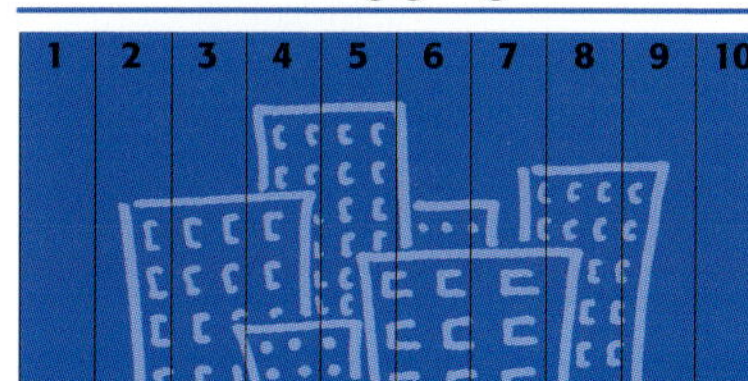

Häufige Krankheiten

keine

Für Anfänger geeignet

DER WELSH TERRIER sieht aus wie ein Zwerg-Airedale, wurde aber im 19. Jahrhundert aus verschiedenen Terriern gezüchtet. Ursprünglich als Erdhund verwendet, ist er heute ein wunderbarer Familienhund, weil er weniger streitsüchtig und jähzornig ist als viele seiner Terrier-Kollegen, obwohl in ihm trotzdem das typische Terrierfeuer lodert. Der Welsh Terrier ist gut geeignet zum Leben in der Stadt, solange man ihm genügend Auslauf, Spiele und Gesellschaft bietet, weshalb er ein fabelhafter Kinderhund ist. Zurückhaltend mit Fremden, ist er seiner Familie sehr ergeben und eignet sich gut zum Wachhund, wobei er kein Kläffer ist. Wie alle Terrier ist er sehr unabhängig und kann zum fürchterlichen Jäger und Streuner werden, wenn man ihn nicht daran hindert. Der Welsh Terrier ist im Grunde sehr gehorsam und unterordnungsfreudig, dabei sehr sensibel, und reagiert auf rigorose Erziehung sehr schlecht. Seine Toleranz anderen Tieren gegenüber ist ganz unterschiedlich und muß sozusagen von Fall zu Fall behandelt werden. Es ist nicht ganz unpraktisch, selber jung und dynamisch zu sein, solange es der Welsh Terrier ist. Dieser Hund erwartet nämlich volle Unterstützung in seinem aktiven Lebenswandel.

WEST HIGHLAND WHITE TERRIER

Größe	ca. 28 cm
Gewicht	7–10 kg
Fell	hart, gerade, drahtig; mit weicher, warmer Unterwolle
Farbe	reinweiß
Preis	€ 850

Fellpflege

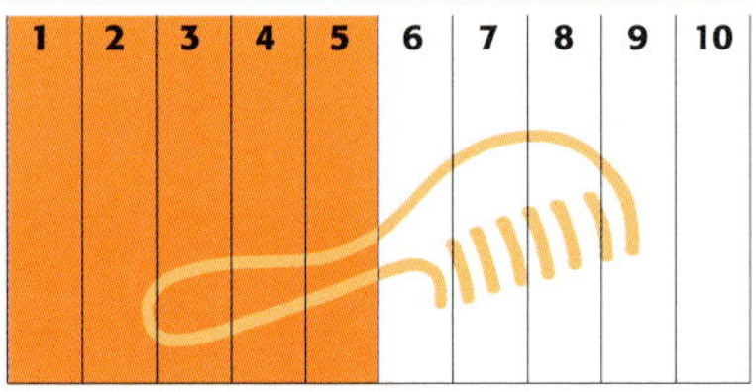

Benötigter Auslauf

Für Stadtwohnung geeignet

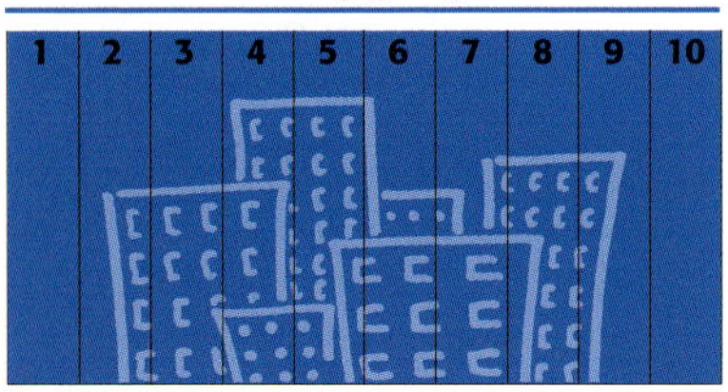

Häufige Krankheiten

Flohallergien, Patellaluxation, Kiefermißbildungen, Nabelbruch, Lebererkrankungen

Für Anfänger geeignet

DER WEST HIGHLAND WHITE TERRIER (Westie) ist ein waschechter Schotte, allerdings mit mehr Humor. Dieser fabelhafte kleine Hund teilt sich die selben Ahnen mit dem Scotch Terrier, dem Cairn und dem Dandie Dinmont Terrier. Ein Colonel Malcolm of Poltalloch züchtete Mitte des 19. Jahrhunderts ganz weiße Hunde, nachdem er einen rotbraunen Lieblingshund für ein Karnickel gehalten hatte und versehentlich erschoß. Inzwischen ist der Westie längst kein Jagdhund mehr, sondern eine Modeerscheinung. Das ist auch kein Wunder: Der wahre Westie ist eine sehr vergnügte kleine Persönlichkeit, nach echter Terrier-Manier mutig, ausdauernd und niemals schüchtern, für jeden Unsinn zu haben und jeder neuen Situation gewachsen. Er liebt Spiele und Spielsachen, Belohnungen, Reisen und die ungeteilte Aufmerksamkeit seines Herrn. Ohne ihn vermenschlichen zu wollen (was er von ganz alleine tut), hat der Westie eine erstaunliche Präsenz und ein großes Selbstbewußtsein, weshalb er, anders als manche seiner Terrier-Kollegen, auch nicht aggressiv ist – nachdrücklich und bestimmt, aber kein Schnapper.

Wer sich einen Westie anschaffen möchte, muß sich den Züchter unbedingt genau ansehen: Viele Leute haben versucht, mit Westies viel Geld zu verdienen. Es gibt mittlerweile so viele West Highland White Terrier von miserabler Qualität, daß man wirklich nach dem perfekten Westie suchen sollte. Mit diesem Hund übernimmt man Verantwortung für wenigstens 14, 15 Jahre, also kann man sich diese Mühe ruhig machen.

Größe	Rüde 46–50 cm, Hündin 43–46 cm
Gewicht	9–12 kg
Fell	fein, kurz
Farbe	jede Farbe oder Farbmischung
Preis	€ 700

DER WHIPPET ist ein englischer Windhund, den man lange Zeit den »Windhund des armen Mannes« nannte (im Gegensatz zum Greyhound), und der bei kürzeren Rennen eine Geschwindigkeit bis zu 60km/h erreichen kann. Trotz seiner ursprünglichen Aufgabe als Jagdhund ist er ein wunderbar anpassungsfähiger Familienhund – er ist Schmusehund und Raubtier gleichzeitig. Im Gegensatz zu den orientalischen Windhundrassen läßt sich der Whippet leicht erziehen und gehorcht gut, er haart nicht und hat eine ideale Wohnungsgröße. Zudem ist er als Spielhund wunderbar geeignet: Wo Blödsinn gemacht wird, ist der Whippet normalerweise dabei – kinderlieb und wegen seiner geringen Masse von Kindern auch leicht zu handhaben. Am liebsten lebt der Whippet mit noch einem oder mehreren Whippets zusammen, mit denen er dann im Knäuel verschlungen schläft, was bei allen anderen Rassen – außer dem Mops – bei erwachsenen Hunden sehr ungewöhnlich ist. Mit Fremden zurückhaltend, ist er nach kurzer Zeit aber von deren guten Absichten überzeugt. Als Wachhund eignet er sich nur aufgrund seines außerordentlichen Gehörs als Alarmklingel – das Aufhalten eines Einbrechers oder Fremden überläßt der Whippet gerne anderen.

Fellpflege

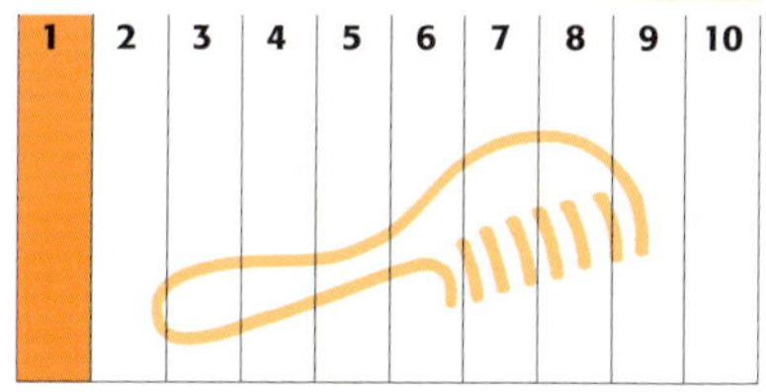

Benötigter Auslauf

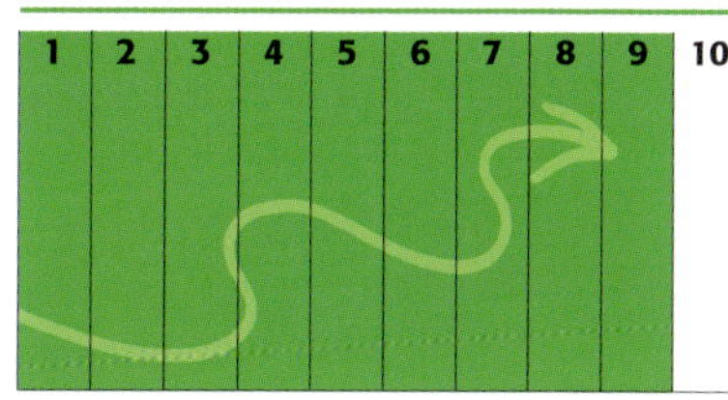

Für Stadtwohnung geeignet

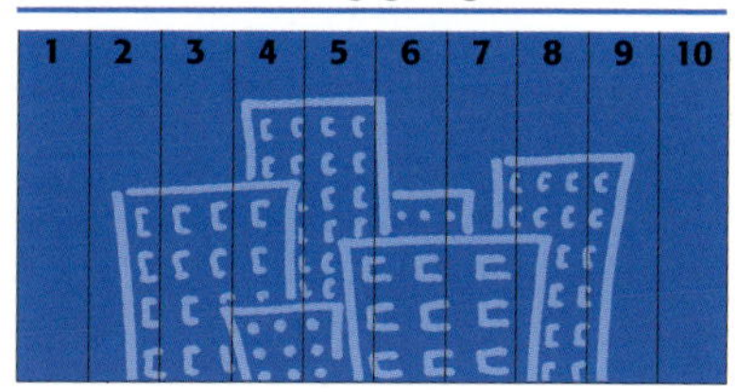

Häufige Krankheiten

keine

Für Anfänger geeignet

YORKSHIRE TERRIER

Größe	ca. 18 cm
Gewicht	etwa 3 kg
Fell	lang, gerade, fein, glänzend
Farbe	leuchtend goldene Lohfarbe an Kopf, Brust und Läufen, Mantel stahlblau
Preis	€ 750 – 900

Fellpflege

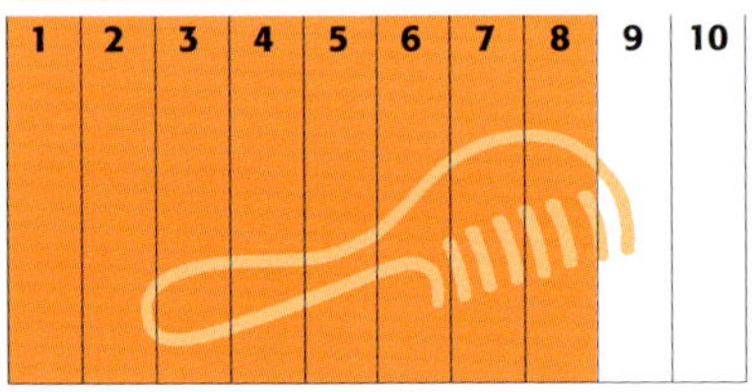

Benötigter Auslauf

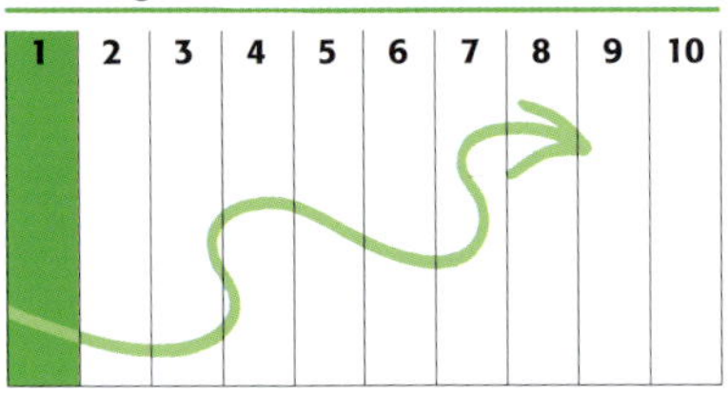

Für Stadtwohnung geeignet

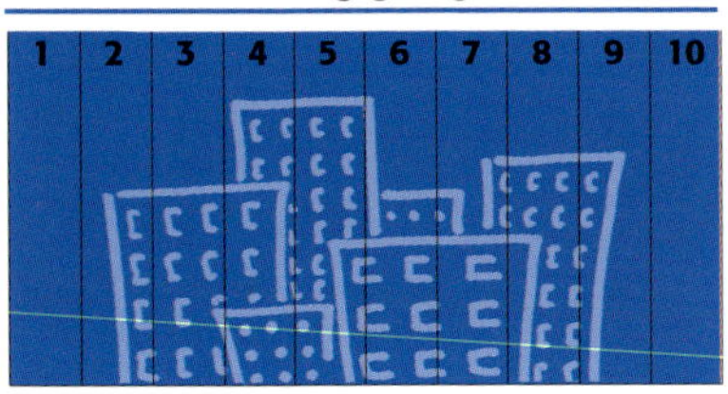

Häufige Krankheiten

Patellaluxation, Zähne müssen überwacht werden, Augenentzündungen

Für Anfänger geeignet

DER YORKSHIRE TERRIER wurde ursprünglich zur Vernichtung von Ratten in den engen Kohleminen der Grafschaft Yorkshire gezüchtet. Heute ist der Yorkshire immer noch ein echter Terrier, selbstbewußt, lebhaft, fröhlich, kläffig und anhänglich. Er ist zwar ein Zwerghund, aber das weiß er nicht, und es nützt dem Hund auch nichts, wenn man aus ihm eine Mimose macht. Er braucht keine langen Spaziergänge, will aber sehr wohl nach draußen. Wenn sein Korb nicht gerade vor der Heizung steht, braucht er draußen auch keinen Mantel: Der Yorkshire Terrier ist keine Barbie-Puppe, sondern ein absolut robuster kleiner Hund, nur in tragbarer Verpackung. Die Zeit, die man bei Spaziergängen spart, braucht man allerdings für die Fellpflege – das feine Haar muß regelmäßig gepflegt werden. Der Yorkshire Terrier muß gut und konsequent erzogen werden, weil er alle Anlagen zu Größenwahn und Tyrannei hat, was man als Mensch vielleicht reizend findet, andere Hunde ihm aber übel nehmen können. Ein Yorkshire, der immer auf den Arm gerissen wird, wenn andere Hunde kommen, verpaßt das Beste im Leben: Sozialkontakte. Weil er so modisch ist, ist es wichtig, den Yorkie unbedingt von einem Züchter zu kaufen, der seine Hunde in der Familie hält und nicht in Boxen im Keller – und zwar alle, nicht nur die Welpen. Auf keinen Fall dürfen seine Tiere zittern, nervös oder aggressiv sein.

ZWERGPINSCHER

Größe	25–30 cm
Gewicht	4 kg
Fell	kurz, glänzend, dicht
Farbe	schwarz-lohfarben, leuchtend rot, schokoladen- und rostfarben
Preis	€ 700

DER ZWERG- ODER REHPINSCHER ist deutschen Ursprungs und, im Gegensatz zu vielen Annahmen, einige Jahrhunderte älter als der anatomisch ähnliche Dobermann. Er ist ein lebhafter, robuster kleiner Teufel, intelligent, sauber und anhänglich.

Er ist ein hervorragender Wachhund: Tatsächlich kläfft er für sein Leben gern und bei dem geringsten Geräusch. Zudem ist er ein unglaublicher Angeber, weshalb er einen fantastischen Austellungshund abgibt. Der Zwergpinscher liebt es, im Mittelpunkt des Geschehens zu stehen. Trotz seiner geringen Größe eignet er sich seines Temperaments wegen zum Spielgefährten für Kinder – solange man ihn nicht herumschleppt und fallen läßt; seine kleinen Knochen brechen – vor allem bei Junghunden – leicht. Der kompakte kleine Zwergpinscher ist ein ungeheuer willensstarker Hund, der sich am besten für Menschen eignet, die genauso eigenwillig und stur sind wie er. Er muß sehr konsequent erzogen werden, damit man die Oberhand über den energetischen kleinen Dickkopf behält, der sonst absolut macht, was er will. Wenn man ihn mit Respekt behandelt und ihm die Illusion läßt, er sei ein großer Hund, wird man einen trotz seiner geringen Größe herausragenden Hund bekommen.

Fellpflege

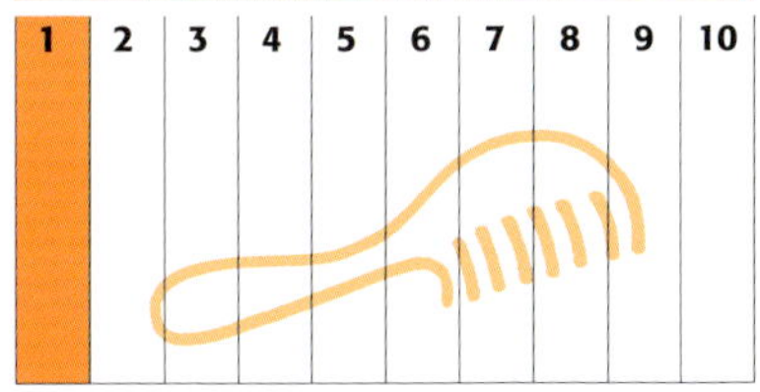

Benötigter Auslauf

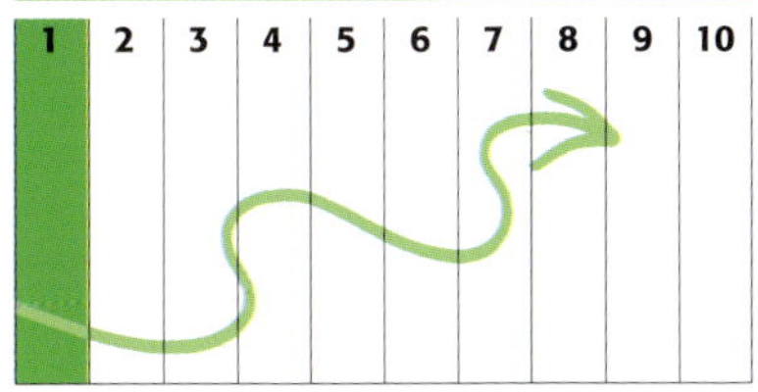

Für Stadtwohnung geeignet

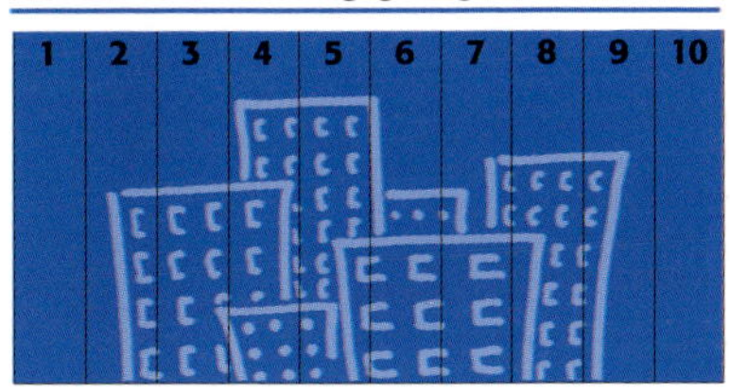

Häufige Krankheiten

Patellaluxation

Für Anfänger geeignet

FACHWÖRTER

Abzeichen: Hellere oder dunklere Fellfarbe an den Extremitäten, am Kopf und manchmal auf der Brust.
Achondroplasie: Schlechtes Knorpelwachstum.
Arbeitshund: Als Gebrauchs- oder Arbeitshund wird jeder Hund bezeichnet, der eine nützliche Arbeit leisten kann (z.B. Hirten- und Hütehunde, Wach- und Blindenhunde).
Axonopathie: Vererbbare Krankheit des Nervenfortsatzes.
Behang: Ohren
Collie-Augenkrankheit: Angeborene Augenerkrankung bei Collies; kann, muß aber nicht zur Erblindung führen.
Cockerwut: Nervenkrankheit unbekannten Ursprungs, besonders bei roten Cocker Spaniels, die zu Bissigkeit und Unberechenbarkeit führt.
Cramps: Schmerzhafter Muskelkrampf.
Dackellähme: Bandscheibenvorfall unterschiedlichen Grades; Heilung gewöhnlich möglich.
Dermoidismus: Hautartige Fehlbildungen, z.B. im Auge in Gestalt einer Hautinsel auf der Hornhaut.
Demodex: Hautkrankheit durch Haarbalgmilbenbefall.
Ektropium: Angeborene oder erworbene Anomalie der Lidstellung, nämlich Auswärtsdrehung des Lidrandes.
Entropium: Anomalie der Lidstellung, nach innen gedrehter Lidrand.
Fang: Maul.
Fawn: Dunkle Sandfarbe.
Gebrauchshund: s. Arbeitshund
Gelenksdislokation: Herausspringen des Knochengelenks aus der Gelenkpfanne.
Gestromt: Schwarze oder dunkle Querstreifen auf dem Fell.
Haarkleid: Eines der wichtigsten Merkmale der Rasse, das im Standard festgelegt wird (= Fell).
Hernie: Eingeweidebruch (z.B. Leistenbruch, Dammbruch).
Hüftgelenksdysplasie: Abschwächung der Hüftgelenkspfanne und dadurch reaktive Veränderung der Gelenkkapsel; führt zu schmerzhaften Lahmheiten. HD ist unheilbar.
Instinkt: Natürliche, geerbte Triebhandlung, die unabhängig von Umwelt oder Erziehung ist.
Kynologie: Die Lehre vom Hund.
Läufe: Gliedmaßen des Hundes, die zur Fortbewegung dienen.
Legg-Perthes-Erkrankung: Erkrankung des Oberschenkelkopfes; Störung im Verkalkungs- und Knochenbildungsprozeß besonders bei Terriern.
Nasenspiegel: Kynologischer Ausdruck für die Endpartie der Hundenase.
Nephropathie: Nierenerkrankung.
Osteochondrose: Degenerative Veränderung an Knochen und Knorpel.
Pannus: Gefäßhaltiges Bindegewebe, das die normalerweise gefäßlose Hornhaut durchsetzt.
Panostitis: Entzündung des gesamten Knochens.
Patellaluxation: Kniescheibenverschiebung.
Ramsnase: Seitlich gesehen etwas aufgewölbter Nasenrücken.
Rasse: Eine Gruppe gleichartiger Individuen, deren körperliche und psychische Merkmale sich rein auf die nächste Generation vererben.
Retinaatrophie: Netzhautschwund.
Rute: Ausdruck für den Schwanz des Hundes. Form und Tragart der Rute des Hundes sind rassenspezifisch.
Schulterhöhe: Vertikale Entfernung vom Boden bis zum höchsten Punkt des Widerrists (auch Widerristhöhe genannt).
Schur: Rassespezifische Haartracht.
Spondylose: Verknöcherung der Knochenhaut des Rückgrats.
Standard: Vom Zuchtverein herausgegebene vollständige Beschreibung der typischen Merkmale einer Rasse, die die Reinerhaltung einer Rasse und die Vereinheitlichung ihrer körperlichen und charakterlichen Eigenschaften anstrebt. Außerdem sind Wesenszüge und Eignung der Rasse im Standard festgelegt.
Stop: Kynologischer Fachausdruck für den Stirnabsatz, d.h. den eingebuchteten Übergang zwischen Schädel und Fang.
Toy: Englische Bezeichnung für Spielzeug; in kynologischer Sprache der Ausdruck für die kleinste Größe einer Rasse, die es auch in größeren Schlägen gibt (z.B. Toypudel).
Topknot: Haarkrone bei bestimmten Hunderassen (z.B. Dandie Dinmont Terrier).
Trimmen: Englische Bezeichnung für das Rupfen von toten und bestimmter langer, gesunder Haare, das bei rauhhaarigen Hunderassen zur Schönheitspflege und zum Standard gehört.
Wamme: An Kehle und Hals herabhängende Hautfalte.
Widerrist: Der Vorderste, nach hinten abfallende Teil des Rückens.
Wobbler-Syndrom: Bewegungsstörung in Form von Schwanken, Taumeln und Koordinationsstörungen beim Gehen großer Hunderassen, hervorgerufen durch Halswirbeldeformationen oder Verschiebungen der Wirbelkörper gegeneinander.
Wolfsrachen: Lippen-, Kiefer- oder Gaumenspalte als angeborene Mißbildungen.

REGISTER

Wichtige Anschriften

Internationaler Dachverband
Fédération Cynologique
Internationeale (FCI)
Rue Léopold II n 14
B-6530 Thuin/Belgien

Nationale Dachverbände

Deutschland:
Verband fur das Deutsche
Hundewesen e. V. (VDH)
Westfalendamm 74
D-44141 Dortmund

Österreich:
Österreichischer
Kynologenverband
Johann-Teufel-Gasse 8
A-1238 Wien

Schweiz:
Société Cynologique Suisse
Langgaßstraße 8
CH-3001 Bern

Katharina von der Leyen
e-mail: katharina@vonderleyen.com
www.vonderleyen.com

Bildnachweis

Animal Photography/Thompson: 2/3, 12,14, 15, 16, 19, 20, 22, 23, 24, 25, 27, 28, 30, 31o, 31m, 33, 35, 36, 41, 44, 45, 47, 48, 50, 51, 52, 54, 56, 57, 61, 62, 69, 70, 72, 73, 76, 82, 85, 86, 87, 88, 90, 94, 96, 98, 101, 103, 105, 106, 108, 110, 111, 112, 114, 115, 118, 120, 121, 122, 129, 135, 136, 137, 139, 140, 142, 143, 144, 147, 149, 153, 154, 155
Animal Photography/Willbie: 7, 9, 11, 13, 17, 29, 31u, 40, 42, 49, 68, 75, 79, 80, 83, 84, 93, 100, 119, 133, 138, 145, 146, 148
Archiv Boiselle/Bacchella: 8
Bender: 26, 59o, 67, 71, 102, 109
Cramm: 32, 116, 152
Juniors Bildarchiv/Brinkmann: 107
Juniors Bildarchiv/Freiburg: 123
Juniors Bildarchiv/Schanz: 117, 151
Juniors Bildarchiv/Wegner: 18
Marek: 89
Reinhard: 6, 21, 34, 38, 64, 65, 81, 95, 125, 126, 128, 131, 134, 150
Rüter: 63
Sander: 99
Skogstad: 1, 4, 37, 46, 92, 124, 141
Steimer: 39, 43, 53, 55, 58, 59u, 66, 74, 77, 78, 97, 104, 113, 127
Stuewer: 60, 91, 130, 132

Bibliografische Information Der Deutschen Bibiothek.
Die Deutsche Biblothek verzeichnet diese Publikation in der Deutschen Nationalbibliografie; detailierte bibliografische Daten sind im Internet über http://dnb.ddb.de abrufbar.

4., überarbeitete Auflage, Neuausgabe

BLV Verlagsgesellschaft mbH
München Wien Zürich
80797 München

Lektorat: Dr. Friedrich Kögel
Herstellung: Hannelore Diehl
Layout: Atelier Steinbicker, München
Satz und DTP: Studio Pachlhofer/Tirol
Einbandgestaltung: Anja Masuch, Puchheim bei München
Einbandfotos: Arco DigitalImages, außer Einklinker Mitte rechts: Animal Photography / Thompson
Rückseite: Michael Müller

Printed and bound in Germany
ISBN 3-405-16822-8